개정판

Disaster and Safety Management and Resilience

재난 및 안전관리와 레질리언스

홍성호 이원호

nabisori

개정판

Disaster and Safety Management and Reactions

재난 및 안전관리와
해결리더십

조남훈 이채문

머리말

　세계 220여 국가 중 OECD의 개발원조를 받는 개발도상국에서 개발원조위원회에 가입한 나라는 한국이 유일하다. 이처럼 한국은 경제적으로 눈부신 발전을 하여 세계를 놀라게 하고 있지만, 세월호 참사, 이태원 참사 등으로 인해 재난 및 안전관리 분야의 위상은 경제적 위상에 걸맞지 않은 것 같다.

　우리나라는 정부수립 이후 태풍, 호우 등 천재지변에 따른 자연재해와 급격한 경제발전 등 사회적 여건 변화의 이면에는 대형 안전사고가 뒤따랐다. 이와 더불어 민주화 등 정치적 변화에 따라 노동쟁의·물류대란 등 사회적 집단행동과 메르스·코로나19 등 새로운 감염병의 확산 등 사회 재난이 발생하고 있으며, 이에 따라 재난 및 안전관리의 제도와 정책, 그리고 조직체제 개편 등을 겪어 왔으며, 앞으로도 예측 불가능한 변화들은 지속될 것이다.

　그동안 정부 조직체제에 재난 및 안전관리 부문은 다른 분야에 비해 상대적으로 소외와 기피 대상이 되는 조직체제로 알려져 있으며, 조직개편 시마다 이런 문제점은 반복적으로 제기되어 왔으나, 아직도 미완의 숙제로 남아 있다. 이런 고질적인 문제에 조금이라도 접근하여 보고자 재난 및 안전관리의 조직체제를 중심으로 레질리언스를 다루고자 한다.

　재난 및 안전관리와 레질리언스!

    크게 재난관리(disaster management), 안전관리(safety management), 그리고 레질리언스(resilience) 등 세 갈래로 구분하였다.

    첫째, 재난관리(disaster management) 분야에서는 우리나라 정부수립 이후 현재까지 재난 관련 법령의 제·개정과 그에 따른 정책의 변화를 분석하고, 그에 따른 재난관리 조직과 인원, 그리고 예산의 변화 등을 알아보았으며, 특히 1987년 헌법 개정 시 재해예방에 대한 국가의 책임을 명시하게 된 배경과 1959년 사라호 태풍 등 천재지변에 따른 자연재해를 중심으로 재난 사례들을 살펴보았다.

    둘째, 안전관리(safety management) 분야에서는 1994년 성수대교, 1995년 삼풍백화점 붕괴사고로 안전에 대한 국민적 분노가 있었고, 이에 입법부는 우리나라 최초의 인적 재난을 전문으로 하는 재난관리법을 제정하였으며, 행정부는 내무부에 인적 재난 전담부서를 신설하고 안전사고에 대한 정부 역할이 정립되는 과정과 2003년 대구지하철 방화사고로 자연재해와 인적 재난을 통합한 재난 및 안전관리 기본법을 제정함으로써 재난 및 안전관리와 레질리언스 분야가 자연재해와 인적 재난에서 사회적 재난까지 확대되었다. 안전사고 사례로 우리나라에 인적 재난 제도가 도입되기 이전인 1970년 남영호 침몰사고, 1995년 삼풍백화점 붕괴사고 등과 재난관리법 제정 이후인 2008년 숭례문 화재사고, 2014년 세월호 침몰사고, 2022년 이태원 압사 사고 등을 살펴보았다.

셋째, 레질리언스(resilience) 분야에서는 개인과 가족관계를 주로 다루는 휴먼 레질리언스(human resilience), 자연재해와 지역사회를 대상으로 하는 커뮤니티 레질리언스(community resilience), 사회재난 등 안전사고를 대상으로 하는 시스템 레질리언스(system resilience), 그리고 재난 발생으로 폐허된 지역의 복구와 더불어 떠났던 지역주민들이 되돌아와 정착할 수 있도록 지역사회 문화까지 복원하는 상징적 레질리언스(symbolic resilience) 등 크게 네 종류의 레질리언스를 다루었다.

레질리언스 연구 및 적용 사례로, 레질리언스 역량이 조직효과성에 미치는 영향 연구 사례와 안산 온마음센터의 세월호 참사로 인한 재난 심리지원센터 운영 사례, 한국서부발전(주)의 안전 패러다임 전환 사례, 그리고 해외 사례로 일본의 재해부흥제도연구소의 마을 조사·연구 사례를 소개하였다.

저자

contents

제1편 / 재난관리

1. 재난의 개념   **013**

2. 재난관리의 개념   **019**
    2.1 재난관리의 주요 이론   020
    2.2 재난관리의 단계   026
    2.3 재난관리의 방식   032
    2.4 재난관리의 주체   038
    2.5 재난관리의 역량   044

3. 재난관리의 변천   **055**
    3.1 조직 분야   055
    3.2 인력 분야   058
    3.3 비 재난 및 안전관리 분야   059
    3.4 재정 분야   060
    3.5 법 및 제도 분야   062

4. 한국의 재난 사례   **085**
    4.1 1959년 태풍 '사라(SARAH)'   085
    4.2 1978년 홍성 지진   088
    4.3 1984년 대홍수   091
    4.4 1990년 대홍수   099
    4.5 1994년 가뭄   109

4.6　2003년 태풍 '매미(MAEMI)'　　113

4.7　2004년 폭설　　116

4.8　2005년 양양·고성 산불　　117

4.9　2016년 경주 지진　　120

4.10　2018년 폭염　　127

제2편 안전관리

1. 안전의 개념　　**139**

1.1　안전, 安全, Safety　　139

2. 안전의 패러다임 변화　　**143**

2.1　패러다임 변화의 필요성　　143
2.2　안전-Ⅰ(safety-Ⅰ)　　146
2.3　안전-Ⅱ(safety-Ⅱ)　　152

3. 안전관리의 개념　　**157**

3.1　안전관리의 관점　　158
3.2　안전관리의 주요 이론　　161
3.3　안전관리 정책과 레질리언스　　165

4. 안전관리의 변천　　**175**

4.1　안전관리의 지구촌 변화　　175
4.2　한국의 안전관리　　181

5. 한국의 사회재난 사례 — 191

- 5.1 1970년 남영호 여객선 침몰 — 191
- 5.2 1994년 성수대교 붕괴 — 197
- 5.3 1995년 삼풍백화점 붕괴 — 200
- 5.4 1996년 태백 탄광 매몰 — 204
- 5.5 1997년 대한항공 801편 추락 — 206
- 5.6 2003년 대구 지하철 방화 — 207
- 5.7 2007년 허베이 스피리트호 유류오염 — 210
- 5.8 2008년 서울 숭례문 화재 — 213
- 5.9 2014년 여객선 세월호 전복사고 — 216
- 5.10 2022년 이태원 다중운집인파사고 — 224

제3편
레질리언스

1. 레질리언스 소개 — 241

- 1.1 레질리언스의 개념 — 241
- 1.2 레질리언스의 정책적 의미 — 243

2. 레질리언스 주요 이론 — 245

- 2.1 레질리언스의 다양한 관점 — 246
- 2.2 분야별 레질리언스 연구 영역 — 248

3. 휴먼 레질리언스 — 257

- 3.1 휴먼 레질리언스의 관점 — 257
- 3.2 휴먼 레질리언스의 주요 내용 — 259

4. 커뮤니티 레질리언스   **261**
    4.1 커뮤니티 레질리언스의 개념   261
    4.2 커뮤니티 레질리언스의 주요 내용   262

5. 시스템 레질리언스   **269**
    5.1 시스템 레질리언스의 개념   269
    5.2 시스템 레질리언스의 주요 내용   272

6. 상징적 레질리언스   **285**
    6.1 상징적 레질리언스의 개념   285
    6.2 상징적 레질리언스의 주요 내용   286

7. 분야별 레질리언스 연구 및 적용 사례   **291**
    7.1 휴먼 레질리언스   291
    7.2 커뮤니티 레질리언스   296
    7.3 시스템 레질리언스   303
    7.4 상징적 레질리언스   312

참고문헌   **318**

논문   **322**
    Emergency Management:
    A Challenge for Public Administration
    William J. Petak, University of Southern California

찾아보기   **328**

저자약력   **338**

제 I 편
재난관리

1. 재난의 개념

2. 재난관리의 개념
    2.1 재난관리의 주요 이론 | 2.2 재난관리의 단계 | 2.3 재난관리의 방식 | 2.4 재난관리의 주체 | 2.5 재난관리의 역량

3. 재난관리의 변천
    3.1 조직 분야 | 3.2 인력 분야 | 3.3 비 재난 및 안전관리 분야 | 3.4 재정 분야 | 3.5 법 및 제도 분야

4. 한국의 재난 사례
    4.1 1959년 태풍 '사라(SARAH)' | 4.2 1978년 홍성 지진 | 4.3 1984년 대홍수 | 4.4 1990년 대홍수 | 4.5 1994년 가뭄 | 4.6 2003년 태풍 '매미(MAEMI)' | 4.7 2004년 폭설 | 4.8 2005년 양양·고성 산불 | 4.9 2016년 경주 지진 | 4.10 2018년 폭염

01 재난의 개념

재난의 사전적 의미로는 '뜻밖에 일어난 재앙과 고난'이고, 법률에 정한 정의는 국민의 생명·신체 및 재산과 국가에 피해를 주거나 줄 수 있는 것으로서 자연재난(태풍·강풍·호우·홍수·낙뢰, 풍랑, 해일·조류 대발생·조수와 가뭄·폭염·대설·한파·지진·화산활동·황사 및 소행성·유성체 등 자연 우주물체의 추락·충돌과 이에 준하는 자연현상으로 발생한 재해)과 사회재난(화재·폭발·붕괴·환경오염, 항공·해상·육상 교통사고, 화생방사고, 다중운집 인파사고 등으로 인하여 발생하는 대통령령으로 정하는 규모 이상의 피해와 에너지·통신·교통·금융·의료·수도 등 국가기반체계의 마비, 감염병·가축 전염병·미세먼지 등으로 인한 피해)을 말한다(재난 및 안전관리 기본법 제3조).

재난의 개념은 국가 또는 학자들의 시각이나 연구 분야에 따라 다양하게 논의되어 왔으며, 여러 갈래로 분류되고 있고 사회환경과 시대의 변화에 따라 유동적으로 인식되고 있다.

표 1-1 재난의 유형

■ 재난이란?
- 국민의 생명·신체·재산과 국가에 피해를 주거나 줄 수 있는 것

① 자연재난 : 20개 유형
- 태풍, 홍수, 호우, 강풍, 풍랑, 해일, 대설, 한파, 낙뢰, 가뭄, 폭염, 지진, 황사
- 조류 대발생, 조수, 화산활동, 소행성·유성체 등 자연 우주물체의 추락·충돌
- 그 밖의 이에 준하는 자연현상으로 인하여 발생하는 재해

② 사회재난 : 65개 유형
- 화재·붕괴·폭발·교통사고(항공·해상 포함)·화생방사고·환경오염 등으로 인한 피해
- 에너지·통신·교통·금융·의료·수도 등 국가기반체계 마비·다중운집인파사고
- 감염병 또는 가축 전염병 확산, 미세먼지 등으로 인한 피해

자료: 재난및안전관리기본법(2024.7.17.)

사회과학 분야에서 최초로 재난을 정의한 Fritz는 재난을 "한정된 시·공간 속에서 사회 전체 또는 사회 일부에 물리적인 손상이나 사회적인 붕괴를 초래하고 사회의 중요한 기능에 대해 전체적·부분적으로 해를 입히는 사건"으로 정의하였다(Fritz, 1961).

Kreps는 "시·공간에서 목격되는 사건, 사회나 더 큰 하부조직인 공동체나 지역에서 물리적인 손상과 일상적인 기능 붕괴를 불러오는 것"이라고 보았다(Kreps, 1984).

미국의 연방재난관리청(FEMA)은 "재난이란 사망과 상해, 재난의 피해를 가져오고 또한 일상적인 절차나 정부의 자원으로는 관리할 수 없는 심각하고 규모가 큰 사건으로 이러한 사건은 보통 돌발적으로 일어나기 때문에 정부와 민간이 인간의 기본적 수요를 충족시키고 복구를 신속하게 하고자 할 때 즉각적이고 체계적으로 효과적인 대처를 하여야 하는 사건"으로 규정하고 있다(FEMA, http://www.fema.gov).

유엔개발계획(UNDP)에서 재난은 "사회의 기본조직 및 정상기능을 와해시키는 갑작스러운 사건이나 큰 재난으로서 영향을 받는 사회가 외부의 도움 없이 극복할 수 없고, 정상적인 능력으로 처리할 수 있는 범위를 벗어나는 재산, 사회간접시설, 생활수단의 피해를 일으키는 단일 또는 일련의 사건"이라고 정의된다(UNDP, http://www.undp.org).

또한 재난관리를 담당하는 국제기구인 UN-DRR에 따르면 재난은 "광범위한 인적·물적·경제적·환경적 피해로 인해 공동체 혹은 사회기능의 심각한 붕괴현상을 의미하며, 이러한 피해는 그 공동체 혹은 사회의 자원만으로는 스스로 극복하기 힘든 상태"를 의미한다(UN-DRR, 2009).

재난은 '피해의 정도와 규모가 일정 수준을 넘어서 사회적 차원의 의미를 갖게 되는 재해'를 지칭하는데, 재해를 '재난으로 인하여 발생하는 피해(자연재해대책법)'로 인식하여 재난보다 포괄적 의미로 사용하는 경우도 있지만, 재난은 '재해가 발생할 우려(「재난 및 안전관리 기본법」)'까지 포함하는 개념이므로 재해보다 더 포괄적인 개념으로 보는 것이 일반적이다.

우리나라의 「재난 및 안전관리 기본법」에서는 '국민의 생명, 신체, 재산과 국가에 피해를 주거나 줄 수 있는 것'으로 정의하고, 발생원인에 따라 자연재난과 사회재난으로 구분하였다. 나라마다 특성에 따라 개념을 다르게 정립하고 있으나 공통적인 내용을 보면 '자연현상, 기술 부족, 위협 등 외부의 위험요인에 의해 발생하며, 지역사회의 자원과 역량으로는 그 피해를 극복하기 어려워 국가 또는 지방정부 차원의 대처가 필요한 인명 또는 재산의 피해'로 정의하고 있다.

현재 정의하는 재난의 개념은 2003년 대구 지하철방화사건을 계기로 발족한 행정자치부의 국가재난관리시스템 기획단에서 기존의 자연재해대책법에 의한 '자연재난'과 재난관리법에 의한 '인적 재난', 그리고 새로운 개념의 재난으로 교통·금융·에너지·의료·수도·통신 등 국가기반체계의 마비와 감염병·가축 전염병 등으로 인한 피해 등 현재의 과학기술 수준이나 사회적 환경에서 예상치 못했던 새로운 유형의 재난을 '사회적 재난'으로 정립하였다.

새로운 개념의 이론적 정립은 기획단의 정책자문단[1]에서 기존의 자연재난·인적 재난과 더불어 사회적 재난이란 용어를 처음 법률과 행정에 도입하였으며, 2014년 '인적 재난'과 '사회적 재난'을 '사회재난'으로 통합하여 현재에 이르고 있다.

하지만 예상치 못했던 새로운 재난이 발생하고 있기 때문에 재난의 유형은 점차 증가 추세에 있다. 2018년 여름 기상관측 이래 최대의 폭염으로 사망자가 속출하였다. 질병관리본부는 폭염으로 인해 48명이 사망하였다고 발표하였다. 그해 9월 국회에서는 폭염과 한파를 재난으로 포함시켰다. 폭염이 재난으로 법제화됨에 따라 각 지방자치단체에서는 폭염재난으로 인한 사망자에게 재난지원금을 지급하였는데, 질병관리본부 발표 인원보다 38명이 많은 86명이 폭염재난으로 사망한 것으로 확인되었다. 2019년 2~3월에는 최악의 미세먼지가 발생하여 사회재난으로 추가되었다.

또한 2022.10.29. 이태원 압사사고 이후 다중밀집인파사고를 사회재난으로 추가하였으며, 2022.1.11. 발생한 광주 아파트 신축공사 붕괴 사고 시 고용노동부와 국토교통부가 의견 대립으로 사고 후 2주 만에 대통령의 지시로 고용노동부가 중앙사고수습본부를 운영한 사례를 교훈 삼아 재난관리 사각지대 해소 및 중앙행정기관의 권한과 책임을 명확히 하기 위하여 부처별 소관 법률(용어의 정의)로 재난의 유형을 분류하였다.

이렇듯 새로운 유형의 재난을 포함하고 기존유형을 세분화하다 보니 2024.7.17. 기준으로 「재난 및 안전관리 기본법」의 재난은 85개의 유형으로 늘어났다. 자연재난 20개

---

[1] 이재은 충북대학교 교수 등 5명으로 구성, 재난 및 안전관리 기본법 제정(안)에 '사회적 재난' 처음 도입

유형은 「재난 및 안전관리 기본법」 제3조 본문에 나타내었고, 사회재난 65개 유형은 시행령 제3조의 2 별표에 지정하고 있으며, 이를 주관기관별로 정리하면 표 1-2와 같다.

재난을 정의함에 있어 공통적으로 확인되는 내용은 재난에 의해 일반적 규범과 사회 시스템이 붕괴되거나 혼란을 겪게 되며, 일상적으로 영위하던 삶과 생활이 더 이상 보장되지 않는다는 점이다.

이러한 정의는 현대의 환경변화와 함께 사회적 요구를 수용한 것이라 할 수 있다. 즉 기상의 변화를 포함한 지구환경의 변화, 국가사회와 산업의 복잡화 등 사회구조의 변화에 따라 다양화·복잡화·대형화되어 가는 재난과 안전에 대한 욕구의 반영이라고 할 수 있다(조원철, 2004).

표 1-2 세분화된 사회재난 유형(2024.7.17. 시행)

주관기관	재난 유형	주관기관	재난 유형
산업부(6)	① 가스사고, ② 석유시설·주유소, ③ 전기설비 ④ 대규모 점포, ⑤ 전기용품, ⑥ 에너지 수급	해수부(4)	① 해양사고, ② 해수욕장, ③ 항만
		해경청(1)	④ 해양오염
행안부(5)	① 승강기, ② 유도선(내수면), ③ 전자정부 ④ 정부청사, ⑤ 그밖의사회재난사고	환경부(6)	① 환경오염, ② 댐(수자원), ③ 먹는 물, ④ 미세먼지, ⑤ 생활화학제품·살생물제 ⑥ 화학사고
경찰청(1)	⑥ 다중운집인파(도로·광장·공원),		
소방청(2)	⑦ 건축물(소방대상), ⑧ 위험물(소방대상)	산림청(2)	⑦ 산불, ⑧ 사방시설
국토부(7)	① 다중이용건축물, ② 물류시설, ③ 공동구, ④ 도로·터널, ⑤ 공항, ⑥ 철도, ⑦ 항공기	농식품부(4)	① 가축전염병, ② 저수지, ③ 농수산물유통시설, ④ 가축시장
복지부(2)	① 복지시설(노인·아동·장애인), ② 의료기관	문체부(3)	① 공연장, ② 체육시설, ③ 야영장·유원시설
질병청(1)	③ 감염병	유산청(1)	④ 문화·자연유산(보호·보관시설)
과기정통부(3)	① 방송통신, ② 정보통신기반시설	법무부(5)	① 보호관찰소, ② 소년원, ③ 교정시설, ④ 출입국관련시설, ⑤ 기타 법무시설
우주항공청(1)	③ 전파혼신, ④ 인공우주물체 추락·충돌		
국방부(2)	① 군사시설, ② 기타 국방시설	고용부(1)	① 산업재해·중대산업사고
중기부(1)	① 전통시장	여가부(2)	① 청소년 복지시설, ② 청소년 활동시설
교육부(2)	① 교육시설·어린이집, ② 기타 학교시설	금융위(1)	① 금융기관
외교부(2)	① 주한외국공관, ② 해외재난	원안위(1)	① 방사능 재난

※ 국가핵심기반 마비(12) : 에너지, 정보통신, 교통·수송, 금융, 보건의료, 원자력, 환경, 식용수, 정부청사, 문화재, 공동구, 노동쟁의

[미세먼지가 재난인가?]

2018년 여름 우리나라 기상통계 역사상 가장 뜨거운 여름을 맞이했다. 그리고 겨울에는 미세먼지 비상 저감조치가 7일간 연속이라는 신기록을 남겼다. 저는 당시 폭염과 미세먼지 재난을 담당하는 기후재난대응과장으로 재직하였기에 미세먼지가 재난으로 지정되는 과정을 소개해 보고자 한다.

2019년 3월, 우리나라에 미세먼지 비상 저감조치가 7일간 연속 발령되었다. 특히 3월 5일은 평균 104㎍/㎥(비상조치 발령기준 50㎍/㎥)까지 치솟아 국민적 불편감이 극에 달하게 되었다. 이에 국회에서는 「재난 및 안전관리 기본법」을 개정(3.26.)하여 미세먼지를 재난으로 인정하고 사회재난으로 지정하였다.

법률 개정은 정부·의원 발의-의견조회-상임위-법사위-전체 회의 등 상당한 기일이 소요되는데, 20여일 만에 개정되었다는 것에 의문을 가질 수 있다.

사실 미세먼지 문제는 문재인 정부의 대선공약이었다. 언론이나 국민의 관심을 끌지 못했지만 "임기 내에 미세먼지 30% 감축"을 이행하기 위하여 관련 제도 입법화, 대책기구 설치, 한중 협력 강화 등 미세먼지 관리대책을 추진하겠다는 것이 주요 골자였다. 이에 따라 「미세먼지특별법(약칭)」이 제정(2018.8.14.)되었으며, 국무총리실에 국무총리와 민간 공동위원장으로 하는 미세먼지 저감 및 특별 위원회와 미세먼지 개선 기획단이 설치되었다.

미세먼지법 제정 시 「재난 및 안전관리 기본법」 개정논의도 병행되었다. 당시 바른미래당 신용현 의원과 한국당 김효상 의원은 자연재난으로, 민주당 김영욱 의원과 한국당 김승희 의원은 사회재난으로 하는 재난 및 안전관리 기본법 개정안을 발의하였으나, 환경의 문제가 재난인가? 재난이라면 자연재난인가? 사회재난인가?라는 논란으로 국회에 계류 중이었다가 3월초 유래없는 고농도 미세먼지로 국민의 불편함이 극에 달하자 여론에 떠밀려 사회재난으로 지정하게 된 것이다.

한국은 연 347천톤의 미세먼지를 생산하고 있으며, 그중 흙먼지 등 자연현상이 30%, 황산화물·질소산화물·휘발성 유기화합물 등 인적요인이 70%를 차지한다는 국립환경과학원의 분석자료를 근거로 사회재난으로 결정하게 되었다.

이로써 우리나라는 세계 최초로 미세먼지를 재난으로 법제화하는 나라가 되었으며, 미세먼지가 재난인가?라는 논란에 종지부를 찍게 되었다.

Chapter 02 재난관리의 개념

　재난은 위험과 불확실성을 지니고 있고, 재난관리(disaster management)란 이런 재난의 위험과 불확실성을 관리하는 것이다. 이론적 차원에서는 재난의 발생을 예방하고 대비하며, 재난이 발생한 때에는 신속하고 효과적으로 대응하며, 신속하게 정상상태로 복구하는 것으로 정의된다. 그러므로 재난으로부터 피해를 최소화하기 위해 재난의 예방, 대비, 대응, 복구에 관한 정책개발과 집행과정을 총칭하는 것을 말하며, 사전·사후 재난관리 활동과 재난에 대처하기 위해 계획하고 대응하는 모든 과정을 포함한 총체적 용어이다. 그리고 실무적 차원에서는 '각종 재난에 대비하기 위해 사전에 조치하는 활동이나 재난 발생 시 이를 극복하고 수습하는 제반 활동'으로 이해된다.

　광의의 재난관리는 재난의 예방, 대비, 예·경보, 긴급사태 대처, 응급복구, 개선 등의 과정을 모두 포함하는 개념인 반면, 협의의 재난관리는 재난 발생 이후의 과정에 집중한 개념으로 이해할 수 있다. 협의의 재난관리는 시간의 경과에 따라 크게 두 단계로 구분되는데, 제1단계는 재난 발생 직후 24시간 혹은 72시간의 기간에 해당하는 것으로서 초동단계의 대응을 의미한다. 이 단계에서는 인명구조, 피난유도, 교통규제, 긴급치료, 구호물자의 긴급수송을 위해 군·소방·경찰 등의 출동조직을 신속하게 동원해 피해를 최대한 줄이는 조치를 하도록 한다. 한편 제2단계는 초동단계의 긴급조치가 어느 정도 진행된 이후 재난복구에 초점을 맞춘 단계로서 이재민 구호, 도로구조물 복원, 도시복구계획 수립 등 장래를 위한 개선에 중점을 두고 있다(이종열 외, 2014).

　우리나라 「재난 및 안전관리 기본법」 제3조에서는 재난관리를 '재난의 예방·대비·대응 및 복구를 위하여 행하는 모든 활동'으로, 안전관리를 '재난이나 그 밖의 각종 사고로부터 사람의 생명·신체 및 재산의 안전을 확보하기 위하여 행하는 모든 활동'으로 규정하고 있다. 즉 광의의 재난관리로 이해하고 있음을 알 수 있다.

2.1 재난관리의 주요 이론[2]

1) 위험사회론

위험사회란 현 사회가 위험하다는 직접적인 의미를 담고 있기보다는 위험 여부가 모든 결정의 우선순위에 놓이는 사회를 의미한다. 위험사회론의 등장은 독일의 사회학자 울리히 벡(Ulrich Beck)이 1986년에 출간한 『위험사회(risk society)』를 시작으로 발전하였다. 벡은 위험사회를 사회적으로 부(wealth)가 생성됨에 따라 본질적으로 동반되는 것이며, 근대 산업사회의 성공이 낳은 '생산된 위험'이라고 보았다. 벡은 또한 산업사회의 구조적·심층적 문제를 해결하기 위해서는 산업화 과정에서 '사회적으로 생산된 위험'을 종합적으로 이해하고, 이러한 위험을 어떻게 정의하고 분배할 것인가가 매우 중요한 문제가 된다고 강조하였다.

벡의 위험사회론은 산업화 과정에서 중요하게 다루어졌던 과학기술이나 생산기술이 오히려 사회를 위험하게 하는 원인이 될 수 있고, 산업화와 함께 확대·재생산된다는 것을 강조하고 있다는 점에서 최근 한국 사회가 경험하고 있는 새로운 형태의 위험을 어떻게 관리할 것인가에 대해 시사하는 바가 매우 크다. 또한, 위험사회가 겪는 위험(risk)이 지진·태풍·호우 등에 의한 자연재난이나 직접적이고 물리적 손실로 나타나는 위해(danger)와는 다른 양상으로 나타나고 있다.

첫째, 위험사회의 위험은 성공적인 산업화 과정에서 '생산된 위험(manufactured risk)'으로서, 정치·경제·사회 및 기술이 발전하면서 생긴 부산물이다. 예를 들어, 핵융합 등 원자력 기술의 발전이 낳은 원자력발전소는 에너지 분야에서 주목할 만한 발전이고 경제성장의 원동력이 되기도 하지만, 체르노빌 사고에서 나타나듯이 그 자체가 고위험을 내포하고 있다. 벡은 이러한 측면에서 위험사회에서는 과학기술을 경제성장이나 사회문제의 원천으로서만 인식할 것이 아니라 '문제의 원인'으로도 인식하고 관리할 필요가 있다고 강조한다.

둘째, 위험사회에서 나타나는 위험은 인간의 인지능력을 벗어나는 경우가 많다. 동일본 대지진 이후 후쿠시마 원전 사고로 인해 초래된 위험이 어디까지 영향을 주고 있는지

---
[2] 김용균 외(2021). 재구성

는 아직도 명확하게 밝혀지지 않고 있다. 따라서 현대 사회에서는 다양한 분야의 전문가, 언론인, 과학기술자, 시민단체 등이 위험에 대해 함께 논의하고 참여하는 공론화 과정이 매우 중요하다.

셋째, 현대 사회는 한 국가에서 발생한 재난이 다른 국가에 영향을 미치는 경우가 많으며, 단일국가에서 스스로 해결할 수 없는 국제적인 위험이 등장하고 있다. 벡은 2008년 서울대학교에서 개최한 강연회에서 세계적인 위험을 함께 인식하고 국제적으로 공조하는 것이 매우 중요하다고 역설하였다.

벡이 강조한 것처럼, 현대 사회에는 이차적·초자연적·인위적 불확실성과 결합된 새로운 위험이 등장하고 있다. 이러한 새로운 위험은 전통적인 경계의 소멸(de-bounding)과 밀접한 관련이 있기 때문에 과거 사례에 기초한 대응 방법만으로는 다룰 수 없고 새로운 위험 거버넌스의 구축을 요구한다.

2) 페탁의 4단계 모형

페탁(Willian J. Petak)은 1985년에 미국 행정학보에 기고한 논문에서 재난관리 4단계를 제안하고, 단계별로 연방·주·지방정부 및 지역사회 등의 역할과 임무를 제시하였다. 페탁은 재난관리단계를 비상 상황의 진행과 재난대응 임무에 따라 재난 발생 이전과 이후로 구분하였다. 재난 발생 이전은 다시 재난경감(mitigation)과 재난대비(preparedness)로 세분화하고, 재난 발생 이후는 재난대응(response)과 재난복구(recovery)로 세분화하였다.

표 1-3 페탁(Willian J. Petak)의 논문에서 정의한 재난관리 4단계

① **Mitigation** : Deciding what to do where a risk to thehealth, safety, and welfare of society has been deter-mined to exist; and implementing a risk reduction program;

② **Preparedness** : Developing a response plan and training first responders to save lives and reduce disaster damage, including the identification of criti-cal resources and the development of necessary agreements among responding agencies, both within the jurisdiction and with other jurisdictions;

③ **Response** : Providing emergency aid and assistance, reducing the probability of secondary damage, and minimizing problems for recovery operations; and

④ **Recovery** : Providing immediate support during the early recovery period necessary to return vital life support systems to minimum operation levels, and continuing to provide support until the community returns to normal.

재난경감은 사회의 건강, 안전 및 복지에 대한 위험이 존재하는 영역에서 무엇을 해야 할 것인지 결정하고, 위험도를 줄이기 위한 노력을 하는 단계를 의미한다. 재난대비는 재난 발생 시 신속하고 정확하게 대응하기 위한 능력을 개발하고 자원을 준비하는 단계이다. 재난대비 활동에는 재난대응계획 및 매뉴얼 수립과 훈련, 재난관리자원의 비축과 관리, 긴급지원체계에 대한 점검 등이 있다. 재난대응은 발생한 비상 상황(emergency situation)에 대처하기 위하여 대응 기관이 수행하여야 할 각종 임무와 역할을 적용하는 과정으로서 재난 예·경보의 발령, 주민대피, 긴급구조, 2차 피해방지, 자원 동원 등의 활동이 이에 해당한다. 재난복구는 발생한 피해에 대하여 기능을 복구하여 지역사회가 안정을 찾도록 하고 피해 발생 원인을 분석하여 제도를 개선하는 단계이다. 페탁의 재난관리 4단계 모형은 우리나라에서 재난의 예방, 대비, 대응, 복구 단계별로 정책을 개발하고 집행하는 데 영향을 미쳤으며, 「재난 및 안전관리 기본법」에 이러한 내용이 반영되어 있다.

페탁은 재난의 경감, 대비, 대응, 복구 단계별로 정부와 이해관계자들의 역할과 책임을 명확하게 하는 것이 무엇보다도 중요하다고 강조한다. 페탁은 표 1-4에 제시된 각 단계가 상호단절적인 것이 아니라 순환적인 성격을 가지고 있으며, 각 단계에서 행위 주체들의 활동들이 상호작용을 하면서 환류되어야 한다고 강조한다.

표 1-4 페탁의 재난관리단계 모형

구분			정부 간/조직/이해관계자				
			연방 정부	주 정부	지방 정부	지역 사회	기타 이해 관계자
재난관리단계	재난 발생 이전	경감(mitigation)	재난관리의 역할과 책임				
		대비계획과 경보 (preparedness planning and warning)					
	재난 발생 이후	대응(response)					
		복구(recovery)					

자료: Petak, W. J. (1985); 김용균 외(2021)

3) 통합적 재난관리

통합적 재난관리(integrated emergency management)의 기본 개념은 재난을 유발시킬 수 있는 모든 위험요인(hazard)과 리스크에 대한 통합적 접근(all hazard approach)으로부터 출발한다. 더 나아가 지역사회 또는 기관의 전체 구성원들이 하나의 공동체(whole community)로서 공통의 목표 달성을 위해 일치된 조직적 활동(unity of effort)을 지향한다. 또한 군(軍)에서 발원된 개념으로서 모든 계획은 역량을 기반으로 수립해야 한다는 원칙에 입각한 역량기본계획(capability based planning) 이론을 채택한다. 통합적 재난관리(IEMS)의 첫 단계는 모든 위험(risk)에 대한 확인과 분석이다. 재난관리 기관들은 위험 분석 결과 예상되는 재난에 대비하기 위해 요구되는 역량을 도출하고, 부족 역량의 보강은 재난관리 기관들의 정책 목표가 된다.

이러한 통합적 재난관리 이론에서 제2차 세계대전 이후 재난대응은 전쟁을 수행하는 것처럼 외부 위험요인에 즉각적으로 반응하고 대응하는 것을 중요하게 여기는 방식으로 자리잡았다. 이러한 방식이 1970년대 후반에 포괄적이고 통합된 접근방식으로 단계적으로 전환되었으며, 1990년대부터 위험관리와 지속가능한 위험저감이라는 두 가지 개념이 강조되기 시작하였다.

미국에서는 1970년대 후반까지 100여 개 이상의 연방 기관들이 위험 및 재난관리에 연관되어 있어 대형재난이 발생하였을 때 이를 총괄조정하는 기구가 없었다. 이러한 문제를 해결하기 위하여 1979년 연방재난관리청을 설립하였고, 분산된 비상 상황대처 및 재난관리를 담당할 재난관리자가 출범되었다. 통합적 재난관리 개념은 대부분의 위험 및 재난을 처리하기 위한 일반적 프로세스가 있다는 생각에 기반을 두고 있다. 이것은 재난 진위성 측면에서 다소 단순할 수 있지만, 재난 담당기관이 행정 및 인적 자원 역량을 개발하는 데 크게 도움이 되었다. 이러한 접근방식에서 비롯된 통합적 재난관리는 수직적(중앙정부 및 지방정부) 및 수평적(다른 행정기관과 공공-민간 부문 간)인 파트너십을 형성하는 데 도움이 되었다.

쿼런텔리(Quarantelli, 1993)는 이전까지의 재난을 부처별·유형별로 분산 관리하는 것은 매우 비효율적이며, 이를 총괄 조정할 수 있는 기관을 설립하여 모든 재난을 통합 관리하는 방식으로 진행해야 한다고 주장하였다. 이와 같은 시각의 변화는 이전까지 재난을 물리적 관점에서 보고 해결하고자 하였다면 재난이 사회적 개념으로의 이동이 진행되고 있다는 것을 분석한 결과이다. 예를 들면, 지진이나 화학폭발의 발생 자체가 자연적으로 발생하지 않는다는 것이다. 결국, 특정 종류의 자연적인 토지 이동은 지진이며, 불활성 액체가 팽창성 가스로 변환되는 것은 화학폭발이다. 따라서 재난은 사회적 사건의 일부 특징, 즉 상황에 반응하는 개인과 집단의 일부 특성으로 식별할 수 있다. 재난을 사회적 사건과 자연적·기술적 재난의 특징에서 보는 것은 잘못된 관점이라는 것이다. 재난을 통합관리 방식으로 유지해야 하는 이유로는 현재 발생하는 재난은 대부분이 복합재난의 성격을 지니고 있으며, 사회재난과 자연재난의 구분이 모호해지고 있기 때문이다. 그뿐 아니라 이와 같은 복합재난에 대응하는 방식이 유사성을 지니고 있어 부처별로 진행하는 것보다는 통합 관리하는 것이 효율적이다.

이 모델은 이후 약 20년 동안 미국의 재난관리 방식을 지배하였다. 궁극적으로 포괄적이고 통합된 재난관리(integrated and comprehensive emergency management)라 함은 자연재난뿐만 아니라 사회재난을 포함한 모든 종류의 위험요인으로부터 파생되는 다양한 종류의 재난을 예방, 대비, 대응, 복구 과정 중에서 보편적이고 일반화된 기능을 수행할 수 있도록 하는 개념이라고 할 수 있다. 이를 실현하기 위해서는 모든 단계(all phases), 모든 위험요인(all hazards), 모든 영향(all impacts), 그리고 모든 이해관계(all interests)자가 참석하여 포괄적으로 재난에 대응해야 한다는 것이다. 하지만 어떤 재난에서 예방, 대비, 대응, 복구 과정 시 완벽하게 작동하는 시스템이 다른 재난에도 작동하려면 재난의 비교가능성과 유형을 정확하게 파악해야 한다는 점은 분명히 해야 한다.

4) 한국의 재난관리 4단계론

한국의 재난관리 4단계론은 페탁의 재난관리 4단계 모형의 영향을 많이 받았다. 재난의 예방, 대비, 대응, 복구 단계별로 정책을 개발하고 집행하는 데 영향을 받았으며, 「재난 및 안전관리 기본법」에 이러한 내용이 반영되어 있다. 한국의 재난관리 4단계론이란, 「재난 및 안전관리 기본법」에 따라 국민의 생명, 신체 및 재산의 피해를 각종 재해로부터 예방하고 재난 발생 시 그 피해를 최소화하기 위한 일련의 행위로서 예방, 대비, 대응, 복구의 4단계로 구분할 수 있다.

재난관리단계별 활동을 정의하면 예방은 각종 재해의 분야별 취약점 분석을 통하여 위기 요인을 사전에 제거하거나 감소시킴으로써 위기 발생 자체를 억제하거나 방지하기 위한 일련의 활동이다. 대비는 재해와 관련된 상황의 정보수집 등 징후가 포착되었을 때나 마비상황을 가정하여, 위기상황에서 수행해야 할 제반 활동을 사전에 계획·준비하고, 이에 대한 교육·훈련으로 대응능력 및 대비태세를 강화하는 제반 활동이다. 대응은 재난 상황에서 가용자원 및 역량을 효과적으로 활용하여 신속하게 대처하는 것으로 대비단계에서 구축된 대응계획의 이행을 통하여 인명구조 및 피해를 최소화하고 2차적 피해 가능성을 감소시키는 일련의 활동이다. 마지막으로 복구는 재해 발생 이전의 상태로 회복·개선시키는 활동으로서 위기 발생으로 손상된 기능을 재건하고 위기의 재발 방지를 위해 제도적 장치를 마련하거나 운영체계를 보완하는 일련의 활동이라고 할 수 있다.

재난관리의 4단계는 평상시 수행하는 예방활동을 통하여 재난의 요인을 사전에 방지하거나 대비활동을 통하여 재난 발생 시 필요한 제반 활동을 준비하고, 실제 재난 발생 시에는 긴급히 수행하는 대응활동과 재난 발생 후 복구활동으로 구성된다. 재난 발생 시 긴급히 수행하는 응급복구와 긴급복구는 대응활동으로 분류되며, 재난의 원인을 제거하거나 피해 확산을 방지하는 활동에 초점을 맞추고 있다.

재난관리의 4단계는 상호 순환적인 성격을 가지고 있으며, 각 단계의 활동 내용 및 결과는 다음 단계에 영향을 미친다. 최종 복구활동의 결과는 최초 재난의 위험 원인을 제거하거나 감소시키는 예방활동으로 이어져야 하고, 장기적인 재난관리 능력을 향상시키도록 순환시켜야 한다. 대응단계의 활동은 앞 단계인 대비단계의 활동에 직접적으로

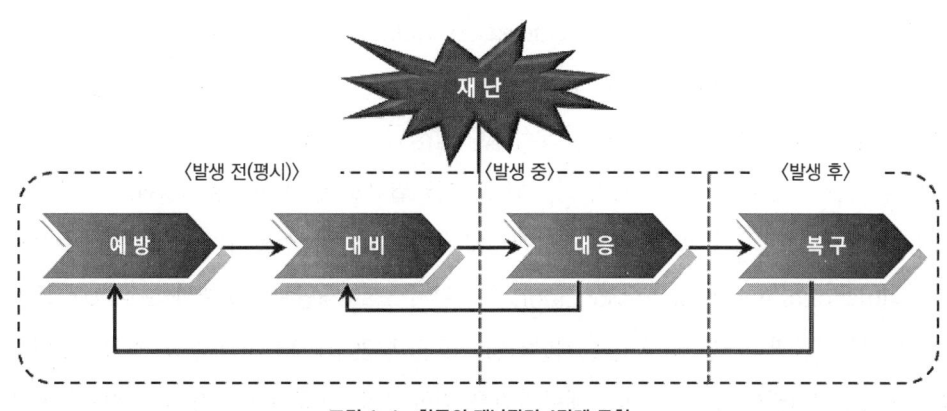

그림 1-1 한국의 재난관리 4단계 모형

표 1-5 한국의 재난관리 4단계

① 예방 : 재난위험 요인을 사전에 제거하거나 감소시킴으로써 위기발생 자체를 억제하거나 방지하기 위한 모든 활동 (경감-피해 최소화)
② 대비 : 위기 상황에서 수행해야 할 제반 사항을 사전에 계획-준비-교육-훈련-홍보함으로써 위기대응 능력을 제고시키고 위기발생 시 즉각적으로 대응할 수 있도록 재난위험 모니터링 태세를 강화시켜 나가는 일련의 활동
③ 대응 : 위기 발생 시 비상조직을 가동하여 국가의 자원과 역량을 효율적으로 활용하고 신속하게 재난의 원인을 제거하거나 재난피해 확산을 방지함으로써 피해를 최소화하고, 2차 위기 발생 가능성을 감소시키는 일련의 활동
④ 복구 : 위기로 인해 발생한 피해를 위기 이전의 상태로 회복시키고, 평가 등에 의한 제도개선과 운영체계 보완을 통해 재발을 방지하고 위기관리 능력을 향상시키는 일련의 활동

자료: 강휘진(2019)

환류가 필요하다. 대응활동의 평가를 통해 재난대비 개선사항을 도출하는 일은 신속한 대응능력 제고에 도움을 주게 된다.

2.2 재난관리의 단계

복잡한 재난을 효율적으로 관리하기 위한 가장 대표적인 방법은 재난관리단계 모델을 설정하는 것이다. 재난관리모델 개발이 중요한 이유는 주요 요소와 불필요한 것들을 구분함으로써 복잡한 사건을 단순화할 수 있고, 실제 조건과 이론적 모델을 비교하는 것은 현재 상황과 향후 재난의 전개를 더욱 잘 이해할 수 있게 하며, 재난관리모델은 재난관리 과정에 연루된 모든 것들의 일반적 기초를 구축하는 데 필요하기 때문이다.

1) 미국의 재난관리단계

미국의 연방재난관리청(federal emergency management agency: FEMA)은 '재난은 정부의 통상적인 관리 절차나 자원으로는 대처할 수 없는 인적·물적 손상을 초래하는 사건을 말하고, 재난은 대부분 돌발적으로 발생하지만 대처 과정에서는 다수의 정부 기관과 민간 부문들의 즉각적이며 조정된 노력을 필요로 한다(FEMA, 1984).'고 규정하였다. 미국은 1970년대 말 전문적 재난관리모델 개발의 필요성을 인식하고 전국 주지사 협의회(national governors' association: NGA) 주도로 재난관리정책과 프로그램 분류를 규정한 재난관리 4단계 모델을 개발하였다(Baird, 2010; NGA, 1979). 경감·대비·대응·복구의 4단계 모델은 이후 재난관리를 위한 기초 모델이 되었으며, 1985년 페탁

(Petak)은 재난관리 과정을 재난의 진행 과정과 대응활동에 따라 재난 발생 이전과 이후, 즉 사전 재난관리와 사후 재난관리로 구분하였다.

재난 발생 이전은 다시 재난의 경감과 예측, 재난의 대비로 세분화하고, 재난 발생 이후에는 재난의 대응과 재난의 복구로 세분화하였다. 그러나 2001년 9.11테러 이후, 기존의 재난 개념에 국가안전을 포함하는 통합적 재난관리 개념을 새롭게 정립하고 이를 실행하기 위하여 2003년 국토안보부(department of homeland security)를 신설하였으며, 제도적으로는 2011년 국가안전의 큰 위험과 위협에 대하여 체계적인 준비를 통해 미국의 안전 및 레질리언스 강화를 목적으로 대통령 훈령 제8호(presidential policy directive 8: PPD-8)로 「국가대비(national preparedness)」를 제정하였다(FEMA, 2011). 「국가대비」는 국가대비 시스템(national preparedness system: NPS)을 통하여 국가대비 목표(national preparedness goal: NPG)를 달성할 수 있다는 선언적 문서로 국가 재난관리를 예방(prevention) - 보호(protection) - 경감(mitigation) - 대응(response) - 복구(recovery) 등 5요소로 정의하였다.

2) 한국의 재난관리단계

재난관리(disaster management)는 재난에 대해 이해하고 그것에 대해 무엇인가를 결정하고, 재난의 피해를 완화하거나 통제하기 위한 집행수단을 강구하는 의도적인 활동이라고 할 수 있다(Kasperson and Pijawka, 1985). 재난관리는 활동 범위에 따라 넓은 의미와 좁은 의미의 재난관리로 구분하고 있으며, 좁은 의미의 재난관리는 재난이 발생할 경우 피해를 줄이기 위해 혼란스러운 상황에서 질서를 유지하는 과정으로, 평상시 재난대응 조직들이 인적·물적 자원을 관리하고 조직 상호 간의 원활한 의사소통과 협업을 통하여 효율적인 지휘체계를 확립함으로써 재난으로부터 피해를 줄이기 위해 활동하는 과정으로 정의하고 있으며, 넓은 의미의 재난관리는 평상시 재난의 예방과 대비활동을 하며, 재난이 발생할 경우에는 재난의 피해를 최소화하기 위한 대응활동과 원래의 상태로 복원하기 위한 복구활동 등을 포함한 재난관리 전 과정을 총괄하는 개념으로 정의하고 있다.

한국의 재난관리는 미국의 재난관리 모형 중의 하나인 페탁의 재난관리 4단계 모형에 영향을 받았다. 페탁의 재난관리 모형에 따르면, 재난 발생 이전은 재난의 예방 - 경감 - 대비로 세분화하고, 재난 발생 이후는 재난대응과 복구로 세분화하였으며, 재난의 예방

- 경감 - 대비 - 대응 - 복구 단계별로 행정에서 담당해야 할 역할이 서로 다르다고 주장하였다(김용균, 2018). 「재난 및 안전관리 기본법」 제3조 제3호에서 재난관리는 '재난의 예방-대비-대응-복구를 위하여 행하는 모든 활동'으로 정의하고 있고, 제4장은 재난의 예방, 제5장은 재난의 대비, 제6장은 재난의 대응, 제7장은 재난의 복구단계로 구성하고 각 단계별 주요 사항은 표 1-6와 같이 50개 조항으로 구성하였다. 이는 광의의

표 1-6 재난관리단계별 핵심조항

예방(14)	대비(10)	대응(15)	복구(11)
① 재난관리 책임기관의 장의 재난예방 조치	① 재난관리자원의 비축·관리	① 재난사태 선포	① 재난피해 신고·조사
② 기반시설 지정·관리	② 재난현장 긴급통신수단 마련	② 응급조치	② 복구계획 수립·시행
③ 특정관리대상지역의 지정·관리	③ 국가재난관리기준의 제정·운용	③ 응급조치 응원요청	③ 재난복구계획에 따라 시행하는 사업관리
④ 지자체에 대한 지원	④ 기능별 재난대응 활동계획의 작성·운용	④ 위기경보 발령	④ 특별재난지역 선포
⑤ 재난방지시설의 관리	⑤ 재난 분야 위기관리 매뉴얼 작성·운용	⑤ 재난예·경보 구축·운영	⑤ 특별재난지역 지원
⑥ 재난안전 종사자 교육	⑥ 다중이용시설 위기 매뉴얼 작성·관리·훈련	⑥ 동원명령	⑥ 비용부담의 원칙
⑦ 재난예방 긴급안전점검	⑦ 안전기준의 등록·심의	⑦ 위험구역 설정	⑦ 응급지원에 필요비용
⑧ 재난예방의 안전조치	⑧ 재난통신망 구축·운영	⑧ 대피명령	⑧ 손실보상
⑨ 안전취약계층 지원	⑨ 재난대비 훈련계획 수립	⑨ 강제대피조치	⑨ 치료·보상·포상
⑩ 정부합동 안전점검	⑩ 재난대비 훈련 실시	⑩ 통행제한	⑩ 재난지역에 대한 국고보조 등의 지원
⑪ 사법경찰권		⑪ 응급부담	⑪ 복구비 선지급·반환
⑫ 안전관리 전문기관에 대한 자료 요구		⑫ 시·도지사의 응급조치	
⑬ 재난관리체계의 평가		⑬ 재난관리 책임기관의 장의 응급조치	
⑭ 재난관리 실태 공시		⑭ 지역통제단장의 응급조치	
		⑮ 긴급구조	

자료: 홍성호(2019)

재난관리 개념을 적용한 것으로, 재난관리란 평상시의 재난 예방과 대비활동으로부터 재난발생 시의 재난대응과 복구활동까지 재난과 관련된 전 과정에서 피해를 줄이기 위해 취하는 모든 활동을 총괄하는 개념이라고 할 수 있다.

예방단계는 재난 발생을 사전에 방지하기 위한 일련의 활동을 말한다. 위기가 실제로 발생하기 전에 위기 촉진 요인을 미리 제거하거나 위기 요인이 가급적 일어나지 않도록 억제 또는 완화하는 과정을 의미한다. 예방활동은 재난위험 원인의 발생 방지를 위한 비구조적 예방(prevention)활동과 재난 발생 시 위험도를 줄이기 위한 구조적 경감(mitigation)활동을 포함한다. 예방활동의 예로는 위험인지 및 제거, 위험물질의 원천적 제거나 안전점검, 안전진단, 재난위험 발생원인 제거, 재난위험 예상피해 최소화 활동 등이 있으며, 경감활동의 예로는 화재 스프링클러 설치, 사방댐 건설, 내진설계, 구제역 예방 백신 개발 등이 있다.

대비단계는 재난이 발생했거나 발생이 임박한 위기상황에서 실제 수행해야 할 제반 사항을 사전에 조직을 구성하고, 계획·예산을 확보하고, 교육·훈련·평가·홍보함으로써 실제 상황에서 신속히 대응하기 위한 일련의 사전준비 활동을 말한다. 다시 말해 실제 재난이 발생했을 때 대응을 잘하기 위한 준비활동이라 할 수 있다. 따라서 대비능력은 실제 재난상황에서 피해의 확산이나 2차 피해 발생 여부 등에 영향을 미친다.

대비활동은 장비·물자·인력 등 방재자원의 확보, 재난대응활동계획의 개발, 교육·훈련 등 비구조적 활동이 주를 이룬다. 좀더 구체적으로 ① 재난 경보체계의 구축·운영, ② 재난매뉴얼의 작성 및 이에 기초한 교육·훈련, ③ 안전기준 관리, ④ 대국민 재난대응 및 안전교육 실시, ⑤ 시민단체·자원봉사자 등 민간 참여 유도 및 활성화, ⑥ 현장지휘, 홍보, 다수기관응원조정, 수송, 정보통신, 소방, 의료, 구조·구급, 에너지, 구호 및 이재민 관리 등 긴급 현장지원 기능 구축 등이 있다. 지방자치단체별 재난관리 기능을 국가 재난관리체계에 맞추어 정비하고 유관기관 및 실무기관과 긴밀한 협조체계를 유지하는 것도 중요한 대비활동에 속한다.

대응단계는 재난 발생 또는 발생 임박 시 국민의 생명과 신체, 재산을 보호하기 위한 일련의 활동을 말한다. 이러한 대응은 재난 발생 시 시민의 생명을 구조하는 구조·구급 활동, 재난의 원인 제거 활동과 피해의 확산 방지를 위한 활동으로 구분할 수 있다. 대응

표 1-7 재난관리 대비단계의 활동

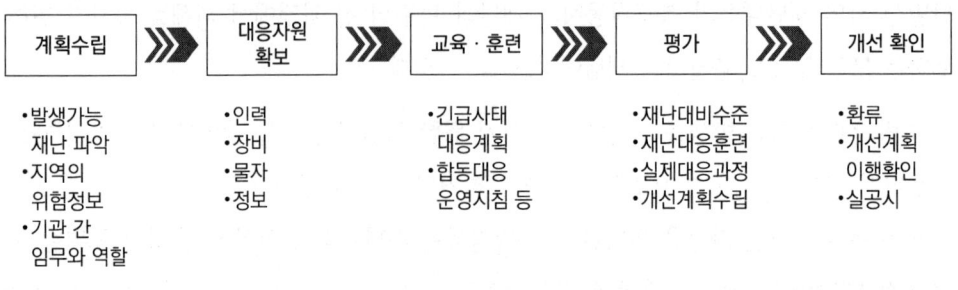

자료: 강휘진(2019)

활동을 통해서 재난의 피해가 최소화되고 2차적 재난 발생 가능성이 감소한다.

　대응활동에는 재난 예·경보의 발령, 상황관리 및 전파, 구호, 구조·구급, 자재·장비·인력 등 방재자원의 동원, 응급복구, 재난폐기물처리, 전기·통신·가스·도로 등 국가기반시설의 긴급복구 등이 있다. 극심한 인명 또는 재난의 피해가 발생하거나 발생할 것으로 예상될 때에는 재난사태를 선포할 수 있으며, 긴급안전점검, 응급조치, 응급부담, 동원, 대피명령, 강제대피조치, 위험구역설정, 통행제한, 긴급구조 등 위험회피 또는 피해경감을 위한 직접수단이 있다. 최근 재난의 대형화, 광역화로 복합재난이 증가함에 따라 재난 대응활동에 있어 중앙·광역·기초 정부 간 수직적 협업은 물론 중앙부처 상호간 수평적 상호협력의 중요성이 강조되고 있다. 특히 공공과 민간의 협력을 뜻하는 민관협력체계(public-private-partnership: PPP) 구축이 매우 강조되고 있다. 재난발생 이후에 개인 또는 사회가 다시 정상적으로 복구하려는 역량을 뜻하는 복원(resilience), 즉 레질리언스가 국제적으로 큰 관심을 끌고 있다. 이는 2001년 911 세계무역센터 붕괴사고 이후에 이를 극복하려는 데서 시작되었다고 할 수 있다. 이후 2011년 일본 대지진으로 세계적으로 재난사고에 대하여 많은 관심을 가지고 이러한 문제를 해결하려는 시도가 지속되고 있다.

　이러한 시도의 일환으로 평상시부터 재난이 발생하더라도 신속히 복구할 수 있는 경제적·사회적·정책적 역량들을 확보하는 제도들을 수립하고자 하는 것으로서 재난대비론의 성격을 가지고 있다.

　복구단계는 재난발생 이전 상태로 회복시키는 활동을 말하는데, 이는 자연재해 피해의 구조적인 복구 중심이었으나, 최근 재난 유형의 다양화와 예방단계로의 환류가 중요시되면서 재난 발생 이전보다 더 나은 상태로 발전시키는 개량복구 및 비구조적 활동(부흥)이 강조되고 있다. 다시 말해 재난 발생으로 손상된 지역사회의 총체적 기능을 재건하고 재난의 재발방지를 위해 제도적 장치를 마련하거나 운영체제를 보완하는 일련의 활동이다. 따라서 복구는 재난 이전의 상태로 원상회복시켜 주는 것은 물론이고 재난의 원인을 제거하여 재발을 방지하기 위한 일련의 노력으로 이루어진다.

복구활동에는 ① 피해조사 및 복구계획 수립을 위하여 관련 연구기관과 연계한 과학적인 원인조사, ② 필요시 특별재난지역을 선포하고 효과적인 복구를 위하여 지방자치단체 상호간 협력, ③ 지역의 복구 및 회복을 조기에 마무리하고 재발방지를 위한 안전대책 마련 등의 활동, ④ 지역공동체의 회복, 지역사회의 경제적·심리적 안정 등 비구조적 활동이 포함된다.

모든 국가의 일차적인 역할은 국민의 생명과 재산을 보호하는 기능이다. 모든 국가는 각종 재난으로부터 국민의 생명, 신체, 재산과 국가에 피해를 주거나 줄 우려가 있을 때 국가는 이러한 위기를 관리할 책임과 의무가 있다.

「헌법」 제34조에서도 '국가는 재해를 예방하고 그 위험으로부터 국민을 보호하기 위하여 노력하여야 한다.'고 명시하여 재해를 예방하고 각종 재난으로부터 국민의 생명과 재산을 보호해야 할 책임이 국가에 있음을 명시하고 있다. 정부는 평상시에 재난의 발생 가능성을 줄이기 위한 예방활동과 그 정도를 완화시키기 위한 대비 및 경감 조치를 하여야 하며, 재난발생 시에는 신속하고 효율적으로 대응하여 그 피해를 줄이는 데 최선의 노력을 기울여야 한다.

재난 상황의 종료 시에는 국민들이 재난발생 전의 상태, 즉 정상적인 생활로 되돌아올 수 있도록 최선의 노력을 해야만 한다. 이러한 의미에서 재난관리는 정부의 일차적 기능이라는 특징을 갖고 있다(장시성, 2008). 따라서 국가의 재난관리란 재난으로부터 국민의 생명과 재산을 보호하는 책임이 국가에 있다는 것이며, 이를 위하여 재난관리에 필요한 예방-대비-대응-복구 단계에 이르는 일련의 과정을 정부가 활동한다는 것을 의미한다.

2.3 재난관리의 방식[3]

재난관리 방식은 크게 분산관리 형태와 통합관리 형태를 취하고 있으며, 재난관리의 단계에 따라 분산관리 및 통합관리 형태를 선택적으로 취하는 혼합형태의 국가도 존재한다. 또한 재난현장에서의 대응관리 방식도 '복구' 중심의 현장관리 방식에서 '대응' 중심의 전문화된 현장관리 방식으로 전환되고 있는 추세이다.

우리나라에서도 「재난 및 안전관리 기본법」에 따라 '대규모 재난의 대응·복구 등을 위하여 중앙재난안전대책본부를 두고' 있으며, 중앙재난안전대책본부가 가동될 경우에는 13개의 협업 기능별 재난관리 조정기관 및 책임기관이 자동적으로 참여하는 재난대응 통합지원체계를 갖추고 있다.

1) 분산관리방식

분산관리방식은 재난의 발생유형에 따라 소관부처가 상이하며, 각 소관부처별로 기능과 책임을 나누어서 관리하는 재난관리체계이다. 분산관리방식은 재난 유형별로 대응방식에 차이를 두어야 함을 강조하며 재난계획과 대응책임기관도 각각 다르게 배정하여 관리하도록 한다. 즉 분산관리방식은 지진, 풍수해, 유독물, 화재 등 재난의 종류에 상응하여 각각 최적의 대응방식이 존재한다는 사실을 전제로 두고 있다.

분산관리방식은 예방·대비·대응·복구를 위한 종합적이고 통합된 국가정책의 결여로 인해 전체적인 재난관리능력을 저하시킨다는 평가를 받고 있다. 재난 발생 시 유사기관 간의 중복대응과 과잉대응의 문제가 나타나고 다수기관 간의 조정·통제가 어렵기 때문이다. 또한 모든 재난은 피해범위, 대응자원, 대응방식에 있어서 유사하다는 평가가 지배적이다(김진원 외, 2014).

2) 통합관리방식

재난의 개념 변화, 재난대응 과정의 유사성, 재난계획 내용의 중복성, 가용할 수 있는 대응자원의 공통성 등 전통적 재난관리제도로서 분산관리방식이 갖는 여러 가지 한계와 문제점이 제기되면서 미국을 중심으로 통합관리형태의 모델이 대두되었다. 통합관리방

---
[3] 주필주(2019) 재구성

식은 재난을 관리하는 과정상 개인적·조직적 행동의 유사성이 차이점보다 더욱 크기 때문에 종합적인 관리가 요구된다는 입장을 취하고 있다.

재난대응에 참가하는 모든 일상적 비상대응기관 단체들을 통합·관리함으로써 효과적으로 대응할 수 있다는 것이다. 일단 재난이 발생한 경우에는 경고, 대피, 구호, 탐색, 구조, 구급, 사망자처리, 자원의 동원, 통신교류, 조직간 조정 등의 유사한 활동이 취해지므로 재난유형의 차이에도 불구하고 재난대응활동은 크게 다르지 않기 때문이다. 또한 재난유형별로 필요한 인적·물적 자원은 조금씩 다르더라도 예방·대비·대응·복구 시기별로 유사한 자원동원체계와 자원유형을 필요로 한다. 즉 통합관리방식은 재난 발생 시 총괄적 자원동원과 신속한 대응성을 확보하고 가용자원을 효과적으로 활용할 수 있으며 자연재난, 사회재난 등 모든 재난유형에서 나타나는 유사성을 포착함으로써 재난에 효과적으로 대응할 수 있다는 장점이 있다(김진원 외, 2014). 우리나라에서도 2004년 「재난 및 안전관리 기본법」 제정과 함께 통합적 재난관리체계를 도입하여 현재까지 운용되고 있다.

표 1-8 재난관리방식 비교

구분	분산관리방식	통합관리방식
역사적 배경	• 1948년 정부수립~2003년 • 전통적 재난관리방식	• 2004년 「재난 및 안전관리 기본법」 제정 및 국가재난관리전담기구 설립 이후
특징 및 장점	• 다수 부처 및 기관의 단순병렬 • 재난유형별 관리 • 정보전달의 다원화 • 소관재난의 관리책임과 부담의 분산 • 소관부처에서 특정 재난만을 담당하므로 경험축적 및 전문성이 향상됨	• 지휘체계의 단일화 • 단일부처의 조정 하에 병렬적 다수부처·기관 • 기능별 책임기관을 지정하고 통합적인 조정, 통제 및 지휘체계를 가짐 • 모든 재난은 계획, 대응자원, 대응방식에 있어서 유사함
단점	• 재난관리기관의 중복 • 과잉대응 및 지휘체계의 분산 • 부처간 업무의 중복 및 연계 미흡 • 자원준비의 배분의 복잡성	• 모든 재난에 대한 관리책임과 과도한 부담 • 부처간 이기주의 및 기존 조직들의 반대 가능성이 높음
관련부처	• 다수부처(기관) • 기관중심	• 소수부처 • 기능중심
책임성	• 책임의 분산	• 과도한 책임(부담)

자료: 주필주(2019) 재구성

3) 중앙재난안전대책본부 운영

재난 중 인명 또는 재산의 피해 정도가 매우 크거나 재난의 영향이 사회적·경제적으로 광범위하여 주무 부처와 지역재난안전대책본부만으로는 대처가 곤란한 경우에는 효율적인 재난관리를 위하여 행정안전부에 중앙재난안전대책본부를 구성(「재난 및 안전관리 기본법」 제14조)한다. 대규모 재난의 대응·복구 등을 위하여 설치되는 중앙재난안전대책본부의 본부장은 행정안전부 장관이 수행하지만 2014.4.16. 발생한 세월호 침몰사고와 같은 국가위기의 재난발생 등 범정부적 차원의 통합 대응이 필요한 경우나 행정안전부 장관이 건의하는 경우에는 국무총리가 본부장이 된다(2014.12.30. 개정). 다만, 해외재난의 경우에는 외교부 장관이, 방사능 재난의 경우는 원자력안전위원회 위원장이 본부장이 되나 국무총리가 본부장을 수행할 경우에는 차장이 된다.

4) 국무총리가 중대본부장을 행사한 사례 :
  코로나 19 중대본(2020.2.23.~2023.5.31./3년 4개월)

중앙재난안전대책본부회의는 해당 기관[4]의 고위공무원단에 속하는 일반직공무원, 국방부의 경우에는 장성급(將星級) 장교를, 경찰청 및 해양경찰청의 경우에는 치안감 이상의 경찰공무원을, 소방청의 경우에는 소방감 이상의 소방공무원 중에서 소속 기관장의 추천을 받아 본부장이 임명하는 사람으로 구성한다.

중앙재난안전대책본부는 차장·총괄조정관·대변인·통제관·부대변인·담당관 및 실무반으로 구성되며 임무는 다음과 같다.

① 차장 : 재난 관련 업무 전반의 총괄 및 중앙대책본부의 본부장 보좌
② 총괄조정관 : 재난상황 관리 총괄
③ 대변인 : 재난수습 홍보 총괄
④ 통제관 : 실무반의 업무 총괄
⑤ 부대변인 : 재난수습 홍보업무 수행 및 대변인 보좌

---

[4] 기획재정부, 교육부, 과학기술정보통신부, 외교부, 통일부, 법무부, 국방부, 행정안전부, 문화체육관광부, 농림축산식품부, 산업통상자원부, 보건복지부, 환경부, 고용노동부, 여성가족부, 국토교통부, 해양수산부 및 중소벤처기업부, 조달청, 경찰청, 소방청, 문화재청, 산림청, 기상청 및 해양경찰청, 그 밖에 본부장이 필요하다고 인정하는 행정기관

⑥ 담당관 : 소관 사무에 대하여 통제관 보좌

⑦ 실무반 : 재난의 대응·복구 등을 위한 업무로써 표 1-9에 따른 구분별 업무를 수행한다.

또한 행정안전부 장관이 본부장일 경우에는, 본부 아래에 차장·총괄조정관·대변인·통제관 및 담당관은 행정안전부 소속 공무원 중에서 행정안전부 장관이 임명하고, 부대변인은 재난관리주관기관 소속 공무원 중에서 해당 기관장의 추천을 받아 행정안전부 장관이 임명한다.

표 1-9 13개 협업 기능별 재난관리 조정기관 및 책임기관

기능	조정기관	책임기관
① 재난상황관리 기능	행정안전부	재난 및 사고유형별 재난관리주관기관
② 긴급 생활안정 지원 기능	행정안전부	행정안전부
③ 긴급 통신 지원 기능	행정안전부	행정안전부
④ 시설피해의 응급복구 기능	행정안전부	소관시설 및 사무를 담당하는 재난관리주관기관
⑤ 에너지 공급 피해시설 복구 기능	-	산업통상자원부
⑥ 재난관리자원 지원 기능	행정안전부	행정안전부
⑦ 교통대책 기능	-	국토교통부
		해양수산부
		행정안전부
⑧ 의료 및 방역서비스 지원 기능	-	보건복지부
⑨ 재난현장 환경정비 기능	원자력안전위원회 (방사능 분야)	환경부
		해양수산부
		행정안전부
		원자력안전위원회
⑩ 자원봉사 지원 및 관리 기능	행정안전부	행정안전부
⑪ 사회질서 유지 기능	경찰청	경찰청
⑫ 재난지역 수색, 구조·구급지원 기능	소방청 해양경찰청	소방청
		해양경찰청
⑬ 재난수습 홍보 기능	행정안전부	재난 및 사고유형별 재난관리주관기관

자료 : 중앙재난안전대책본부 구성 및 운영 등에 관한 규정

국무총리가 본부장의 권한을 행사하는 경우에 차장은 행정안전부 장관, 해외재난은 외교부 장관, 방사능 재난의 경우는 원자력안전위원회 위원장이 단독 또는 공동으로 차장이 된다. 총괄조정관·통제관 및 담당관은 차장이 소속 공무원 중에서 지명하고, 대변인은 차장이 소속 공무원 중에서 추천하여 국무총리가 지명하며, 부대변인은 재난관리주관기관 소속 공무원 중에서 소속 기관이 추천하여 국무총리가 지명한다.

실무반은 중앙재난안전대책본부 구성 및 운영 등에 관한 규정에 따라 행정안전부 장관이 대규모 재난을 효율적으로 수습하기 위하여 표 1-9과 같이 13개 협업 기능별 재난관리 조정기관 및 책임기관을 지정하고, 관계기관의 장에게 소속 직원의 파견을 요청하여 재난의 수습이 끝날 때까지 중앙대책본부에서 13개 협업 기능별 임무를 수행한다. 이를 효율적으로 운영하기 위하여 사전에 근무자를 추천받아 파견근무자가 재난상황관리 업무를 효율적으로 수행할 수 있도록 임무와 역할 등을 교육하고 중앙재난안전대책본부가 가동이 되면 자동적으로 본부에 상근하는 재난대응 통합지원체계가 구축되어 있다.

실무반의 기능은 「재난 및 안전관리 기본법」 시행령에서 정한 재난대응 13개 공통 필수기능으로 ① 재난상황관리, ② 긴급 생활안정 지원, ③ 긴급 통신 지원 ④ 시설피해의 응급복구, ⑤ 에너지 공급 피해시설 복구, ⑥ 재난관리자원 지원, ⑦ 교통대책, ⑧ 의료 및 방역서비스 지원 ⑨ 재난현장 환경 정비, ⑩ 자원봉사 지원 및 관리, ⑪ 사회질서 유지, ⑫ 재난지역 수색, 구조·구급 지원, ⑬ 재난수습 홍보이다.

실무반의 13개 협업 기능은 「재난 및 안전관리 기본법」으로 지정하고 있는 자연재난 17개 유형과 사회재난 41개 유형 등 58개의 모든 재난에 공통으로 해당이 되지만 중앙재난안전대책본부 구성 시에는 재난 유형별로 필요한 기능만 소집한다. 재난 유형별로 필요한 세부적인 협업 기능은 재난 유형별 매뉴얼에서 정하고 있으며, 예를 들어 행정안전부가 주관부처인 태풍이나 호우인 경우에는 13개 협업 기능 중 12개 협업 기능별 재난관리 조정기관 및 책임기관으로 구성한다(그림 1-2).

그림 1-2 태풍과 호우 재난 시 중앙재난안전대책본부 구성도
자료: 풍수해 위기관리 표준매뉴얼; 행정안전부 행정자료(2022)

2.4 재난관리의 주체[5]

1) 정부의 역할

정부는 재난으로부터 국민을 보호해야 할 의무가 있다. 헌법 제34조 6항에 따르면 '국가는 재해를 예방하고 그 위험으로부터 국민을 보호하기 위하여 노력하여야 한다.'고 명시되어 있다. 또한 「재난 및 안전관리 기본법」 제2조에서는 '재난을 예방하고 재난이 발생한 경우 그 피해를 최소화하는 것이 국가와 지방자치단체의 기본적 의무'임을 강조하고 있다.

우리나라의 경우에는 정부가 재난관리에서 절대적인 역할과 책임을 가지고 있다. 「재난 및 안전관리 기본법」 제3조 5항에서는 재난관리를 책임지는 재난관리 책임기관들을 정의하고 있는데, 그 중에서 가장 핵심적인 기관은 정부 부문으로서의 '중앙행정기관'과 '지방자치단체'라고 할 수 있다.

① 중앙정부의 역할

중앙정부는 재난 발생 이전단계에서 기관 상호 간의 계획이나 부처·지역별, 민간 분야, NGO 등과의 협력을 증진시킬 수 있으며, 전문적 지식과 자원, 다양한 정보를 통합하는 역할 또한 중앙정부에서 이행할 때 능률적이다. 재난관리의 책임을 해당 지역에 둔다면 재난대응 측면에서는 지역사회를 기반으로 신속하고 효율적일 수 있으나 대형지진, 대형태풍 등 대형 재난을 인지하고 관리함에 있어서 분명한 한계가 드러난다. 또한 충분한 정치적 지원 없이는 현실적으로 관련 정책들이 이행되기 어려우며, 공공의 지원, 규제 동참, 예산 통과, 민간 참여 등의 정치적인 작용은 재난관리와 밀접한 관계를 맺고 있다.

이처럼 재난관리업무의 중요한 틀을 결정하는 것은 중앙정부의 역할로 볼 수 있으나 중앙집권적인 재난관리체계에 대한 문제 또한 지속적으로 제기되고 있다. 재난관리 주체별 책임과 권한 분배에 대한 충분한 논의가 필요한 시점이다.

② 지방자치단체의 역할

지역사회는 재난관리의 최전선에 있다. 효과적인 재난관리를 위해서는 지역사회의 주요 하위시스템을 이해하는 것이 매우 중요하다. 지역사회 하위시스템에는 소방·경찰·

---

5) 주필주(2019) 재구성

보건 등의 공공기관, 사회적 서비스와 정신적 건강, 산업·자원봉사단체·민간단체 등의 민간부문, 언론 등이 있다.

이때 지방자치단체는 지역사회 구성원과 관련 기관들의 역할과 책임을 정의하고, 그들의 활동을 조정하며, 지역적 특성에 따라 발생가능한 재난들을 목록화하고, 재난관리의 전략적 우선순위를 정해야 한다. 특히 취약성 및 위해 등 예상되는 충격과 스트레스를 인지하고, 여러 유형의 재난에 대해 적용가능한 계획을 수립해둠으로써 비상 상황에서도 신속하고 효과적으로 대응·복구활동을 수행할 수 있어야 한다. 또한 다양한 관리시스템을 구축하여 중앙정부, 소방청(소방서), 경찰청(경찰서), 재난관리조직, 시설관리조직, 민간 등과 협력적으로 움직일 수 있도록 대비하여야 한다. 지방자치단체 핵심기능들로는 취약성 분석, 지역 능력의 평가, 협력적 관계 구축, 대응과 복구활동 조정, 위험요소의 완화 이행, 재난관리 및 훈련을 통한 능력 유지, 재난계획 수립과 준비·조정활동 등이 있다(정병도, 2015).

2) 민간의 역할

「재난 및 안전관리 기본법」 제5조(국민의 책무)에서 '국민은 국가와 지방자치단체가 재난 및 안전관리 업무를 수행할 때 최대한 협조하여야 하고, 자기가 소유하거나 사용하는 건물·시설 등으로부터 재난이 발생하지 않도록 노력하여야 한다.'고 규정하여 국민의 책무를 명시하고 있으나 수동적인 측면이 강하며 강제 규정도 부재하기 때문에 당위적 선언 정도로 그치고 있는 상황이다(이종열 외, 2014).[6] 우리나라는 전통적으로 재난 피해의 책임을 일방적으로 정부에 묻는 경향이 있어 왔으며, 재난관리에 있어서도 민간의 역할에 대한 인식은 매우 부족한 편이다. 그러나 최근 전 세계가 경험한 다양한 대형재난의 경우 정부의 역량만으로는 극복이 어려운 사례가 다수 나타났다. 정부가 철저한 재난관리 계획을 마련해 두었다고 하더라도 민간에서의 적절한 활동이 병행되지 않는다면 효율적인 재난 대응이 이루어지기 어렵다. 재난 상황에 실제적으로 대응해야 하는 주체는 지역사회 구성원, 즉 민간이므로 재난관리에서 민간의 역할과 책임을 강조할 필요가 있다.

---

6) 정부는 2010년 1월 폭설 이후 폭설에 대한 민간책임의 근거 규정을 자연재해대책법에 마련

3) 민관협력

① 민관협력 거버넌스

우리나라는 1990년대 이후 대형재난이 발생할 때마다 재난현장의 대응능력을 높이기 위하여 민관협력을 통한 재난관리체계가 필요하다는 인식이 강해지고 있으며, 최근 들어 민관협력 거버넌스를 통한 재난관리체계의 중요성이 강조되고 있다. 또한 민관협력 거버넌스를 통한 재난관리체계의 연구를 통하여 재난 발생 시 수행하여야 할 각 기관 간의 역할과 기능에 대하여 효율적인 방안을 찾고자 노력하고 있다.

페탁(Petak, 1985)은 재난 발생 시 재난현장 대응능력을 높이기 위하여 민관협력 거버넌스가 중요함을 강조하고, 재난관리의 과정은 재난의 주기에 따라 예방(prevention), 대비(preparedness), 대응(response), 복구(recovery) 단계로 구분하고, 각 단계마다 그에 따른 적절한 민관협력 거버넌스 활동이 요구된다고 주장하였다.

한국행정연구원(2009) 연구보고서 〈재난 및 안전관련 효율적 대응을 위한 민관협력체계 구축방안〉에 따르면, 재난관리를 위한 민관협력을 위한 방안을 다음과 같이 제안했다. 먼저, 민관협력에서 지방정부는 민간 부문과의 네트워크를 주도하고 상호 간 협력할 수 있는 모델에서의 촉진자 역할을 수행하기 위하여 재난 및 안전관리 분야에서의 민관 파트너십 활성화를 제시하였고, 두 번째로는 민간 분문에서의 협력 우수 사례를 통한 민간 부문에서의 재난관리 역량을 강화함으로써 민간의 지속가능성과 재난복원력을 증진하기 위하여 국가재난안전관리체계 구축을 제시하였다. 이를 위해서는 각 지역별 민관협력체계 구축이 이루어져야 한다고 하였다. 세 번째로 민간 부문의 효율적 활용을 위하여 재난 시 민간 부문의 특성에 맞는 역할(임무) 분담을 하고, 의사소통, 활동체계, 자발적 참여를 위한 유인책 마련, 재난관리(교육, 훈련 등)에 참여 시 평가를 통한 성공 사례에 대한 시상 등의 제공이 필요하다고 하였다. 네 번째로는 민간 부문의 재난관리역량 강화방안으로 민간 부문의 리더 발굴, 지역단위의 리더 발굴과 재난 관련 자격증 취득의 지원 등이 필요하며, 마지막으로 민관협력의 재난안전관리 프로그램 개발을 제시하였다.

〈한국형 협력적 거버넌스체계 구축방안 연구(지방행정연구원, 2009)〉에서 민관협력을 위한 정책방안에 있어서 다음과 같이 제시하였다. 첫째, 정책을 수립하는 단계에서 민간을 참여하게 하고, 정부는 민간 부문의 자발적인 결정을 존중하며 이에 대한 지원 역할을 담당하는 것은 물론 민간 부문과의 사전협의를 충분히 하여야 한다. 둘째, 민간 부문과 재난의 유형과 규모 및 위기경보단계에 따라 민관협력 분야(임무) 및 역할 등을 체계화하여 효율적인 재난관리체계를 구축하여야 한다. 셋째, 각 지역 전문가를 포함한 민관협력 네트워크 구성 등 기술적인 지원이 가능한 전문인력 활용방안을 마련하여야 한다. 넷째, 민간 부문에 대한 체계적인 재난 교육·훈련프로그램을 마련하여야 한다. 마지막으로 기업의 참여에 있어서 적절한 보상과 함께 기업의 이미지 제고 등 기업의 편익을 극대화하도록 하여 기업의 참여를 활성화하기 위한 구체적 전략이 필요하다고 주장하였다.

재난관리 분야의 민간 부문 활성화 방안(임상규 외, 2015)에 따르면, 재난관리 패러다임의 변화에 따른 민관협력체계 구축을 위한 정책적 대안을 모색하여야 한다고 주장했다. 이를 위해 우리나라 민관협력 현황을 분석하고, 미국과 일본 등의 사례를 비교하여 시사점을 도출했다. 우리나라의 대표적인 재난관리 민관협력 주체로는 대한적십자사, 안전문화운동추진중앙협의회, 의용소방대, 지역자율방재단, 전국재해구호협회 등이 있으며, 미국은 전국재난지원단체협의회(national voluntary organization active in disaster : NVOAD), 일본은 재해구조볼런티어네트워크(nippon volunteer networt active in disaster : NVNAD) 등이 대표적인 기구로 활동하고 있다. 일본의 NVNAD는 자발적으로 형성되어 재난 발생시 정보를 공유하고 재난피해지역의 자원봉사단체와 타 지역에서 구호활동에 참여하는 자원봉사단체의 임무 조정과 협력 등의 역할을 수행했다. 미국과 일본의 사례를 통하여 우리나라 민간 부문 활성화를 위한 방안으로 첫째, 시민사회의 자발적 참여 확보, 둘째, 자원봉사 주체 간의 임무 조정과 협력 강화, 셋째, 정기적인 교육과 훈련 프로그램 실시, 넷째, 신속하고 정확한 정보 공유를 확보할 수 있는 체제 구축, 마지막으로 정부의 책임만을 주장하는 재난관리에 있어서의 인식변화가 필요하다.

〈지방정부 재난관리조직의 효율적 운영을 위한 상대적 중요도 분석(류상일 외, 2017)〉에서는 지방정부 재난관리조직의 효율적인 운영을 위해서 어떤 요인의 정비가 가장 먼저 필요한지를 도출하기 위하여 지방정부 재난관리조직 운영을 위한 요인간 상대적 중요도 분석을 실시하였다. 결과분석에서 재난관리의 학계 전문가는 재난관리조직의 효율적인 운영을 위해 먼저, 재난관련 법령 간의 연계성 부족의 극복이 필요하고, 다음으로 중앙과 지방정부 간의 명확한 역할이 구분되어야 한다고 했다. 또한 방재안전 직렬 등 전문인력 확보와 자치단체장의 재난에 대한 관심 확대 및 재난관리 예산의 증대가 필요하다고 했다.

이 연구 분석 측정지표 중 민관협력 요소는 민간전문인력 양성, 재난현장기관 간 이기주의 극복, 기관 간 정보의 적극적인 사전 공유 등 3개의 측정기준을 가지고 분석되었다.

위 연구들과 같이 민관협력 거버넌스의 형성이 국가 및 민간 부문 발전에 기여하고, 재난안전 네트워크에 긍정적인 영향을 주고 있으나 민관협력 거버넌스에 대한 해석은 그 지역의 역사 및 특성, 문화와 전통 등에 따라 다르게 적용되고 있으며, 우리나라의 경우도 예외가 아닐 수 없다.

우리나라는 1990년대 이후 대형재난이 발생할 때마다 재난현장 대응능력을 향상시키기 위한 민관협력 활성화를 위하여 많은 노력을 해왔으나, 급격한 사회변화에 따른 새로운 유형의 재난뿐만 아니라 반복적으로 발생하는 재난의 대응에 있어서도 민관협력체계에 대해 한계점을 나타내고 있다. 재난 발생에 대비하여 재난유형별 민관협력체계 구축과 재난유형별 대응 전문가집단의 정보구축 미비 등의 이유로 민관협력 거버넌스를 통한 재난관리체계가 필요하다는 인식이 강해지고 있으며, 최근 들어 민관협력 거버넌스를 통한 재난관리체계의 중요성이 강조되고 있다.

4) 기타

재난관리 과정에는 다양한 주체와 이해당사자들이 존재하며, 여기에는 재난을 관리하는 재난관리 책임기관으로서 정부, 재해의 직접적인 대상인 민간, 최근 각종 재난 상황에서 큰 역할을 수행하고 있는 자원봉사단체 등의 NGO그룹, 그리고 재난 상황에서 커뮤니케이션 중심으로서 언론 등도 포함되어 있다.

최근 재난이 대형화됨에 따라 자원봉사자 등을 포함한 NGO의 역할이 매우 중요해졌다. 2007년 허베이 스피리트호 기름 유출 사고 당시에는 전국에서 100만 명이 넘는 자원봉사자들이 모여 재난복구에 도움을 주었으며, 2005년 허리케인 카트리나 발생 당시에도 미국 전역에서 200만 명이 넘는 자원봉사자들과 NGO가 모여서 지역의 복구를 도왔다. 정부와 해당 지역사회 구성원만으로는 대처하기 어려운 상황을 NGO라는 외부자원의 투입을 통해 극복한 사례로 볼 수 있다. 한편 재난 상황에서 언론은 재난에 관한 예보·경보·통지 및 응급조치에 대한 안내 등의 위험 커뮤니케이션 역할을 수행하게 된다.

표 1-10 민관협력 거버넌스 연구 사례

연구자	주요 내용
김진관, 2018	민관재난협력체계와 의사소통이 지역방재력에 정(+)의 효과 연구에서, 재난관리를 위한 민관협력 구성요소로서 협력체계, 대응역량, 정보공유, 조정 메커니즘을 설정
박영오, 2017	시민사회 주도는 시민, 대중, 지역사회, 지자체 등 시민사회 구성원의 주도적 역할을 강조하는 것이고, 시민사회 주도의 재난관리협력체계 방안은 지역사회와 주민이 재난관리 참여 확대와 협력체계의 필요성을 강조
류상일 외, 2017	지방정부 재난관리조직의 민관협력 요소는 민간 전문인력 양성, 재난현장기관 간 이기주의 극복, 기관 간 정보의 적극적인 사전 공유 등 3개의 기준 제시
유순덕, 2016	재난관리를 위한 민관협력의 개선방안으로 민관협력의 체계적인 관리, 상호 간 의사소통 채널 확보, 정보공유, 교육과 훈련 등이 필요
임상규 외, 2015	재난관리에 민간 부문의 활성화를 도모하기 위하여 시민사회의 자발적 참여와 재난관리 주체 간의 임무 조정과 협력, 그리고 정기적인 교육과 훈련 및 신속하고 정확한 정보 공유 등이 필요
원소연, 2013	한국형 협력적 거버넌스 체계구축은 민간의 참여와 정부의 민간에 대한 지원, 지역전문가 네트워크 구성 및 체계적인 교육과 훈련 프로그램 등이 필요
성기환, 2009	민관협력체계를 통한 재난관리를 위해서는 위기관리 거버넌스가 필요하고, 이러한 위기관리 거버넌스 구축을 위해서 민·관·산·학네트워크 모형을 제시
지방행정연구원, 2009	재난 및 안전과 관련하여 효율적인 대응을 하기 위해서는 민관협력체계를 구축하고, 민관 각각의 임무와 역할을 명확하게 구분하여야 하며, 의사소통, 교육과 훈련 등을 지원하여야 한다고 제안
한국행정연구원, 2009	재난 및 안전관련의 효율적 대응을 위한 민관협력체계 구축방안으로 ①민관협력의 촉진자 역할을 수행하는 민관 파트너십 활성화, ②민간의 재난관리 역량 강화를 위한 지역별 민관협력체계 구축, 민간의 리더 발굴과 재난 관련자격증 취득의 지원, ③민간부문의 재난관리(교육, 훈련 등)에 참여시 시상 등 유인책 필요, ④민관협력 재난안전관리 프로그램 개발 등을 제시
이재은·양기근, 2004	재난관리의 효과성 제고방안으로 인적·물적 네트워크 구축, 시민참여와 사람 간의 네트워크 구축, 이재민의 피난대피를 위한 네트워크 구축, 민관협력 네트워크 간의 유기적으로 연계하기 위한 메타네트워크 구축이 필요
이재은, 2003	민관협력 거버넌스는 지역사회와 시민, NGO, 지방자치단체 등 다양한 행위주체가 의사결정권을 공유하고 상호조정과 협력으로 정책을 추진하는 체계

자료: 김종우, 2020. 재구성

Haddow et al.(2011)이 제시한 언론의 역할은 다음과 같다.

① 예방단계 : 미래 재난으로 인한 피해를 줄이기 위한 기술, 전략, 정책 홍보
② 대비단계 : 대중들에게 재난 대비 방법에 대해 홍보하고 교육
③ 대응단계 : 현재의 재난 상황에 대한 정보 제공, 경고, 대피명령 전달
④ 복구단계 : 재난 피해자들이 구호를 받을 수 있도록 정보를 제공하고 확산

이와 함께 언론은 재난관리 문제점에 대한 비판 기능도 수행한다. 그 과정에서 정부, 기업, 지역주민 등 다른 이해당사자들과의 갈등에 직면하기도 하는데, 최근 SNS 등의 발달은 이러한 언론의 비판 기능과 정치적 영향력을 더욱 강화하고 있다. 재난대응 과정에서 언론의 정보전달 및 공유를 통한 커뮤니케이션 통로 역할은 매우 중요하다(이종열 외, 2014). 그러나 불확실한 위험정보들이 언론을 통해 폭발적으로 증폭되는 위험의 사회적 증폭(social amplification of risk)[7] 현상 등의 부작용에는 유의할 필요가 있다(Chung et al., 2013).

2.5 재난관리의 역량

1) 재난관리 역량과 정부의 역할[8]

국가의 재난관리 역량 중에 혁신적인 새로운 일을 하려면 어떻게 위험의 총량을 계산하고 어떤 전략을 세워야 하고, 어떤 프로그램을 만들어야 하고, 구체적으로는 어떤 방식으로 수행해야 하는지에 대한 일종의 균형잡힌 접근이 필요하다. 우리나라의 재난관리 조직은 구체적인 수행조직으로 잘 구성되어 있다. 「재난 및 안전관리 기본법」에는 행정안전부를 재난 관련 총괄부처로, 국토교통부 등 17개 부처를 재난 관련 주관부처로 지정하고 있고, 기능별·분야별로 전기안전을 다루는 전기안전공사와 가스폭발에 대비한 가스안전공사가 있다. 자연재해에 대비하기 위한 조직, 감염병에 대한 대응 조직 등 위험

---

7) 위험의 사회적 증폭(social amplification of risk)이란 특정 위험신호가 국가나 문화에 따라 증폭되거나 감소할 수 있음을 의미한다. 특정 사회마다 위험신호에 대해 증폭기 역할을 하는 방식이 서로 다르며, 같은 위험신호가 나타나도 그 사회의 역사적 경험과 사회적 맥락에 따라 증폭되거나 감소하는 양상이 크게 차이 난다는 것이다(Kasperson et al, 1988).
8) 이재열 교수, 서울대 지식교양 강연(생각의 열쇠), 재구성

의 요소마다 1:1로 대응하는 조직들은 잘 발달되어 있지만, 전문·세분화된 국가 조직으로서의 작동에 부족한 면이 있다.

즉 전체 위험의 성격이 어떻게 바뀌고 있는지, 그 다음에 어떤 새로운 형태의 위험이 발생할 때는 거기에 대한 충분한 사전적·사회적인 합의나 감수성에 기반해서 어떤 결론을 내릴 수 있는 준비가 되어 있는지, 그 다음에 어떤 새로운 위험이 오게 될 때 그 위험에 대해서 일반 시민들과 소통함으로써 불필요한 공포감을 갖게 하거나 혹은 너무 위험을 경시하지 않도록 적절한 의사소통을 할 수 있는 방법을 개발하고 근거를 체계화하고 있는지, 이런 부분에서 재난관리 선진국과 비하면 좀 뒤져 있다는 것이 전반적인 분위기이다. 이를 보완하기 위하여 행정안전부는 재난 관련 주관기관에 대하여 매년 재난관리 역량을 평가하고 있다(표 1-11).

그런 의미에서 보면 재난관리의 정부 역할이라고 하는 것은 크게 세 가지로 나누어 볼 수 있다(그림 1-3). 첫째, 자연재해나 다양한 사회적인 재난에 대비해서 국민의 생명과 안전을 지키는 지킴이 역할(stewardship), 즉 재난관리는 중요하다. 그러기 위해서는 재난관리를 총괄하는 행정안전부 재난안전관리본부도 필요하고, 각각의 위험에 대비하는 재난관리 주관기관이 필요한 것이다.

표 1-11 재난관리 단계별 주요 역량 및 평가지표

단계	핵심 역량	평가 지표
공통	기획, 행·재정 관리, 기관장 리더십	재난관리계획 수립 실적, 재난관리 조직·인력 운영 적절성, 재난안전 재정투자 실적 등
예방	교육·홍보, 유형별 저감활동, 시설물 안전관리	재난안전교육·문화운동 추진 실적, 재난 유형별 점검 활동, 국가 안전대진단 실적 등
대비	매뉴얼 관리, 협력체계 구축, 자원관리, 훈련, 위기관리	유형별 매뉴얼 관리 실적, 민관협력 사례, 재난관리자원, 훈련 실적, 위기징후관리 등
대응	비상기구 구성·운영, 상황관리, 대처 사례	대응실무반 편성 및 업무 숙지도, 초동대응 실적, 실제 재난·사고 대응 사례 등
복구	재난구호, 복구지원	재해구호 인프라 관리, 복구사업 관리, 재난보험 가입 실적 등

자료: 행정안전부(2019) 재구성

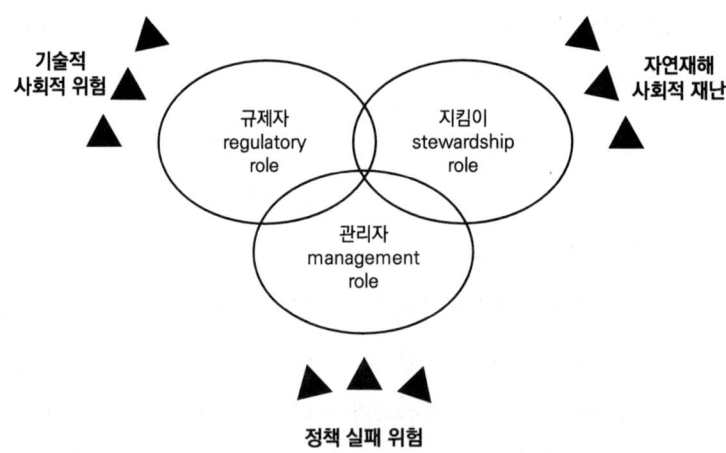

그림 1-3 위험/재난관리 역량과 정부 역할(이재열, 2021)

두 번째 중요한 것은 민간 부문, 기업 부문에서 새로운 형태의 기술들이 만들어지고 제품들이 만들어질 때 혹은 서비스가 이루어질 때 시민들의 안전을 지킬 수 있도록 하는 가장 기본적인 안전기준을 만들고 그것을 실행하고 규제하는 규제자 역할을 하는데, 거기에서 타협하게 되면 대형 재난으로 갈 수 있다. 아주 엄정하고 공정한 규제자 역할이 매우 중요하다.

마지막으로 중요한 것은 재난관리자의 역할이다. 말하자면 정부가 잘못된 정책을 만들었을 때 그 정책의 실패는 국민에게 엄청난 피해를 가져올 수 있다는 점에서 성급하게 검증되지 않은 방식의 정책을 마치 실험하는 방식으로 수행하는 것으로부터 굉장히 조심하고 거리두기를 해야 한다. 그런 일 중의 하나가 규제의 문제이다. 불일치의 문제를 줄이고자 규제를 크게 봐서 규제의 맥락과 규제의 내용을 본다면 규제의 맥락이라고 하는 것은 얼마나 위험정보를 개인들이 쉽게 접할 수 있는지, 그 관련된 이익집단이 있는지, 여론압력이 존재하는지, 이런 것들이 규제의 맥락이 된다.

규제 내용은 얼마나 규제 기관이 정보수집을 적극적으로 하는지, 어떤 양식의 시장형인지 아니면 명령형인지 그 규제 의지가 얼마나 강한지, 약한지 이런 것을 가지고 규제 내용을 정리해 본다면 문제가 되는 것은 규제의 맥락은 굉장히 높은 수준의 규제를 해야 하는데 규제가 안 되는 경우에 규제의 공백이 발생하게 된다. 규제를 하면 안 되는데 너무 과도한 규제를 하는 경우 이를 과잉규제라고 볼 수 있다. 그래서 규제 개혁과 관련된 여러 가지 논의를 하면서 우리가 절대 총량으로 규제가 많고 적음을 얘기하는 것은 의미가 없고 오히려 꼭 필요한 규제인데 못하고 있는 부분을 채우고 불필요한 규제를 줄여서 균형을 이루는 것이 적절한 규제의 활용이다.

그런 의미에서 우리가 지금 가야 할 방향이라고 하는 것은, 과거 성장 위주의 사회에서는 얼마나 빨리 성장하느냐 또 얼마나 많은 성과를 낳느냐 결과로서 모든 것을 보여준다는 태도였다면 이제 우리는 새로운 시대에 들어왔다. 지속가능성을 생각해야 하고, 효율성보다는 정당성, 얼마나 많은 사람이 동의할 수 있는 방식으로 갈 수 있느냐고 하는 것이고, 이제는 효율 못지않게 안전을 챙겨야 하는 시대적인 전환기에 와 있는 것이다. 결국은 재난이라고 하는 키워드를 통해서 한국의 현대 사회를 돌아볼 때 지금 우리가 가야 할 방향은 지속가능성이라고 하는 큰 방향에서 지금까지 우리가 이루어 놓은 발전을 되돌아보고 또 비어 있는 새로운 부분을 어떻게 채워야 할지를 고민하는 단계에 와 있는 것이 아닌가 하는 점에서 재난관리의 역량과 정부의 역할이 매우 중요한 의미를 갖는다.

2) 재난대비훈련

재난관리에 대한 정부의 역량을 제고하기 위하여 「재난 및 안전관리 기본법」 제34조의 9에 따라 행정안전부는 매년 재난대비훈련 기본계획을 수립하고 재난관리책임기관의 장에게 통보하며, 재난관리책임기관의 장은 기본계획에 따라 소관 분야별 자체 훈련계획을 수립하고 재난대비훈련을 실시하고 있다. 재난대비훈련은 「재난 및 안전관리 기본법」 제35조에 따라 행정안전부, 중앙행정기관, 지방자치단체, 긴급구조기관 합동으로 매년 정기·수시로 실시한다. 정기훈련은 행정안전부 주관하에 '재난대응 안전한국훈련'을 실시하고 있으며, 수시훈련은 각 훈련주관 기관이 연중 수시로 관계기관과 합동으로 재난대응과 수습체계를 점검하는 훈련을 실시하고 있다.

2025년도 재난대응 '안전한국훈련'은 336개 기관(중앙 24, 시도 17, 시군구 228, 공공기관 67)을 대상으로 상반기는 5.19.~5.30.까지, 하반기에는 10.20.~10.31.까지 실시하는 것으로 계획하였으나, 6.3. 제21대 대통령 선거일을 감안하여 상반기는 5.12.~5.23.까지로 조정하여 시행하였다.

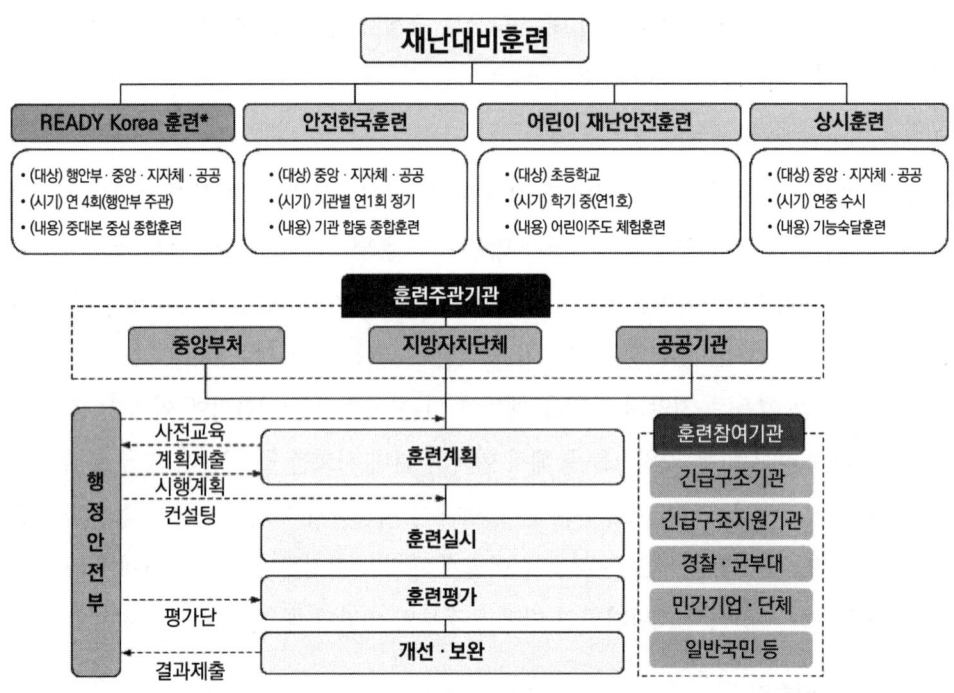

그림 1-4 국가재난대비훈련체계(행정안전부, 2025)

    2024년도부터 신규로 도입한 'READY Korea 훈련'은 2022.10.29. 발생한 이태원 다중운집인파사고 이후, 잠재 위험에 대비하기 위한 선제적이고 실제상황 대응 중심의 'READY Korea 훈련'을 도입하여 행정안전부 주관으로 연 4회 실시하고 있으며, 2025.2.5. 경기도 이천시 소재 초대형 물류센터에서 1차 훈련을 시행하였다.

훈련을 실전처럼

- 명칭 〈READY Korea - Real event Exercise with Aspiration and Desire for safety〉
  > "안전한 대한민국을 위한 열망을 담은 실전훈련", "안전을 확보하기 위해 준비된 대한민국 국민과 정부"
  > 연령층에 관계없이 공감할 수 있는 쉬운 단어인 "READY"와 국가, 국민을 대표하는 "Korea'의 조합으로 간결하고 명확한 의미를 전달

- 슬로건 〈"훈련을 실전처럼"〉
  > 경험해보지 못한 잠재위험이 발생할 것에 대비하여 실제 재난이 발생하는 장소에서 유관기관과 국민이 실제로 참여하는 대응체계를 가동시켜 대비태세를 점검해보는 훈련임을 강조

특히, 재난대비훈련에 국민참여 확대를 위하여 훈련기관별로 안전한국훈련 체험단을 모집하여 현장훈련 및 토론 등에 참여하여 훈련에 대한 의견을 개진하도록 하고 있으며, 안전한국훈련 전 과정에 민간전문가 180여 명이 참여하여 평가를 실시하는 등 국민 참여를 유도하고 있다. 또한, 안전한국훈련의 실효성을 확보하기 위하여 평가 결과 우수기관은 정부 포상을 수여하고 있다. 이러한 국가재난대비훈련 체계는 그림 1-4에 나타내었다.

2019년부터 정책적 훈련으로 재난 초기 중앙사고수습본부의 대응체계 점검을 위해 상황 조치 훈련을 상식적으로 실시하고 있으며, 청소년 시기부터 재난안전 사고·대응·회피 역량을 제고하고 안전의식 함양을 위해 2016년도부터 어린이 재난안전 훈련을 시행하고 있다.

3) 재난대비 역량의 개념

미국은 9.11테러 이후 국가의 안전에 큰 위험을 가진 위협에 대하여 체계적인 준비를 통해 안전 및 레질리언스 강화를 목적으로 대통령 훈령 8호로 「국가대비(national preparedness)」를 제정하였다(FEMA, 2011). 국가대비시스템을 통하여 국가대비목표를 달성할 수 있다는 선언적 문서로 PPD-8(국가대비)에서 통합적 재난관리를 예방(prevention) - 보호(protection) - 경감(mitigation) - 대응(response) - 복구(recovery) 등 5요소로 정의하고, 이를 표 1-12과 같이 32개의 핵심역량으로 구성하였다.

국가재난대비 핵심역량에는 지방자치단체들에게 위협과 위험요소를 식별하고 위험도를 평가하기 위한 추가적인 가이드로 THIRA(the threat and hazard identification and risk assessment: 위협과 위험의 분석 및 평가)가 있다. 특히, 지역 사회 고유의 위협 및 위험을 식별하고 국가대비에서 요구되는 각 핵심 역량에 대한 역량 목표를 설정할 수 있도록 표준 프로세스를 설명하였다.

4) 재난대비 역량의 구성요소

재난대비의 핵심역량에서는 국가대비목표를 달성하기 위한 재난대비 요구역량이 무엇인지에 대하여 알아 보았고, 여기서는 그 구성요소에 대하여 논의한다. 미국의 국가대비시스템은 재난대비 역량을 지속·유지하기 위하여 구축하였으며, 리스크를 처리하고

표 1-12 국가재난대비 핵심역량

예방(4)	보호(8)	경감(4)	대응(11)	복구(5)
① 수사기법/원인규명 능력	① 접근통제	① 커뮤니티 레질리언스	① 상황대처 능력	① 경제회복
② 정보·첩보 입수 및 분석가공	② 사이버 역량	② 취약성 분석 역량	② 환경대응/보건/안전관리 능력	② 보건/사회 복지
③ 차단·통제 능력	③ 정보·첩보 입수 및 분석가공	③ 재해에 강한 시설물 설치 역량	④ 사망자관리 시스템	③ 주택건설
④ 선별 수색·감시	④ 차단·통제 능력	④ 외부위험 식별 역량	⑤ 인프라 시스템	④ 인프라 시스템
	⑤ 물리적 보호수단		⑥ 피해집단 관리능력	⑤ 자연/문화자원 레질리언스
	⑥ 보호활동/위험관리 능력		⑦ 수색/구조 능력	
	⑦ 선별수색·감시		⑧ 재난통신망 운용	
	⑧ 안전·보호능력		⑨ 공공 및 민간자원 동원능력	
			⑩ 보건 및 의료서비스	
			⑪ 상황 평가	

자료: 홍성호(2019)

평가하는 방법 등 위기관리계획과 구성요소를 공급하고 구현하는 등 시스템의 유효성을 점검·평가하는 것이다. 따라서 국가대비시스템은 멈추지 않도록 지속적으로 업데이트하며 발전시켜야 할 살아 있는 시스템으로 그 6가지 구성요소는 다음과 같다.

① 리스크 식별 및 판정(identifying and assessing risk: THIRA)

연방 위험 평가는 예상을 포함한 위협과 위험에 대하여 정보를 수집하며, 그 위협과 위험 식별 및 판정 결과에 영향을 미친다. 이러한 리스크를 평가하고 확인하는 방법으로 THIRA가 있다.

② 요구 또는 목표 역량 산정(estimating capability requirements)

각 미션 지역에 대한 위험 평가결과, 필요한 형식과 희망하는 역량의 수준을 산정할 수 있다. 예를 들어, 테러공격은 크기와 범위가 더욱 복잡하고 더 큰 사건에서 복수 관할

권, 지역 또는 전체 국가를 끌어들여 역량 수준과 자원배분 결정을 하여야 한다. 이와 같이 다양한 리스크에 대해 식별하는 것이 중요하며, 이러한 리스크에 대해 계획을 잘 세워 대비하여야 하는데, 이때 요구되는 역량이 무엇인지 알아야 한다.

③ 계획 수립 및 유지 역량(building and sustaining capabilities: NIMS)

실제 필요한 역량과 계획 역량 산출과정을 거치면, 필요한 기존 기능 및 격차를 분석할 수 있다. 이러한 계획과 필요 역량의 격차를 줄이는 방법에 근거하여 우선순위를 부여할 수 있다. 선출직 지도자들은 재원을 효과적으로 편성하고, 재원배분을 탄력적으로 지원함으로써 가능한 위험을 줄일 수 있는 전략을 개발할 수 있다. 이 전략을 달성하기 위해 어떤 역량이 필요한지, 이 역량의 수준을 계속 유지할 수 있는지 고려해야 한다. 국가대비시스템을 만들고 지속하기 위하여 여러 가지 역량과 기술이 필요한데, 지역사회는 이러한 역량을 가지기 위하여 조직 구성원들이(national incident management system: NIMS) 등을 숙지하여야 재난현장에서 작동하는 근본적인 원리가 된다. 특정한 지식, 기술, 능력 등을 개발하는 교육과 훈련을 통하여 대비목표를 달성할 것을 요구하고 있다.

④ 역량을 계획 속에 반영하는 능력(planning to deliver capabilities: NRF)

국가대비시스템은 국가대비계획을 4가지 영역으로 구분하여 전체적으로 접근한다. 발생확률이나 피해가 적은 영역, 발생확률과 피해가 큰 영역, 발생확률은 적고 피해가 큰 영역, 발생확률은 크나 피해가 적은 영역 등으로 구분하여 전체적으로 국가대응체계(national response framework: NRF)를 지원하는 역량을 국가대비계획에 반영한다.

⑤ 계획이 맞는지 검증 역량(validating capabilities: NEP, RAMP, CAS)

국가계획시스템이 제대로 되어 있는지 검증하는 방법은 훈련과 연습으로, 역량검증은 국가계획시스템이 맞는지 실제로 실행하는 것이다. 평가훈련(national exercise program: NEP)을 통해 국가대비목표를 달성하기 위하여 현장에서 실제적으로 활용할 수 있는지 디자인하고 훈련하고 평가하며, 훈련결과보고서(remedial action management program: RAMP)를 작성한 다음, 종합평가시스템(comprehensive assessment system: CAS)을 통해서 전체 커뮤니티를 평가할 수 있다.

⑥ 평가 및 업데이트(reviewing and updating)

국가대비시스템을 통하여 훈련·평가하고 업데이트하여 발전시키면 국가의 안전과 레질리언스 복원력이 강화된다. 평가 및 업데이트를 통하여 공동체에 직면하는 다양한 위협과 위험노출, 인구의 고령화, 자연환경과 기후변화, 감수성의 변화 등을 국가대비계획에 반영하여야 한다. 유용한 위험평가 및 활용정보는 국가대비계획에 반영하여 국가대비시스템 훈련에서 실시될 것이며, 이 노력은 연방 - 주 - 지방정부 - 지역사회 모두가 참여하여야 할 것이다.

5) 재난관리 역량과 레질리언스 역량

미국의 「국가대비」 통합적 재난관리 5요소와 한국의 재난관리 4단계는 법률로서 정해진 국가정책이며, 레질리언스 핵심 4역량은 홀라겔이 주장하는 이론으로 역할과 활동 등 기능을 중심으로 상호비교할 경우 표 3-11(제3편 레질리언스의 재난관리와 시스템레질리언스 비교)과 같이 통합적 재난관리 보호-경감 요소와 재난관리대비단계, 그리고 레질리언스 4핵심 역량이 상호 비슷한 역할과 활동으로 이루어져 있는 것으로 분석할 수 있다.

세 분야의 제정 취지와 중점사항을 비교해 보면, 미국은 2001년 9.11.테러 이후 통합적 재난관리에 중점을 두어 「국가대비」를 제정하고 재난관리 5요소를 지정하였다. 통합적 재난관리 5요소 중 보호의 8역량과 경감의 4역량 등은 테러 등 국가안전에 따른 재난관리 역량에 집중되어 있다.

한국의 행정안전부(MOIS)는 2003년 대구 지하철 방화사고 이후 국가재난에 중점을 두어 「재난 및 안전관리 기본법」을 제정하고 재난관리 4단계를 지정하였다. 재난관리 4단계 중 대비단계의 10개 조항은 국가안전보다는 국가재난을 관리하기 위한 조항으로 구성되어 있어 통합적 재난관리 보호 - 경감의 역량 요소와는 다르다.

홀라겔은 산업재해 발생에 따른 시스템 분야에 중점을 두어 「레질리언스 공학이론」을 주장하고 4핵심역량을 지정하였다. 4핵심역량 40개의 분석요소는 국가안전 또는 국가재난보다는 산업재해에 대비한 시스템 분석 요소로 구성되어 있어 직접 비교되는 항목은 없지만 유사성은 많이 내포되어 있으며, 자세한 내용은 3편에 기술한다.

방재 영웅 이야기

엔도 미키(1986년생)

2011년 3월 11일, 동일본 대지진으로 생긴 쓰나미가 일본 동부 마을을 덮쳤을 때, 엔도 미키는 결혼한 지 8개월 된 미야기현 위기관리과 직원이었다. 1960년 칠레 지진, 1964년 알래스카 지진, 2004년 수마트라 대지진 등이 있었지만, 동일본 대지진은 쓰나미와 후쿠시마 원전 폭발까지 더하면서 최악의 지진으로 기록되었다. 사망자만 2만 명이 넘는다. 이 중에는 '미키'도 있었다. 그녀는 마지막까지 주민들을 대피시키려고 재난방송을 하다가 결국 사망했지만 7천여 명의 생명을 살렸다.

엔도 미키는 3층 건물의 2층에 위치한 방송실에서 다급하게 외쳤다. "높이 10미터 이상의 큰 쓰나미가 밀려옵니다. 즉시 고지대로 대피하세요!" 다급한 목소리가 확성기를 타고 마을에 울려 퍼졌다. 멀리서 선박과 자동차, 집 등이 파도에 떠밀려 오는 것을 보면서도 '미키'는 끝까지 마이크를 놓지 않았다. 3층 옥상으로 대피하면 살 수 있었는데…. 아직 쓰나미 대피방송을 못 들은 누군가가 있을까 봐 경고 안내를 계속해서 반복했다. 미야기현 해안에는 1만7천여 명의 주민이 살고 있었고, 그중 7천여 명이 방송을 듣고 대피해서 목숨을 구했다. 그녀는 동일본 대지진이 일어난 지 52일 만에 시체로 발견되었다. '미키'가 우리들의 가슴에 기억되는 것은, 자신의 안위보다 한 명이라도 더 살리기 위해 끝까지 애를 썼기 때문이다.

엔도 미키 - 동일본 대지진
쓰나미 대피방송의 살신성인

03 재난관리의 변천

3.1 조직 분야

한국의 정부조직개편을 표 1-13과 같이 1948년 정부수립부터 현재까지 약 75년간, 재난관리를 담당하였던 10개 부처를 분석해 보면, 정부의 재난 및 안전관리 기능이 점차 중요한 기능으로 인식되고 있으며, 그 범위도 점차적으로 확장되고 있음을 알 수 있다. 이러한 현상은 국내의 기능적 필요에 의해 설명될 수 있는 측면도 있으나, 구체적으로 대형재난이 발생할 때마다 조직이 확대되는 반면에 대형재난이 잦아들면 조직도 축소되는 후진국형 측면이 강하게 나타나고 있다. 재난관리 조직이 과거 정부의 핵심이었던 통치와 경제부처들에 비해 상대적으로 중요도가 낮았으나, 시간의 흐름에 따라 주요기능이 점차 재난관리 영역으로 확장하고 있다.

표 1-14에서 보는 것처럼 1948년 정부수립 시에는 정치적 혼란과 극심한 경제난으로 재난관리 분야에 관심을 가질 여력이 없던 시기로 내무부 이수과 치수계(1계 3명 수준)에서 국가 재난관리 업무를 시작하였다. 이후 1962년에 건설부로 이관되고 경제개발 5개년 계획이 착수되는 등 경제가 성장할 즈음인 1963년에 방재과(1과 15명 수준)가 신설되었고, 1975년에는 월남 패망 등 국제정세 및 국내안보와 관련하여 내무부에 민방위본부를 신설하였다. 1980년대 들어서 태풍과 집중호우 등 자연재해가 이어지고 그 피해가 점점 가중되다가 1990년 집중호우로 한강하류 일산제방이 붕괴되는 재난이 발생하였고 이에 대한 상황대처와 복구과정에 문제점이 노출되어 1991년 건설부에서 내무부로 이관하게 되었다. 그러나 경제개발에만 집중하고 안전을 소홀히 한 탓에 대형 인적재난이 다발적으로 발생하던 1990년대부터 재난관리에 많은 관심과 국민적 요구에 의해 대대적인 기구정비를 단행하였다. 특히 1994년 성수대교 붕괴, 1995년 삼풍백화점 붕괴를 계기로 재난관리법을 제정하였고, 재난관리국 신설, 국무총리실 등 관련부처에 하부

표 1-13 국가재난관리 조직의 변천

분석 대상 및 분석 시기	재난관리 조직 변천 주요내용	비 고
내무부(Ⅰ) (1948.11.4.- 1961.10.1.)	• 미군정으로부터 행정부 이양 6.25전쟁 등 재난에 여력이 없음	정부 수립 이승만 정부
국토건설청 (1961.10. 2.- 1962.6.28.)	• 5.16 군사혁명 조직개편(계단위 조직이관) 극심한 식량난, 경제기반 허약	군혁명 정부
건설부 (1962.6.29.- 1991.4.22.)	• 국토건설청 → 건설부로 승격(과단위 조직) 자연재난 위주의 본격적인 치수재난정책	박정희 정부

내무부(Ⅱ)
(1991.4.23.- 1998.2.27.)
	• 자연재난(일산제방 붕괴 등) 내무부이관
	  피해현황파악·대응 등 재난대처 미흡
	• 94.성수대교·95.삼풍백화점 붕괴(인적 재난)
	  95.재난관리법 제정, 재난관리국 설치
		노태우 정부
		
		김영삼 정부

행정자치부 (1998.2.28.- 2008. 2.28.)	• IMF 극복을 위한 작은 정부 구현 행정자치부(내무부+총무처 통합) 신설	김대중 정부
소방방재청 (2004.6.1.- 2014.11.18.)	• '03.2. 대구 지하철 방화사건 계기로 최초의 국가 재난관리 전담기구 탄생	노무현 정부
행정안전부(Ⅰ) (2008.2.29.- 2013.3.22.)	• 행정안전부에 재난안전실 신설 안전강화 ↔ 방재청과 업무중복(평가논란)	이명박 정부
안전행정부 (2013.3.23.- 2014.11.18.)	• 안전행정부 개칭, 재난안전 총괄부처 '14. 2. 사회재난(인적+사회적 재난) 이관	박근혜 정부
국민안전처 (2014.11.19.- 2017.7.25.)	• '14. 4. 세월호 침몰사고 후속조치 재난관리 전담기구 장관급으로 격상	박근혜 정부
행정안전부(Ⅱ) (2017.7.26.- 2022.5.9.)	• 문재인 정부 출범에 따른 조직개편 소방과 해경 독립, 국민안전처 통합	문재인 정부
행정안전부(Ⅱ) (2022.5.10.- 2025.7.현재)	• 윤석열 정부 출범(2022.5.10) • 이재명 정부 출범(2025.6.4)	윤석열 정부 이재명 정부

자료: 홍성호(2019) 재구성

조직 신설 등 재난관리 조직이 크게 확대되었으며, 2003년 대구 지하철 화재사고를 계기로 「재난 및 안전관리 기본법」을 제정하고 우리나라 최초의 국가재난관리 전담조직인 '소방방재청'을 신설하였으며, 2008년에는 행정자치부를 행정안전부로 개편하고 안전을 강화하기 위하여 하부조직을 재난안전실로 확대하였다. 2014년에는 안전행정부로 개편

표 1-14 재난 및 안전관리 조직

연도 구분	1948	1961	1990	1991	1995	1998	2004	2008	2013	2014	2017	2025.7
부처	내무부	건설청	건설부	내무부	내무부	행자부	방재청	행안부	안행부	안전처	행안부	행안부
본부 조직	(1과) 1계	(1과) 1계	1과	1국 5과	3국 9과	2국 8과	4국 24과	2국 7과	3국 9과	14국 55과	11국 42과	11국 47과
소속 기관	–	2소 (임시)	1소	1교	1교	1원 1소	1원 1소	1원 2과	1원 4과	2원 8과	2원 10과	2원 11과

자료: 홍성호(2019) 재구성

하고 「재난 및 안전관리 기본법」을 개정하여 인적 재난과 사회적 재난을 사회재난으로 통합한 후, 하부조직을 재난안전관리본부로 확대 재편하는 등 안전을 더욱 강화하였다. 그럼에도 불구하고 2014년 세월호 침몰사고의 미흡한 대처는 국민적 공분을 불러일으켰으며, 이를 계기로 재난 및 안전관리 분야를 통폐합하여 장관급 국가재난관리 전담조직인 '국민안전처'를 신설하였다.

2017년 문재인 정부는 소방과 해경의 독립을 대선공약으로 내세웠고, 정부조직개편을 통해 국민안전처에서 소방과 해경을 제외한 재난관리부서를 재난안전관리본부(차관급)로 재편하여 행정자치부와 통합하고 행정안전부를 출범하여 현재에 이르고 있다. 이와 같은 재난 및 안전관리 분야의 조직개편은 재난 및 안전관리 영역이 일시적인 정치적 필요에 의해서 이루어지는 경우도 있으나, 대부분은 정부차원의 실질적인 필요성이 인정되어 증가된 것임을 의미한다.

2022년 윤석열정부는 2022.10.29. 이태원 다중운집인파사고를 겪으면서도 문재인 정부의 재난안전조직을 그대로 운영하였고, 2025.6.4. 출범한 이재명 정부에서의 조직의 변화는 미지수이다.

한국은 개발이라는 국내의 필요성보다는 삶의 질, 즉 국민의 안전을 우선시하는 국제사회의 담론에 영향을 받아 정부조직에 반영하기 시작하였음을 알 수 있다. 작은 정부를 지속적으로 추구하는 추세임에도 재난 및 안전관리 영역은 감소되지 않고 확대하는 경향을 보이고 있다. 재난 및 안전관리 영역의 중요성이 시간이 지남에 따라 확고해지고 있다.

3.2 인력 분야

재난 및 안전관리 분야가 정부차원에서 중요성이 증가될수록 통치와 경제 분야가 차지하는 비중은 상대적으로 줄어들 수 있다. 통치와 경제 분야에 비해 재난 및 안전관리 분야는 상대적으로 주변적이지만 그 중요도가 점차 증가추세이기 때문이다. 부처별 인력 규모 변화분석은 전체 공무원 대비 재난 및 안전관리 분야의 공무원이 차지하는 비율을 보려고 한다. 전체 공무원은 국가 전체 공무원 중에서 행정부의 공무원을 대상으로 하며, 재난 및 안전관리 분야는 연구대상 부처의 공무원을 대상으로 조사·분석한다.

공무원 공식통계가 이루어진 1953년부터 2025년까지 행정부 공무원은 점차적으로 증가하는 추세이며, 재난 및 안전관리 분야 공무원은 행정부 전체 공무원이 증가하는 추세보다도 더 큰 폭으로 해마다 증가하고 있다. 표 1-15에서 이러한 추세를 확인할 수 있다. 전체 인원 증가율과 재난 및 안전관리 분야 인원이 함께 증가하는 도표의 추세는 전체 인원 증가에 따른 부분적인 단순 증가로 파악할 수도 있으므로 연평균 증가율을 별도로 살펴보았다.

1953년부터 2025년까지의 재난 및 안전관리 분야 공무원이 증가하는 비율은 연평균 7.67%로 행정부 전체 공무원 증가율 2.13%보다 3.6배 이상의 증가율로 크게 증가하였음을 알 수 있다. 또한 전체 인원 중 재난 및 안전관리 분야 인원이 차지하는 비중을 파악하여 구성비의 변화를 분석하기로 한다. 예를 들어 정원이 증가하지 않더라도 내부의 새로운 재난 및 안전관리 부서가 생기는 경우 재난 및 안전관리 분야가 전체 공무원에서 차지하는 비율이 증가한다. 이는 재난 및 안전관리 분야의 중요성이 국가차원에서 더욱 커지고 있다는 의미로 해석할 수 있다. 1953년부터 2025년까지의 행정부 전체 공무원에서 재난 및 안전관리 공무원의 비중이 연평균 5.43%로 증가하여 1953년 대비

표 1-15 국가공무원과 재난안전 담당공무원 수 (단위:명)

연도	1953	1960	1970	1980	1990	2000	2010	2016	2017	2025.7	연평균 증가율
전체	177,464	207,910	344,171	438,454	539,869	545,690	612,672	628,880	628,880	746,267	2.13%
재난안전	5	5	15	15	100	178	323	788	654	760	7.67%
비율%	0.0028	0.0024	0.0043	0.0034	0.0274	0.0326	0.0527	0.1253	0.104	0.1018	5.43%

자료: 홍성호(2019) 재구성 ※ 특정직(해양경찰·소방) 제외

36.35배로 재난 및 안전관리 분야 공무원 비중이 크게 증가하였음을 알 수 있다.

3.3 비 재난 및 안전관리 분야

조직개편이 진행될수록 통치와 경제기능을 담당하는 부처들에서도 재난 및 안전관리 기능과 관련된 하부조직들이 나타나고 있다. 현 정부 조직을 기준으로 대통령비서실, 국무조정실, 교육부, 외교부, 과학기술정보통신부, 산업통상자원부, 환경부, 노동부, 보건복지부, 국토교통부, 해양수산부, 농림축산식품부, 국방부 등 재난 및 안전관리 기능을 하지 않는 부처들도 재난 및 안전관리와 관련된 기능을 수행하기 위한 하부 조직을 신설하고 있다. 통치와 경제영역의 부처들은 정부의 고유 기능으로 오랫동안 자리매김해 왔으며 업무의 성격과 조직 구조상 재난 및 안전관리 성격과 거리가 있다. 그럼에도 불구하고 통치와 경제영역의 부처들이 시간의 흐름에 따라 점차 재난 및 안전관리 정책과 기능을 수행하는 하부 조직구조를 만들고 있다는 점에 주목해 보고자 한다.

통치영역에서 재난 및 안전관리 기능을 수행하는 하부조직이 나타나는 것은 정부차원에서 재난 및 안전관리 분야의 중요성이 과거에 비해 상대적으로 증가했다고 분석할 수 있다. 실제 사례로 1995년 10월 재난관리조직을 보강한 주요골자를 보면 국무총리실에 안전관리심의관실, 통상산업부에 가스안전심의관실, 건설교통부에 건설안전심의관실, 노동부의 산업안전국, 해양수산부의 안전관리관, 과학기술부의 안전심의관실 설치 등 재난 예방에 대한 높은 관심은 조직 확장 및 인력보강을 가져왔으며(표 2-5 참조), 1995년 12월에는 광역지방자치단체에 재난관리과와 안전점검기동반, 기초지방자치단체의 민방위과를 민방위재난관리과로 확대하고 재난관리계, 안전지도계를 신설하였다. 1998년 8월에는 대통령비서실 직속으로 수해방지대책기획단을 설치하여 종합대책을 마련한 바 있고, 2014년 11월에는 세월호 참사 이후 대통령비서실에 재난안전비서관실을 신설하여 운영하다가 문재인 정부 들어서 국가안보실로 통합하였다.

이는 통치영역 본연의 업무, 즉 국민을 개인이 아닌 집단으로 보는 것 외에 삶의 질, 안전에 대한 사회적 성향이 시간의 흐름에 따라 국제사회의 담론에 영향을 받아 추가된 것으로 보인다. 통치영역 부처 공무원이 국민을 대하는 태도의 변화, 조직개편 추세에 따른 하부조직의 변화 등에서 이를 확인할 수 있다.

3.4 재정 분야

재정 분야는 2004년부터 2022년에 이르는 중앙정부의 분야별 예산 변화 추세를 살펴봄으로써 재난 및 안전관리 예산 비중이 어떤 식으로 변하는지 분석하고자 한다. 국가 전체 예산에서 재난 및 안전관리 분야의 예산이 증가하는 양상을 보인다면 정부 차원에서 재난 및 안전관리 분야의 중요성이 점차 증가하고 있다고 분석할 수 있다.

총예산은 우리나라 전체 예산 규모이고, 재난 및 안전관리 분야의 예산은 중앙부처의 재난 및 안전관리 기능 등과 관련된 영역을 모두 포함하며, 담당부처 예산은 재난 및 안전관리 연구대상 부처의 예산으로 분류하였다. 이러한 구분에 따라 2004년부터 2022년도까지의 재정자료를 조사하고, 재난 및 안전관리 분야 예산 구성비와 증가율에 대한 변화를 분석한 결과 재난 및 안전관리 분야에 해당하는 예산비율이 17년간 해가 갈수록 증가하고 있음을 알 수 있다.

먼저 중앙정부의 세출 총액은 해마다 증가해 왔음을 알 수 있으며, 재난 및 안전관리 분야의 예산 또한 구성비에서 증가하고 있음을 표 1-16에서 볼 수 있다.

표 1-16 국가 총예산-재난안전 예산-담당부처 예산의 변화   단위: 총예산(조원/%), 부처예산(억원/%)

연도	2004	2006	2008	2010	2012	2014	2016	2017	2018	2019	2020	2021	2022	증가 %
총예산	196	224	257	292.8	325.4	335.8	386.4	400.7	428.8	469.6	512.3	558	607.7	6.85
재난안전	25,923 (1.32)	24,252 (1.08)	29,950 (1.17)	70,232 (2.4)	9,664 (0.3)	124,000 (3.69)	145,877 (3.78)	143,314 (3.58)	151,935 (3.54)	158,810 (3.38)	174,504 (3.41)	205,691 (3.69)	219,160 (3.53)	13.21
담당부처	1,994 (0.1)	2,986 (0.13)	3,730 (0.15)	7,313 (0.25)	8,807 (0.27)	26,496 (0.79)	22,529 (0.58)	23,141 (0.58)	24,289 (0.52)	20,938 (0.49)	25,081 (0.49)	35,976 (0.64)	30,501 (0.5)	17.37

자료: 홍성호(2019) 재구성

중앙정부 세출 총액의 증가율과 재난 및 안전관리 분야의 세출 총액이 함께 증가하는 추세는 중앙정부 전체 예산 증가에 따른 단순 증가로 해석할 수도 있으므로 연평균 증가율을 별도로 파악하여 비교하여 보았다. 2004년부터 2022년까지 재난 및 안전관리 담당부처의 세출 총액이 증가하는 비율은 연평균 17.37%이고, 재난 및 안전관리 분야의 전체 예산이 증가하는 비율은 13.21%로서 이는 중앙정부 전체 세출 총액 증가율 6.85%

보다 각각 2.5배, 2배로 증가하였음을 알 수 있다. 또한, 정부 예산 대비 재난 및 안전관리 담당부처가 차지하는 예산비중을 분석해보면 2004년의 0.10%에서 2022년 0.50%로 5배 이상 지속적으로 증가하는 추세를 보이고 있으며 이를 분석하면, 2004년 우리나라 최초의 국가재난관리 전담조직인 소방방재청 신설 시와 2014년 국민안전처 신설 시에 확연한 세출 총액 증가가 눈에 띈다. 이는 재난 및 안전관리 예산이 차지하는 구성비 증가가 정치적 필요가 아닌 국가차원의 실제적 기능의 필요성에 의해 증가된 것을 의미한다. 이와 같은 결과는 연구개발비(R&D) 비교 분석에서도 확인할 수 있다. 표 1-17의 R&D 총예산은 우리나라 전체 R&D 예산이며, 재난 및 안전관리 분야의 R&D 예산은 중앙부처의 재난 및 안전관리 기능 등과 관련된 예산을 모두 포함하였다.

표 1-17 국가 R&D 총예산과 재난안전 R&D 예산의 변화 단위: 총예산(조원), 재난안전예산(억원)

연도	2008	2010	2012	2014	2015	2016	2017	2018	2019	2020	2021	2022	증가 %
R&D 총괄	11.1	13.7	16	17.8	18.9	18.9	19.1	19.7	20.5	24.2	27.4	29.8	7.89
재난 안전	894	1,319	1,780	4,165	5,390	5,534	5,815	7,713	7,653	7,128	6,631	4,934	12.98
비중 (%)	0.81	0.96	1.11	2.34	2.85	2.93	3.04	3.92	3.73	2.95	2.42	1.66	5.91

자료: 홍성호(2019) 재구성

연구개발비의 재정자료는 2008년부터 2022년까지의 자료를 조사하고, 재난 및 안전관리 분야의 R&D 예산 구성비와 증가율에 대한 변화를 분석한 결과 재난 및 안전관리 분야에 해당하는 R&D 예산 비율이 13년간 해가 갈수록 증가하고 있다. 정부 R&D예산 대비 재난 및 안전관리 분야 R&D 예산이 차지하는 비중은 2008년의 0.81%에서 2022년 1.66%를 차지하고 있어 이는 연평균 5.91%씩 지속적으로 증가하는 추세를 보이고 있으며, 2008년부터 2022년까지 재난 및 안전관리 분야 R&D 예산이 증가하는 비율은 연평균 12.98%로 중앙정부 전체 R&D 예산 증가율 7.89%보다 1.8배 정도 증가하였음을 알 수 있다.

3.5 법 및 제도분야

3.5.1. 재해구호법

1) 사회적 배경

우리나라에서는 1904년 기상관측이 시작된 이래 관측된 태풍 중에서 가장 규모가 큰 태풍으로 1959년 "사라"를 꼽는다. 사라 태풍은 추석 전후(1959.9.11.~9.23.)로 제주도와 영남지방을 초토화했으며, 사망자 최소 849명, 실종자 206명 등 일천 명이 넘는 사망·실종자가 발생하였으며, 373,459명의 이재민이 발생하였다.[9] 이는 우리나라 재난의 역사상 가장 큰 인명피해이다.

2) 재해구호법 제정

재해구호법은 사라 태풍으로 40여만 명에 가까운 이재민이 발생하면서 이를 구호하고자 우리나라 최초의 재난구호법률로서 1962년에 제정되어 현재까지 사용되고 있는 법률이다. 제정 이유를 보면, 비상 재해가 발생하였을 때, 재해를 긴급 복구하고 이재민을 보호하여 사회질서를 유지하려는 것으로, 구호는 수해, 한해, 풍해 또는 화재와 기타

그림 1-5 응급구조(군과 보건소)와 이재민 보호(학교)

출처: 대한민국 정책브리핑(www.korea.kr)

---

9) 당시 우리나라 인구는 2,430만 명으로 전체 인구의 1.5%에 해당하는 이재민이 발생하였다.

의 재해로서 같은 지역에서 다수의 이재민이 발생한 경우의 구호로 하며, 재해의 구호 주관기관은 이재민의 현재지를 관할하는 서울특별시 또는 도로 규정함으로써 재해구호의 사무가 지방사무임을 강조하고 있다. 또한, 서울특별시 또는 도는 구호비용으로 매년 지방세법의 규정에 따른 보통세의 수입 결산액의 1천분의 5에 해당하는 액을 재해구호기금으로 적립하여야 하며, 국가는 구호에 지변할 비용의 100분의 70에 해당하는 액을 부담하도록 규정함으로써 국가의 지원을 법률로써 정하고 있다.

이후 경제·사회적으로 발전함에 따라 이에 맞게 법률이 개정되면서 재해구호란 비상재해가 발생하였을 때 국가와 지방자치단체가 피해지역의 재해 복구, 이재민 보호, 사회질서 유지를 위해 응급적인 구호를 하는 것이다. 구호는 이재민의 거주지를 관할하는 특별시장·광역시장·도지사 및 시장·군수·구청장이 재해구호에 관한 계획을 수립·시행하여야 하며, 재해구호 활동을 지원하기 위해 행정안전부에 재해구호본부를 두도록 하였다.

또한, 이재민의 구호에 필요한 재해의연금품의 모집·관리·배분 및 구호 활동 등을 위해 전국재해구호협회를 설립할 수 있다. 협회는 재해의연금품의 모집·관리 및 배분, 재해구호에 관한 홍보 및 조사연구 등 재해구호 관련 사업 등을 수행한다. 구호 기관은 재해구호를 위해 경찰관서·소방관서·군부대와 대한적십자사·협회 등 민간재해구호 관련 단체와 상호 협조해야 하며, 이재민과 그 인근 거주자는 구호에 관한 업무에 협력해야 한다.

3.5.2. 풍수해대책법

1) 사회적 배경

1948년 정부수립 시에는 극심한 정치적 혼란과 경제난으로 재난관리에 관심을 둘 여력이 없었으며, 이어 발생한 1950년 한국전쟁으로 국토가 초토화되고 극심한 식량난과 경제기반이 허약하였다. 이 시기에 '보릿고개'라는 용어의 의미는 작년 수확 식량이 바닥나고 올해 보리가 여물지 않아 식량 사정이 어려운 때에 초근목피(소나무 껍질·칡뿌리·솔잎 등), 전단토(田丹土)나 찰흙을 죽에 섞어 먹는 눈물겨운 시기를 지칭한다.

또한 1959년 강력한 사라 태풍으로 자연재해에 대한 대책의 필요성이 대두되었고 1962년 건설부에 방재과가 신설되면서부터 국가 재해대책 업무가 기초를 다지게 되었다.

당시 재해대책 업무의 흐름을 보면, 일제강점기에는 조선총독부 내무국 토목과에서 관장하였고, 미군정 시기에는 농무부 토목국에서 관장하다가, 1948년 정부수립 시 내무부 토목국 이수과(치수계)에서 업무를 담당하였다. 1959년 태풍 사라를 거치면서 1961년 정부 조직개편에 따라 국토건설청 수자원국 이수과(치수계)로 이관되었다가 이듬해인 1962년에는 건설부 수자원국 방재과로 이관되었다. 이어 1967년 자연재해 위주의 본격적인 치수 재난 정책으로 풍수해대책법을 제정하게 되었다.

일제강점기 1945년 이전	미 군정 1945~1948	정부수립 1948	박정희 정부 1961	박정희 정부 1962
조선총독부 내무국 토목과	농무부 토목국	내무부 토목국 이수과(치수계)	국토건설청 수자원국 이수과(치수계)	건설부 수자원국 방재과

2) 풍수해대책법 제정

우리나라 최초의 재난 관련 기본법으로서 1967년 제정하였으며, 태풍과 집중호우 등 자연재해 위주의 치수 재난 정책에 국한된 법률로서, 1995년 자연재해대책법으로 전부 개정되어 현재까지 존치하고 있는 법률이다. 제정 배경은 태풍과 집중호우 등 자연재해가 자주 발생하면서 자연재해의 총괄적인 대책이 필요하였으며, 그중에 1959년에 발생한 사라 태풍의 영향이 제일 큰 역할을 하였다. 제정 이유를 보면, 국토와 국민의 생명·신체 및 재산을 재해로부터 보호하기 위하여 방재계획의 수립과 재해 예방·재해 응급대책·재해 복구와 기타 재해대책에 관하여 필요한 사항을 규정하려는 것으로, 국가는 국토건설종합계획법에 따른 국토건설종합계획과의 조정하에 방재에 관한 기본계획을 수립하도록 하였다. 또한 처음으로 재해와 방재의 개념을 도입하였으며, 재난 관련 최초의 기본법으로서 의미가 있다.

이 법률은 1990년 한강 제방이 무너지는 대홍수와 1995년 삼풍백화점이 무너지는 재난의 후속 조치로 인적재난 전문법률인 재난관리법 제정 시까지 운영됐으나, 그동안 경제 성장 등 사회 변화를 반영하지 못하였고, 특히 1987년 개정 헌법(제34조 제6항) 정신인 "재난으로부터 국민의 생명·신체 및 재산 보호의 책임이 국가에 있음"을 반영하기 위하여 자연재해대책법으로 전부 개정하여 현재에 이르고 있다.

3.5.3. 자연재해대책법

1) 사회적 배경

1990년 수도권에 500mm 집중호우로 한강 제방이 붕괴하는 대홍수가 발생하여 사망·실종 163명, 이재민 187천명, 재산 피해 5,200억 원 등 1925(을축)년 다음으로 큰 대홍수가 발생하였다. 또한 안전은 생각지 않고 경제성장에만 몰두한 결과 인적재난이 빈발하다가 1995년 삼풍백화점이 무너지는 결과를 낳았다. 국회는 그 후속 조치로 인적재난을 관리하기 위한 재난관리법을 제정하면서, 그동안 자연재해를 관리하던 풍수해대책법의 미비점을 보완하고, 세계적인 기상이변 현상으로 자연재난 발생이 빈발하고 대형화되는 추세여서 각종 자연재난에 대한 적극적인 대처를 위해 풍수해대책법을 자연재해대책법으로 전부 개정하였다.

당시 재해대책 업무의 흐름을 보면, 1990년 대홍수로 한강 제방이 붕괴하는 자연재해의 수습·복구과정에서 건설부보다 지방자치단체를 관할하는 내무부의 역할이 크게 작

그림 1-6 1990.9.9.~12. 대홍수로 한강(일산) 제방 붕괴

출처: 재난관리 60년사

용하여 이듬해인 1991년 재해대책 업무를 건설부에서 내무부(방재계획관)로 이관하였다. 이로써 정부수립 이후 내무부에서 관장하던 재해대책 업무가 1961년 국토건설청, 1962년 건설부로 이관되었다가 30년 만에 다시 내무부로 돌아오게 되었다.

2) 자연재해대책법 전부개정

자연재해대책법으로 전부개정 이유를 보면, 도시화 및 산업화에 따라 재해 취약 요인이 증가하고 세계적인 기상이변 현상으로 인하여 자연재해 발생이 빈발하고 대형화되어 가는 추세여서 각종 자연재해에 대한 적극적인 대처와 재해 예방을 위하여 필요한 재해영향평가 제도를 도입하고, 지방자치단체의 방재역량을 높이며, 지진방재를 위한 법적 근거를 마련하려는 것으로 자연재해의 범위에 홍수·호우·폭설·폭풍·해일 등의 재해 외에 지진·가뭄과 폭염·한파 등을 추가하였다. 특히 재해로부터 국민의 생명·신체 및 재산 보호의 책임이 국가에 있다는 헌법 정신을 반영한 것이다.

이를 실행하기 위하여 재해구호및재해복구비용부담기준등에관한규정을 대통령령으로 제정·시행(1996.6.21.)하였다. 주요내용으로 첫째, 이재민의 구호를 위한 지원으로 사망자 및 실종자의 유족과 일상생활에 지장을 초래할 정도의 부상을 당한 자에 대한 위로 및 생계보조 지원, 주택이나 주생계 수단인 농·어업이 재해를 입은 자의 생계안정을 위한 구호 및 생계지원과 중학생 및 고등학생의 학자금 면제, 영농·영어·양축자금의 상환기한 연기 및 그 이자의 감면, 농지개량 조합비 감면, 지방세 등의 조세감면 등 간접지원을 하며, 둘째, 재해복구사업을 위한 지원으로, 주택복구, 농경지복구, 농림시설 및 농작물의 복구, 축산물 증식시설의 복구와 가축 등의 입식, 선박과 어망·어구의 복구, 수산물의 증식 및 양식시설의 복구와 수산생물 등의 입식 지원 등 재해로부터 국민의 생명·신체·재산의 보호책임을 다하기 위한 세부기준을 정한 것이다.

자연재해대책법의 주요 내용을 보면, 자연재해로부터 국토와 국민의 생명·신체·재산을 보호하기 위해 방재조직·방재계획 등 재해예방·재해응급대책·재해복구 등 재해대책에 필요한 사항을 규정함을 목적으로 하고, 용어의 정의에서는 "재해"라 함은 홍수·호우·해일과 이에 준하는 자연현상으로 발생하는 피해, "방재책임자"라 함은 중앙, 시·도, 시·군·구, 대통령령으로 정한 기관, 기타 법령으로 재해예방·재해응급대책·재해복구에 관한 책임이 있는 기관·단체 등을 말한다. "방재시설"이라 함은 재해방지의 기능을 수행하는 시설로서 대통령령으로 정하는 것으로 정의하였다.

"방재계획"은 방재에 관한 계획으로 방재기본계획·방재업무계획·지역방재계획으로, "국가의 방재의무"는 국가는 국민의 생명·신체·재산을 보호하기 위해 방재에 관한 기본계획을 수립, 실시하여야 하며, "방재조직"은 국무총리소속 하에 중앙재해대책위원회를 둔다.

"방재기술"이란 자연재해의 예방-대비-대응-복구 및 기후변화에 신속하고 효율적인 대처를 통하여 인명과 재산 피해를 최소화할 수 있는 자연재해에 대한 예측·규명·저감·정보화 및 방재 관련 제품생산·제도·정책 등에 관한 모든 기술을 말한다.

"방재산업"이란 방재시설의 설계·시공·제작·관리, 방재제품의 생산·유통, 이와 관련된 서비스의 제공, 그 밖에 자연재해의 예방·대비·대응·복구 및 기후변화 적응과 관련된 산업을 말한다.

"방재분야 전문인력의 양성"은 행정안전부 장관이 방재분야 전문인력의 양성을 위하여 고등교육법 제2조에 따른 학교를 전문인력 양성기관으로 지정하여 필요한 교육 및 훈련을 시행하게 할 수 있게 하였으며, "한국방재협회의 설립"은 재해대책에 관한 연구, 정보교류의 활성화와 국민방재역량 제고를 위하여 한국방재협회를 설립할 수 있도록 하였다.

"방재의 날"은 정부가 "방재의 날"을 정하여 재해 예방에 대한 국민의 인식을 높이고 방재훈련의 효율적 추진을 위하여 필요한 행사 등을 할 수 있게 하였다.

자연재해대책법에서 다루던 지진과 지진해일은 2008년 지진재해대책법을 제정하여 분리하였으며, 2016년에는 화산을 포함하는 지진·화산재해대책법으로 개정하여 운용하고 있다, 또한 2018년 기상관측 이래 최고의 폭염으로 48명이 사망(질병관리청)하자 폭염과 한파를 자연재난으로 지정하여 현재 자연재난은 20개 유형을 재난 및 안전관리 기본법에 지정하여 운용하고 있다.

3.5.4. 재난관리법

1) 사회적 배경

우리나라는 지속적인 경제 성장으로 보릿고개를 타파하고 중진국 대열에 올라섰다. 1972년 세계은행이 추정한 1인당 GNP는 남한이 3백$, 북한은 3백20$로 북한보다 뒤져 있었으나, 1973~74년의 이례적인 고도성장으로 1974년 1인당 GNP는 5백13$로 북한보다 우위를 달성하였고, 1980~90년대에는 북한이 남한을 넘볼 수 없을 정도의 경제적 격차가 벌어진 상태였다. 2016년 북한 GDP는 약 160억$인데 반해 남한의 GDP는 약 1조 4,000억$로서 비교 대상은 북한이 아니라 세계 속의 한국으로 성장하였다. 이런 경제 성장 뒤편에는 인재가 뒤따랐다. 1990년대 들어서면서 경제 성장을 등에 업고 안전을 무시한 건설 위주의 정책에 대한 경각심이 생겨나기 시작하였다.

1993년 아시아나 여객기 추락사고와 서해 훼리호 침몰 사고, 1994년 성수대교 붕괴 사고와 충주호 유람선 화재 사고, 그리고 아현동 도시가스 폭발사고, 1995년 대구 도시가스 폭발 사고와 삼풍백화점 붕괴사고 등 인적재난이 빈발하자 인적 재난을 관리하기 위해 재난관리법을 제정하기에 이르렀다. 삼풍백화점 붕괴 사고는 사망·실종 508명으로 우리나라 인적재난 중 가장 큰 인명피해를 기록하였다.

그림 1-7 1995.6.29.17:55분경 발생한 삼풍백화점 붕괴사고

출처: 재난관리 60년사

당시 인적재난 업무의 흐름을 보면, 인적재난 법률이 없는 상태에서 1975년 베트남 패망을 계기로 민방위기본법을 제정하고 내무부에 민방위본부 조직을 신설한 것이 인적재난 조직의 시초라고 볼 수 있다.

1995년 삼풍백화점 붕괴사고 후속 조치로 재난관리법 제정과 더불어 내무부에 인적재난을 담당하는 재난관리국 신설과 기존의 자연재해를 담당하는 방재국 그리고 베트남 패망의 교훈으로 신설된 민방위국 등 민방위재난본부(3국 9과)로 확대 재편되었다.

박정희 정부 1962	노태우 정부 1991	김영삼 정부 1995	김대중 정부 1998
건설부 수자원국 방재과	내무부 민방위본부 방재계획관	내무부 민방위재난본부 3국 9과 확대	행정자치부 민방위재난본부 2국 8과 축소

2) 재난관리법 제정

재난관리법 제정 이유를 보면, 국민생활의 안전을 도모하기 위하여 국민의 생명과 재산에 큰 피해를 줄 수 있는 대형사고 등 재난의 예방과 수습에 필요한 국가 및 지방자치단체의 재난관리체제 구축과 재난 발생 시의 긴급구조·구난 체계 확립을 위한 법적 근거를 마련하려는 것으로 이 법의 적용 대상이 되는 재난은 화재·폭발·붕괴 등의 사고로서 자연재해를 제외한 모든 사고로 정의하였으며, 재난 예방을 위해 재난위험 분야별로 안전관리 체계의 구축 및 안전관리 규정의 제정 등을 의무화하고, 재난위험시설 및 지역을 따로 지정하여 관리하도록 하고, 재난의 효율적인 수습을 위해 지방자치단체에 『지역사고대책본부』를 설치·운영하고, 대규모 재난에는 재난 책임의 주무 부처에 『중앙사고대책본부』를 설치하도록 하였다.

긴급구조·구난 체계 구축으로 내무부 및 지방자치단체에 『긴급구조구난본부』를 설치하고, 각급 긴급구조구난본부에 상황실을 설치하여 24시간 상황을 유지·관리하도록 하며, 재난이 발생하면 긴급구조구난본부 통제관이 재난 현장을 지휘하도록 하여 현장 지휘체계를 확립할 수 있도록 하였다. 재난 발생으로 국가의 안녕질서에 중대한 영향을 미치는 경우 등에는 당해 재난지역을 『특별재해지역』으로 선포하여 특별지원을 할 수 있도록 하였으며, 재난이 발생 또는 우려가 있는 경우에는 시장·군수·구청장이 예방·수습

조치를 하고, 응급조치를 위한 대피명령 · 경계구역설정 · 응급조치종사명령권 등의 권한을 부여하였다.

재난관리법 폐지이유는 2003년 대구 지하철 방화 사건을 계기로 국가 재난관리시스템을 개선하기 위하여 2004.6.1. 재난 및 안전관리 기본법을 제정 · 시행과 더불어 이를 실행할 국가 재난관리 전담기구인 소방방재청 출범으로 그간 인적재난 전문법률인 재난관리법이 폐지되고 재난 및 안전관리 기본법에 통폐합되었다.

3.5.5. 재난 및 안전관리 기본법

1) 사회적 배경

2003년 대구 지하철 방화사고가 발생하여 인적 피해 340명(사망 192명, 부상 148명)과 물적 피해 615억 원 등 최악의 지하철 사고가 발생하였다. 대구 지하철 방화사고가 발생(2003.2.18.)한 시기는 김대중 정부에서 노무현 정부로 정권 이양을 위한 인수위원회가 운영되던 때였다. 노무현 대통령 당선인은 방화사고의 대처 · 수습 상황을 지켜보며 우리나라가 2000년대 들어서 세계화 · 지방화 기치를 내걸고 선진국 대열에 들어섰는데 재난관리 분야는 아직도 후진국 행태를 벗어나지 못했다는 진단을 하고 이를 개선할 방안을 모색하게 된다.

노무현 대통령은 취임 첫 국무회의 시 "미국의 재난관리청 같은 국가 재난관리 전담조직을 신설하고, 효율적인 재난관리를 위하여 국가 재난관리체계를 시스템화하라"라는 지시를 하였다. 이에 따라 행정자치부에 국가 재난관리시스템기획단을 설치(2003.3.17.~2004.5.31.)하여, 2004.6.1. 우리나라 최초의 국가 재난관리 전담기구인 소방방재청이 출범하였으며, 국가 재난관리체계의 개편은 재난 및 안전관리 기본법을 재난관리 4단계로 시스템화한 법률이 제정되어 현재까지 우리나라 재난관리기본법으로 운용되고 있다. 저자도 국가 재난관리시스템기획단원으로 합류한 이래, 퇴직 시(2023.6.30.)까지 국가 재난관리 조직에서만 20여 년을 근무하였다.

2) 재난 및 안전관리 기본법 제정(2004~현재)

2003년 대구 지하철 방화사고를 계기로 2004년 제정된 재난 및 안전관리 기본법의

그림 1-8 대구 지하철 사고의 참혹한 현장

출처: 재난관리 60년사

제정 이유를 보면, 각종 재난으로부터 국민의 생명·신체 및 재산을 보호하기 위하여 재해 및 재난 등으로 다원화되어 있는 재난 관련 법령의 주요 내용을 통합함으로써 국가 및 지방단체의 재난에 대한 대응관리체계를 확립하고, 각 부처에 분산된 안전관리 업무에 대한 총괄조정 기능을 보강하는 등 현행 제도의 문제점을 개선·보완하여 재난의 예방·수습·복구 및 긴급구조 등에 관하여 필요한 사항을 정리하였다(국가법령정보센터, 2025).

재난 및 안전관리 기본법에서는 재난관리(disaster management)를 재난의 예방 - 대비 - 대응 - 복구단계로 설정하고 있다. 재난의 예방(mitigation)에 대해서는 재난관리 책임기관의 장의 재난 예방조치(제25조의 2), 재난 예방을 위한 안전조치(제31조), 재난관리체계 등에 대한 평가 등(제33조의 2)을 규정하고 있고, 재난의 대비(preparedness)에 대해서는 재난관리자원의 비축·관리, 재난관리 매뉴얼 작성·운용(제34조의 5), 재난대비 훈련실시(제35조) 등을 규정하고 있으며, 재난의 대응(response)에 대해서는 재난사태 선포(제36조), 재난 예보·경보체계 구축·운영 등(제38조의 2), 동원명령 등(제39조)을 규정하고 있고, 재난의 복구(recovery)에 대해서는 재해복구계획의 수립·시행(제59조), 특별재난지역 선포(제60조), 재난지역에 대한 국고보조 등의 지원(제66조) 등을 규정하고 있다.

3) 2014 세월호 사고와 재난 및 안전관리 기본법 개정

① 세월호 사고 개요

인천에서 출항하여 제주로 항해하던 정기여객선 세월호가 2014.4.16. 진도군 병풍도 인근 해상에서 침몰한 세월호 사고의 특별조사보고서[10]에 따르면, 승선원 476명 중 172명 구조, 사망·실종 304명(학생 246, 교사 9, 일반인·승무원 40)이 희생되었다. 사고 원인을 요약하면, 이 사고는 도입 후 선박 증축 등 개조에 따라 복원성이 약화된 세월호가 선박검사 기관의 복원성 승인조건보다 선박평형수를 대폭 적게 실은 대신에 화물을 과다하게 적재하고, 적재된 화물을 적절하게 고정하지 않아 대각도 급변침시[11] 복원력이 상실될 수 있는 상태로 출항하여 항해 중, 조타수의 부적절한 조타 때문에 급격한 우현 선회와 함께 발생한 과도한 좌현 선체 횡 경사로 인하여 화물이 한쪽으로 쏠리면서 복원력이 상실된 후 계속된 침수로 전복·침몰하였다.

그림 1-9 사고 당시 세월호 모습 출처: 여객선 세월호 전복사고 특별조사 보고서

② 재난관리 업무의 흐름

당시 재난관리 업무의 흐름을 보면, 2003년 대구지하철 방화사고를 계기로 재난 및 안전관리기본법을 제정하고 행정자치부 외청으로 소방방재청을 신설하여 국가재난관리

---

10) 2014.12.29. 중앙해양안전심판원 특별조사부가 공표한 "여객선 세월호 전복사고 특별조사보고서"
11) 대각도 변침은 선박 간 충돌 위험을 회피하기 위해 30도 이상의 큰 각도로 방향을 전환하는 항법 조치

업무를 전담하다가, 2014년 세월호 침몰사고 대응의 책임을 물어 징벌적 정부조직개편이라는 명목으로 해양경찰청을 해체하고 행정자치부의 국가기반체계보호 기능과 소방방재청의 방재와 소방기능 그리고 해경을 통합하여 국민안전처라는 장관급 기구를 신설하였다. 2017년 문재인 정부는 특정조직의 독립을 공약으로 하여 소방청과 해양경찰청을 독립시키고, 나머지 방재기능은 행정자치부와 통합하여 행정안전부로 확대 재편하면서 재난관리 업무는 재난안전본부(차관급)로 재편하여 현재에 이르고 있다.

김대중 정부 1998	노무현 정부 2004	박근혜 정부 2014	문재인 정부 2017
행정자치부 민방위재난본부 2국 8과 축소	소방방재청 방재·소방조직 4국 24과 확대	국민안전처 방재·소방·해경 3본부 14국 55과	행정자치부 재난안전본부 3국 11국 47과

③ 재난 및 안전관리기본법 개정이유

재난안전 컨트롤타워의 구축을 위하여 안전행정부, 소방방재청 및 해양경찰청 등에 분산된 재난안전 기능이 국민안전처로 통합·개편됨에 따라 이에 맞추어 재난대응 체계를 정비하고, 대규모 재난 발생 시 효과적인 재난 수습을 위하여 필요한 경우에는 국무총리가 중앙대책본부장의 권한을 행사할 수 있도록 하며, 신속한 긴급구조를 위하여 재난 현장에 특수기동구조대의 투입과 긴급구조기관의 통합지휘권 행사 등에 관한 사항을 정하고, 국민안전처 장관이 재난 및 안전관리 사업예산의 사전협의를 하도록 하는 등 재난 및 안전 관리체계를 강화하는 한편, 그 밖에 현행 제도의 운용상 나타난 일부 미비점을 개선·보완하려는 것이 개정이유이다.

④ 주요 내용

◇ 재난 및 안전관리 사업예산의 사전협의 및 사업평가 신설

- 중앙행정기관이 추진하는 재난 및 안전관리 사업의 효율성을 높이기 위하여, 국민안전처 장관은 중앙행정기관의 재난 및 안전관리 사업의 투자우선순위 등에 대한 의견서를 기획재정부장관에게 통보하고 기획재정부장관은 이를 토대로 예산안을 편성하도록 함.
- 국민안전처 장관은 매년 재난 및 안전관리 사업의 효과성과 효율성을 평가하

여 관계 중앙행정기관의 장에게 통보하고, 관계 중앙행정기관의 장은 이를 반영하도록 함.

◇ 대규모 재난의 효과적인 재난 수습을 위한 중앙대책본부장의 국무총리 격상
- 대규모 재난 발생 시 효과적인 수습을 위하여 필요한 경우, 국무총리가 중앙대책본부장의 권한을 행사[12]하도록 함으로써 재난대응 및 수습에 필요한 총괄·조정 역량을 강화함.

◇ 민간 소유 시설 안전관리 강화
- 민간 시설에 대한 안전관리를 강화하기 위하여 시설의 소유자 등은 안전점검 등을 실시하도록 하고, 그 결과 재난 발생 위험이 큰 경우에는 정밀안전진단 등 안전조치를 하도록 함.

◇ 안전 점검 업무 수행공무원에 대한 사법경찰권 부여 신설
- 안전 점검 업무의 실효성 강화를 위하여 긴급안전점검 업무를 수행하는 공무원에게 특별사법경찰관리의 직무를 수행할 수 있도록 함.

◇ 민간 소유 시설 위기 상황 대처 매뉴얼의 작성·훈련 신설
- 민간이 소유한 다중이용시설 등에서 발생하는 재난에 대한 대응능력을 높이기 위하여 위기 상황에 대비할 수 있는 매뉴얼을 작성하고 주기적으로 훈련하도록 함.

◇ 재난대비훈련 강화
- 국민안전처 장관 등 훈련주관기관의 장은 매년 정기적으로 또는 수시로 재난대비훈련을 실시하도록 의무화하고, 훈련 항목에 위기관리 매뉴얼의 숙달 훈련을 포함하도록 하며, 훈련과정에서 나타난 미비 사항, 위기관리 매뉴얼의 미비 사항 등을 개선·보완하도록 함.

◇ 재난 현장의 지휘권 명확화
- 재난 현장에서 긴급구조 활동을 위하여 참여하는 긴급구조기관의 인력이나 장비 등의 운용에 관하여는 시·군·구긴급구조통제단장인 소방서장(해양에서 발생한 재난의 경우에는 지역구조본부장인 해양경비안전관서장)의 지휘를

---

12) 코로나19 중대본은 2014년 대규모 재난시 중대본부장을 국무총리로 격상한 뒤 처음으로 국무총리가 본부장을 행사하였다.

따르도록 하고, 긴급구조 활동이 종료된 후에는 시·군·구 부단체장인 통합지원본부의 장이 재난 현장의 수습 상황을 총괄·조정하도록 함.

◇ 국민안전의날 운영 및 학생 안전교육 실시 신설
- 세월호 침몰 사고를 추모하고, 국민의 안전의식을 높이며, 안전문화를 확산하기 위하여 매년 4월 16일을 국민 안전의 날로 정하고, 청소년의 안전문화 의식을 높이기 위하여 교육부 장관은 학생에 대한 안전교육을 실시하도록 함.

◇ 재난 및 안전관리를 위한 특별교부세 교부 신설
- 지방교부세법에 따른 특별교부세 중 재난 및 안전관리를 위한 특별교부세는 국민안전처 장관이 교부하되, 지방자치단체의 재난 및 안전관리 수요에 한정하여 교부하도록 함.

◇ 재난 원인조사 결과 및 재난백서 국회 제출·보고
- 국민안전처 장관은 재난 발생 원인과 대응 과정에 관하여 조사·분석·평가한 재난 원인조사 결과를 신속히 국회 소관 상임위원회에 제출·보고하여야 하며, 재난관리주관기관의 장은 중대한 재난에 관하여 수습 상황 등을 기록한 재난백서를 신속히 국회 소관 상임위원회에 제출·보고하도록 함.

◇ 재난 및 안전관리 조치 미이행 시 기관경고 등
- 국무총리 또는 국민안전처 장관은 중앙행정기관의 장이나 지방자치단체의 장이 이 법에 따른 조치를 하지 아니한 경우에는 기관경고 등 필요한 조치를 할 수 있도록 함.

⑤ 2022 이태원사고와 재난 및 안전관리 기본법 개정
◇ 이태원사고 개요
- 2022년 10월 29일 서울특별시 용산구 이태원동 이태원세계음식거리의 해밀톤호텔 서편 골목에서 핼러윈 축제로 수많은 인파가 몰린 와중에 발생한 압사 사고. 이 사고로 인해 159명이 사망하고 195명이 부상을 당했다. 이 사고는 핼러윈 축제 인원 과밀 및 경찰, 행정당국의 안전관리와 통제 부족 및 국민의 안전 불감증과 무질서로 발생한 사고라고 볼 수 있다.

◇ 후속 조치
- 2022.11.7. 국가안전시스템 점검 회의(대통령 주재)

그림 1-10 사고 지점 30m 북서 측 삼거리 BOTTLE STORE 간판 앞모습(나무위키)

 - 안전관리 관련 제도 전반을 재검토하여 개선방안을 마련할 것(대통령 지시)
• 2022.11.18. 범정부 안전시스템 개편 TF 발족
 - 새로운 위험 예측, 현장에서 작동하는 국가안전시스템으로 개편을 위하여
 - 2023.1.27. 「범정부 국가안전시스템 개편 종합대책」 수립 → VIP 보고
 - 2023.3.28. 중앙안전관리위원회(국무총리 주재) 보고
• 2023.3.28. 중앙안전관리위원회 보고시 국무총리 지시사항
 - 행정안전부, 신종재난 등 위험 요소 발굴을 위한 전문 연구조직 보강
 - 인사혁신처, 재난부서 공무원의 처우개선 방안 검토
 - 경찰청, 인파관리 측면에서 경찰의 역할 중요, 전문성 있는 경찰이 참여
• 2024.1.19. 「범정부 국가안전시스템 개편 종합대책」 대국민보고회(이상민 장관)
 - 인파사고 예방을 위한 제도적 사각지대 보완
   ㉠ 주최자 없는 지역축제 등에 대해 지자체장의 안전관리 책임 강화
   ('24.3.27. 시행)
   ㉡ 다중운집인파사고를 사회재난 유형으로 추가('24.7.17. 시행)
 - ICT 기반 현장인파관리시스템 구축 : 100개소 시범적용 → 확대시행('25년)
 - 112 반복신고 감지시스템 도입 및 신속한 상황 보고·전파
   ㉠ 「112 반복신고 감지시스템」 : 발생지점 반경 50m 이내, 3건/시간 이상 접수 시

ⓛ 재난 발생(징후) 발견 시 : 경찰은 시군구 및 긴급구조기관 통보 ('24.3.27. 시행)
- 모든 지자체 24시간 재난상황실 운영 및 CCTV 스마트관제
  ㉠ 시군구 상시 재난상황실 운영 : 49('23.1.) → 110('23.12.) → 228('27년 말까지)
  ⓛ CCTV 스마트관제 : 4만 개(23.1) → 12만 개(23.12.) → 40만 개(의무화)
- 신속하고 체계적인 구조·구급 및 의료활동
  ㉠ 구급지휘팀(응급의료소) 및 재난의료지원팀(병원 인력 현장 출동) 운영
  ⓛ 「응급의료법」 법적 근거 마련 (법사위 계류 중)

◇ 1차 개정(2023.12.26. 개정, 2024.3.27. 시행) 이유 및 주요 내용

- 행정안전부 장관이 재난 및 사고로 인한 피해의 심각성, 사회적 파급효과 등을 고려하여 필요하다고 인정하는 경우 재난관리주관기관의 장에게 중앙사고수습본부의 설치·운영을 요청할 수 있도록 하고, 재난관리주관기관의 장이 위기관리 표준매뉴얼 등의 점검을 위하여 필요한 경우 관계 전문가의 의견을 들을 수 있도록 하며, 경찰관서의 장이 업무수행 중 재난의 발생이나 재난이 발생할 징후를 발견하였을 때 즉시 관할 시장·군수·구청장과 긴급구조기관의 장에게 알리도록 하는 한편,

  시·도지사가 실시하는 응급조치의 범위를 확대하고, 기상청장이 직접 예보·경보·통지 및 문자 송신·방송 등의 조치를 요청할 수 있는 대상에 일정 규모 이상의 호우 또는 태풍을 추가하며, 다중의 참여가 예상되는 지역축제로서 개최자가 없거나 불분명한 경우 관할 지방자치단체의 장이 지역축제 안전관리계획 수립 및 필요한 조치를 하도록 하고, 재난안전 분야 제도개선 제도의 근거를 마련하며, 재난취약시설에 대한 보험 가입 거부 제한 및 보험금 지급 청구권의 양도·압류 금지 규정을 신설하는 등 현행 제도의 운용상 나타난 일부 미비점을 개선·보완함.

◇ 2차 개정(2024.1.16. 개정·시행) 이유 및 주요 내용

- 다중운집인파사고 및 인공우주물체의 추락·충돌을 사회재난의 원인 유형으로 명시하고, 재난이나 각종 사고를 수습하는 과정에서 피해자의 인권이 침

해되지 않도록 노력할 것을 국가 등의 책무로 규정하며, 시·도지사에게 재난 사태 선포 권한을 부여하고, 중앙 및 시·도 재난방송협의회 설치를 의무화하며, 국가안전관리기본계획 등의 작성 주기를 명시하고, 집행계획 등의 추진실적 제출·보고 의무를 신설하는 한편,

특별재난지역 선포 요건인 재난의 규모를 대통령령으로 정할 때 인명·재산의 피해 정도, 재난지역 관할 지방자치단체의 재정 능력, 피해 구역의 범위를 고려하도록 명시하고, 중앙행정기관의 장·지방자치단체의 장이 추진하여야 하는 안전문화 활동에 안전신고 활동 장려·지원을 포함하도록 하는 등 현행 제도의 운용상 나타난 일부 미비점을 개선·보완함.

◇ 2차 개정(2024.1.16. 개정, 2024.7.17. 시행) 이유 및 주요 내용

- 다중운집인파사고 및 인공우주물체의 추락·충돌을 사회재난의 원인 유형으로 명시하고, 재난이나 각종 사고를 수습하는 과정에서 피해자의 인권이 침해되지 않도록 노력할 것을 국가 등의 책무로 규정하며, 시·도지사에게 재난 사태 선포 권한을 부여하고, 중앙 및 시·도 재난방송협의회 설치를 의무화하며, 국가안전관리기본계획 등의 작성 주기를 명시하고, 집행계획 등의 추진실적 제출·보고 의무를 신설하는 한편,

  특별재난지역 선포 요건인 재난의 규모를 대통령령으로 정할 때 인명·재산의 피해 정도, 재난지역 관할 지방자치단체의 재정 능력, 피해 구역의 범위를 고려하도록 명시하고, 중앙행정기관의 장·지방자치단체의 장이 추진하여야 하는 안전문화 활동에 안전신고 활동 장려·지원을 포함하도록 하는 등 현행 제도의 운용상 나타난 일부 미비점을 개선·보완함.

◇ 3차 개정(2024.3.19. 개정, 2025.3.20. 시행) 이유 및 주요 내용

- 안전책임관을 둘 수 있는 기관을 국가기관 및 지방자치단체에서 재난관리책임기관으로 확대하고, 공인재난관리사 자격증 제도를 신설하는 등 현행 제도의 운용상 나타난 일부 미비점을 개선·보완함.

◇ 4차 개정(2025.4.1. 개정·시행) 이유 및 주요 내용

- 재난을 효율적으로 수습하고 재난으로 피해를 입은 사람을 지원하기 위하여 관계 재난관리책임기관 등의 직원에 대한 중앙재난안전대책본부의 본부장

등의 파견 요청 권한을 확대하고, 관계 중앙행정기관의 장은 재난 및 안전과 관련된 계획을 수립하려는 경우 미리 행정안전부 장관과 협의하도록 하며, 시급하게 특별재난지역으로 선포할 필요가 있는 경우 중앙재난안전대책본부의 본부장이 중앙안전관리위원회의 심의를 거치지 않고 특별재난지역의 선포를 대통령에게 건의할 수 있도록 신속한 건의 절차를 마련하는 등 현행 제도의 운용상 나타난 일부 미비점을 개선·보완하였다.

◇ 시행령 개정(2024.7.17. 개정·시행) 이유 및 주요 내용

- 2022.10.29. 이태원 참사 시 인파사고 유형에 대한 재난관리주관기관 부재 사례와 2022.1.11. 광주 아파트신축 붕괴 사고 시, 고용노동부와 국토교통부 간 이견으로 2022.1.23. 사고 2주 만에 VIP 지시로 고용노동부(사업장 대규모 인적사고)가 중앙사고수습본부를 설치한 사례처럼 재난관리 사각지대 해소 및 중앙행정기관의 권한과 책임을 명확히 하기 위하여 재난 및 안전관리 기본법 개정(2024.1.16. 개정, 2024.7.17. 시행)하여 공연장·체육시설·유원시설 등 각종 시설에서 발생하는 다중운집인파사고를 사회재난의 원인으로 명시했고, 이태원 참사와 같이 누구나 자유롭게 모이거나 통행하는 "도로·공원·광장에서 발생하는 다중운집인파사고"는 별도의 사회재난 유형으로 지정하고 시행령을 개정하여 책임기관을 행정안전부 및 경찰청으로 지정하는 등 재난 유형별 책임기관을 세분화하여 책임기관을 명확히 하였다.

주요 내용을 보면 자연재난은 풍수해(태풍, 홍수, 호우, 강풍, 풍랑, 해일, 대설), 한파, 폭염, 가뭄, 낙뢰, 지진·화산, 황사, 조류 대발생(녹조·적조), 조수, 자연우주물체의 추락·충돌, 자연우주전파재난, 그 밖의 이에 준하는 땅밀림, 해안침식 등 자연현상으로 인하여 발생하는 재해로 종전 17개 유형에서 20개 유형으로, 사회재난은 화재·붕괴·폭발·교통사고(항공·해상 포함)·화생방·환경오염 사고 등으로 인한 피해, 에너지·통신·교통·금융·의료·수도 등 국가기반체계 마비·다중운집인파사고(24.7.17.), 감염병 또는 가축전염병 확산, 미세먼지 등으로 인한 피해 등 종전 41개 유형에서 65개 유형으로 세분화하였다.

표 1-18 재난관련 법령 현황

법 명	제·개정 이유(배경)	주요 내용	비 고
헌법	• 1948.7.17. 제정 　- 정부수립 • 1987.10.29. 개정 　- 민주화 운동	• 제34조제6항 　재해 예방·보호 → 　정부의 책임 명시	• 현행 존치
풍수해대책법	• 1967.2.28. 제정 　- 자연재해관련 최초의 법률 • 2004.6.1. 전부개정 　- 자연재해대책법으로 개명	• 재해와 방재의 개념 도입	• 폐지
자연재해대책법	• 2004. 6. 1. 전부개정 　- 풍수해대책법 → 법명 개정 　- 재난관리법(인적 재난)과 구분	• 자연재해 전문법률	• 현행 존치
재난관리법	• 1995.7.18. 제정 　- 1994 성수대교 붕괴 　- 1995 삼풍백화점 붕괴 등 • 2004.6.1. 폐지	• 인적 재난 전문법률 • 재난 및 안전관리 기본법 　으로 흡수통합·폐지	• 폐지
재난 및 안전관리 기본법	• 2004.6.1. 시행 　- 2003 대구 지하철 방화사고 　- 국가재난관리전담기구 신설	• 국가재난관리시스템: 재난 　관리 4단계 개선 • 재난구분: 자연·인적· 　사회적 재난	• 현행 존치 　- 자연재난 　- 사회재난 　 (인적+사회적 재난)

자료: 법제처(2025) 재구성

　1948년 정부수립부터 현재까지 약 75년간, 재난 및 안전관리를 담당하였던 10개 부처를 대상으로 살펴보면, 소방방재청과 국민안전처 등 2개 부처는 기능상 국가재난관리 전담 조직으로 분류하고 있다. 재난 및 안전관리 기능의 중요성이 강조됨에 따라 주변 환경의 변화에도 고유의 기능을 가지고 정부 조직개편 과정에서도 살아남을 뿐만 아니라 신설되기까지 하는 것이다.

　한국 정부의 재난 및 안전관리 기능 확대가 필요한 이유는 다음과 같다.

　첫째, 재난 및 안전관리 영역의 하부조직 확장과 성장을 통해 알 수 있다. 즉 정부 조직개편이 이루어지며 조직 내에서 재난 및 안전관리 영역이 양적으로 확장되고 있는 것이다. 기존 부처들이 새로운 부처를 신설하거나, 존재하던 타 부처와 통합하여 성장하며,

재난 및 안전관리 기능이 세분화되고 전문화됨에 따라 다시 새로운 재난 및 안전관리 영역 부처들이 생기는 경향을 볼 수 있다.

둘째, 한국 정부조직에서 재난 및 안전관리 담당 부처가 인원과 예산 양 측면으로 확장되고 있다. 이는 발전지향적 통치 및 경제기능에서 평등과 분배를 중시하는 재난 및 안전관리 기능으로 국가의 주요 기능이 변화되고 있음을 양적으로 보여주고 있다. 이러한 이유는 국가가 국민에 대한 사회적 책임 때문이다.

셋째, 정부 차원에서 전반적으로 재난 및 안전관리 분야가 강조되는 추세의 확인으로서 실제로 재난 및 안전관리를 담당하고 있는 부처뿐만 아니라 통치와 경제기능을 담당하는 부처들에서도 재난 및 안전관리 기능과 관련된 하부조직들을 신설하는 경향이 나타나고 있다.

재난 및 안전관리 영역은 처음에는 주요 영역들의 주변적인 역할, 기능적이며 도구적인 역할로 신설되었으나, 시간이 흐르면서 시민사회의 역량이 강화되고, 삶의 질, 즉 국민의 안전을 우선시하는 국제사회의 담론에 영향을 받는 등 재난 및 안전관리 영역이 다원화됨에 따라 정부 조직에 제도적으로 확장되어가는 과정임을 알 수 있다. 정부의 재난 및 안전관리 기능이 국내 상황과 국제 환경 양 측면에서 점차 강조되어가는 추세이다. 반면에 재난 및 안전관리 분야는 조직, 인력, 재정 등이 타 분야에 비해 많은 증가추세를 보여 왔음에도 불구하고 실제 재난 현장에서 역량이 제대로 작동되지 않고 있다는 비판을 받고 있다. 특히 2014년 세월호 침몰 사고의 미흡한 대처는 국민적 공분을 불러일으킨 바 있다. 중앙일보에서는 세월호 침몰 사고 1주년을 맞이하여 국민 1,000명을 대상으로 여론조사를 실시하였는데, 85.8%가 세월호 침몰 사고 같은 대형사고의 재발 가능성을 우려했으며, 63.5%는 세월호 침몰 사고 이후 안전의식에 변화가 없다고 응답했으며, 그중 30.6%는 정부의 능력 부족을 지적했다. 또한 77.4%는 정부의 국민안전을 위한 노력이 부족하다는 여론조사 결과를 발표했다(중앙일보, 2015년 4월 16일).

문재인 정부에서도, 2017년 12월 3일 인천 영흥도 낚시어선 충돌사고(생존 7, 사망 15명), 2017년 12월 21일 제천시 복합건축물 화재 사고(사망 29, 부상 29명), 2018년 1월 26일 밀양시 세종병원 화재 사고(사망 37, 중상 9, 부상 142명) 등이 발생했으며, 윤석열 정부에서도 2022년 8.8~8.14.까지 집중호우(사망·실종 20명, 부상 26명), 2023년

7월 15일, 충북 청주시 흥덕구 오송읍 공평 2 지하차도가 집중호우로 인한 미호강 범람으로 침수사고(차량 17대가 물에 잠겨 사망 14명), 2022.10.29. 이태원 다중운집인파사고(사망 159명, 부상 195명), 2025년 3월 14~27일 경북 청도 산불을 시작으로 전국 동시다발적인 산불(사망 33명, 부상 45명, 산림소실 100,000㏊ 이상) 등 대형 인적재난, 자연재해 등이 발생할 때마다 언론 등에서는 재난관리체계와 시스템 및 재난현장에서 재난관리 기능이 제대로 작동되지 않았으며, 역량이 미흡함을 문제 제기하고 있다.

따라서 현 이재명 정부에서는 재난관리 역량 핵심요소와 한국의 재난 및 안전관리 조직의 효과성 관계를 분석하여 재난관리시스템 개선방향 등 재난관리 조직과 정책변화가 필요한 시점이다.

04 한국의 재난 사례[13]

4.1 1959년 태풍 '사라(SARAH)'

1) 기상개황

제14호 태풍 '사라(SARAH)'는 1959년 9월 11일 사이판 부근에서 발생, 13일 중심기압 965hPa로 발달하였다. 9월 15일 오전 9시, 오키나와 남서쪽 450km 해상에서 중심기압 905hPa의 초A급 태풍으로 발달하면서 제주도와 남부지방에 비가 시작하였다. 9월 16일 오전 9시, 초A급 태풍은 제주도 남서쪽 660km 해상까지 접근하여, 제주는 최대풍속이 20.0m/sec, 여수, 목포 등은 11.0~13.0m/sec로 점차 강해지기 시작하였다. 9월 17일 오전 9시, 여수 남쪽 120km 해상까지 접근, 태풍의 중심기압

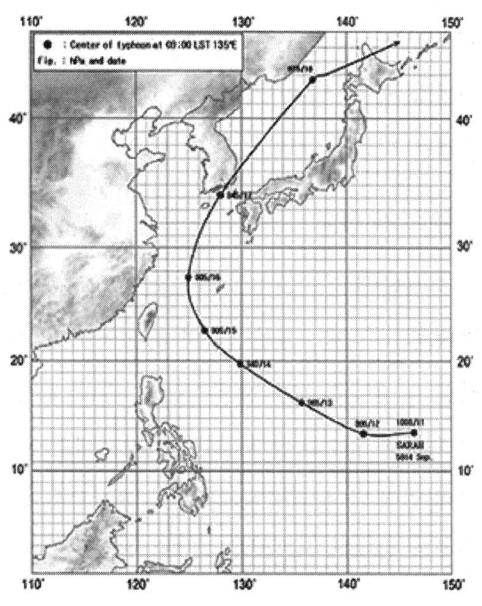

그림 1-11 1959년 태풍 사라의 진로도

은 945hPa의 A급 태풍으로 약화되면서 충무에 상륙한 후, 포항을 거쳐 울릉도 남쪽 해상으로 이동하였다. 태풍이 점차 남해안으로 상륙함에 따라 최대풍속은 제주에서 46.9m/sec, 울릉도에서 46.6m/sec, 여수에서 46.1m/sec, 부산에서 42.7m/sec로 16

---

13) 재난관리 60년사, 재해연보 등 행정안전부 행정자료

일에 비하여 폭풍이 점차 강해지고 전국적으로 확대되었다. 9월 18일에는 태풍이 동해 중심부를 거쳐 북해도 북단을 거쳐서 오호츠크해로 빠져나감에 따라 태풍의 영향권에서 완전히 벗어났다.

2) 강우량 분석

9월 15일 오전 9시, 태풍 '사라(SARAH)'가 오키나와 남서쪽 450km 해상에서 북상함에 따라 남부지방으로부터 비가 오기 시작하여 일강우량은 여수에서 115.4mm로 가장 많은 비가 왔고 목포 64.7mm, 광주 61.6mm의 비가 내렸다. 9월 17일은 제주 168.1mm, 울산 157.4mm, 강릉 165.5mm의 호우가 내렸다. 이 태풍이 우리나라에 영향을 주는 동안(9월 15~18일)에 내린 총 강우량은 제주에서 269.1mm, 울산에서 173.9mm, 추풍령에서 174.0mm, 여수에서 165.9mm, 강릉에서 165.7mm로 주로 제주도와 영동·남부지방에 호우가 내렸고, 그 밖의 지방은 산발적인 강우 형태를 보여 강우량은 비교적 적었다.

3) 피해 상황

추석날에 들이닥친 태풍으로 전국에서 750명이 사망하고 선박 9,329척, 12,366동의 주택파손, 도로·교량·전화 등을 비롯한 재산피해가 662억원으로 실로 금세기 풍수해 사상 최대의 피해가 발생하였다. 또한 오랜 역사를 자랑하는 경북지역의 각종 문화재가 그 면모를 잃어버렸다. 특히 신라시대의 고적과 사찰 등의 국보는 완전히 그 형태를 잃고 말았다. 부산지방도 육상 및 해상교통의 두절과 일반 전신전화 두절로 105만 시민은 완전히 외부와 연락이 끊긴 채 고립상태에 빠졌다. 부산, 동해남부, 대구, 영암, 전라, 삼

그림 1-12 전차 조립공장

그림 1-13 영암선 경동철교

그림 1-14 도심의 쓰러진 전주

그림 1-15 해안 마을

척선 등에 축대·유실 등의 사고로 열차운행이 전면 중단되었다. 그리고 낙동강과 섬진강이 범람하면서 목포·여수지역의 배전시설이 전멸된 상태로 암흑가를 이루었고 경남 하동 시가지는 완전히 물바다를 이루는 등 삼남(三南) 지방을 중심으로 수해가 극심하게 발생하였다. 부산시는 해상 방파제가 파괴되어 해수 범람으로 남포동과 대평동 일대가 한때 물바다가 되었다. 부산세관 소속 보세창고도 침수로 인해 수억원의 보세화물이 물에 잠기기도 하였다. 농경지는 전국 216,325ha가 유실·매몰되었으며 대구지역의 사과도 매년 15억원의 수입을 올리고 있었으나 모두 낙과되었다.

대통령은 21일, 이번 태풍으로 피해입은 이재민들에게 동포애를 발휘하여 돕자는 내용의 담화문을 발표하였다. "이번 태풍은 바람만이 아니고 비와 합세해서 큰 재해를 만들었는데, 이것은 우리나라에서도 50년 만에 처음 발생한 것으로 막대한 천재를 입게 된 것이다. 이런 천재지변은 어찌할 수 없는 것이므로 각처의 이재민들에게 우리가 말로는 위로하기 어려운 것이며 정부와 민간에서 빈부를 막론하고, 자기 힘 있는 데까지 도와서, 한 사람의 하루 저녁이라도 고생과 곤란을 면하게 해 하루속히 다같이 살도록 하는 것이 사람의 도리요 또 인정일 것이다."

4) 복구 상황

① 복구 재원의 확보

9일 25일 정례국무회의에서 태풍 긴급복구사업비로 총 44억원을 편성하였다. 복구사업비 재원은 25억원의 일반회계와 1,188백만원의 의연금 계정 및 기타 특별회계에서 충당토록 하였다. 부흥부 장관은 복구대책비를 조달하기 위하여 1959년 경특 예산 중에서 미사용 부분을 복구비로 전환하는 방법을 각 소관 부서별로 검토하여 실행예산을 편성한다는 방침을 밝혔다.

② 태풍피해에 대한 세계적 관심

9일 20일 국제적십자연맹은 우리나라의 태풍 수해복구를 위하여 국제적인 모금운동을 전개중임을 우리나라에 알려왔다. 한편, 미국 정부를 비롯한 기타 국제기구에서도 구제금으로 26천 달러를 제공할 것을 약속하고 구호에 적극적인 협력을 전개하였다. 주한 미국대사는 본국 정부에 대하여 건축자재와 구제품, 의료품 등의 원조를 요청하였다. 한국교회 세계이사회는 280만 파운드의 식료품과 26만 파운드의 의류, 그리고 미 육군의 기독교세계봉사회(CARE)는 6천 파운드의 고기와 6천 포대의 의복, 그리고 5천 파운드의 콩을 이재민에게 지급하였다.

③ 의연금모금 및 시설복구

9월 25일, 국무회의는 최고액을 15억 원으로 하는 태풍 '사라(SARAH)'호 의연금모금을 심의했다. 기한을 9월 말까지로 하여 국내의 일정한 기관 및 유흥장 등에서는 모두 의연금을 내도록 하였다. 부산시는 육상 및 해상교통의 두절과 경비 및 일반 전신·전화의 두절로

그림 1-16 이재민 구호

고립상태에 빠졌으나 시내의 전차·수도·전신·전화 등은 3일만인 9월 20일 상오 10시를 기해 원상복구되었다. 불통중인 서울·부산 간 전화는 9월 21일 정오로 복구를 완료, 통화가 재개되었다. 교통부에서는 태풍으로 9월 19일 하오 7시까지 운행정지 중이던 경부선 철도를 비롯하여 9개선 중 남부선과 철암선을 제외한 각 선은 4일 만에 정상 운행하였다.

4.2 1978년 홍성 지진

1) 지진 발생

1978년 10월 7일 오후 6시 21분부터 약 3분 9초간 규모 5.0의 지진이 충남 서북부

지방에서 발생하여 홍성군 홍성읍 일대에 큰 피해를 주었다. 이날 5,600여 가구의 홍성읍에는 4~5초 동안 계속된 지진으로 오관리 1구 박○○ 씨(32) 흙벽돌집이 무너진 것을 비롯하여 주택의 50%인 2,840여 동에 균열이 생겼다.

또한 사적 231호 홍주 성곽이 무너지고 홍성군청 등 12개 공공기관의 유리창 500여 장이 파손되었으며, 상품장독, 연탄 등이 부서져 추산피해액은 300백만원에 이르렀다. 쾅! 소리와 함께 지축을 뒤흔든 지진은 주말 저녁 단란하게 밥상머리에 앉았던 26천 여명의 홍성읍 주민들을 공포의 도가니로 몰아넣었다. 삽시간에 온 시가지를 아수라장으로 만든 공포의 지진이 일어난 것은 주민들이 가족과 저녁밥을 먹던 때였다. 홍성읍내 주민들은 난데없는 폭음과 굉음에 전쟁이라도 터진 줄 알고 모두 밖으로 뛰쳐나와 혼이 나간 사람들 같았다. 전 시가지의 전깃불도 꺼지고 전화도 불통이었으며 아수라장이었다. 읍내 남산 공인 경내에 세워진 김좌진 장군 추념비는 해방 직후 세워진 뒤 아무런 이상이 없던 것이 지진으로 대석(臺石)이 일부 부서져 내리고 비석을 받친 각석(角石)이 들렸다가 잘못 놓은 것처럼 제자리를 벗어나 있었다.

지진이 일어나면서 폭음과 정전에 놀란 홍성 전신전화국 교환원 등 20여 명이 모두 대피, 통신이 30여 분간이나 마비되기도 했다. 지진을 당한 주민들은 밥상 위의 밥그릇이나 찬그릇이 미끄럼을 탄 것처럼 흘러내렸던 것으로 보아 땅바닥이 파도 물결처럼 동쪽과 서쪽을 가로지른 것 같았다고 나름대로 풀이하기도 했다. 한편 이 같은 지진 보도가 전국에 알려지자 외지에 나가 있는 친척과 친지들이 안부를 묻는 전화를 걸어와 홍성 전신전화국에는 평소보다 평균 30% 이상 많은 시외전화가 쏟아졌다.

그림 1-17 갈라진 지표

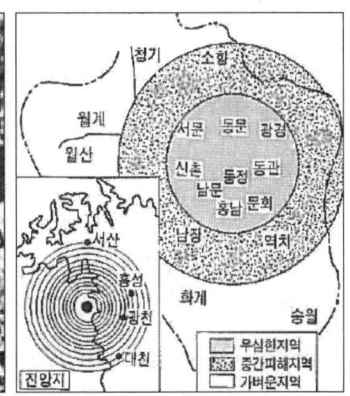

그림 1-18 홍성읍 지진피해 지역

2) 피해 상황

대형 트럭이 콘크리트벽을 들이받을 때 내는 쾅! 하는 소리와 비슷한 폭음과 함께 내습한 지진으로 상점 점원 2명이 떨어지는 병에 맞아 부상을 당했으며, 여공 4명이 지진으로 갈라진 방 틈에서 새어 나온 연탄가스에 중독되기도 하였다. 홍성읍 오관리 6구 한전출장소 앞 포장도로(8m 폭) 약 20m가 너비 1cm 가량 균열되었고, 홍성경찰서의 높이 10m의 굴뚝이 완전히 무너졌으며 서장실 등 2층 건물 10여 곳도 1~3cm 너비로 금이 갔다. 지진은 홍성읍 서쪽과 동쪽 일대인 오관리 1, 2, 3, 4, 7구 지역에 심한 피해를 주었으며, 홍성 바로 이웃인 서산, 당진, 보령 지역에서는 유리창이 흔들릴 정도의 약진이 있었다.

3) 복구 상황

정부에서는 피해가 발생한 직후 10월 7일 오후 7시 각종 매스컴을 통하여 가옥을 점검하고 가스누출 여부를 확인토록 계도하고 재해대책본부를 설치, 기능별로 반을 편성하여 피해조사와 긴급복구에 임하도록 조치하였으며, 홍성초등학교와 홍성중학교의 6개 교실에 대하여는 학생 출입을 통제하였다. 10월 8일 홍성읍 민방위 3개대 135명은 파손 가옥과 지방문화재(1972.10.14. 지정)인 홍주 성곽 위험 부위를 수리하였다. 곧이어 경찰서 등 15개 주요 기관에 대한 안전진단을 실시하였고, 가옥 반파 피해를 입은 박○○씨에게 백미 3말을 전달하고 위로하였다. 10월 9일에는 홍성읍 민간안전대책위원회(회장 전○○ 외 20명)를 구성, 민방위대원 150명이 홍주성 주변 잡목 제거 및 상부 비닐 덮개 씌우기, 상수도 · 배수로 · 축대보수, 성곽 주변 위험가옥 거주자 20세대 104명을 대피시켰다. 또한 성곽 주변 도로를 차단하고 위험표지판 등을 설치하여 피해확산 방지에 주력하였다. 중앙재해대책본부에서는 10월 10일부터 중앙합동조사반을 편성 · 조사하여 부상 2명, 재산피해 301백만원을 확정하였다.

공공시설은 해당부서 자체예산으로 복구하고, 민간시설인 전파 · 반파 주택은 정부의 지원기준에 따라 총 복구비 657백만원을 지원하였다. 복구비 지원내용을 보면 학교시설 149동에 188백만원, 경찰서, 전화국 등 공공시설 6건에 10백만원, 성곽 주변의 붕괴 위험가옥 이주 및 보수에 273백만원, 일반건물 1,849건에 85백만원, 기타 101백만원 등이었다.

4.3 1984년 대홍수

1) 기상개황

1984년 8월 14~15일은 전국에 비가 왔으며, 특히 충청지방은 많은 강수량을 보였다. 8월 16~19일은 강수가 없었으며 20~21일은 제10호 태풍 '홀리(HOLLY)'의 영향권에 들었다. 8월 23~25일은 전국에 비가 내렸으며, 특히 24일 중서부 및 영동지방은 호우가 있었다. 8월 26~30은 뇌전(雷電)을 동반한 강수가 전국적으로 있었으며, 특히 26일은 남부지방에, 28~29일은 서울·경기 지방에 호우가 있었다. 8월 31일은 전국에 강수가 있었고 충청·호남·경기 지방은 집중호우현상을 보였다. 많은 비를 내렸던 9월 1~4일에는 북태평양 고기압은 일

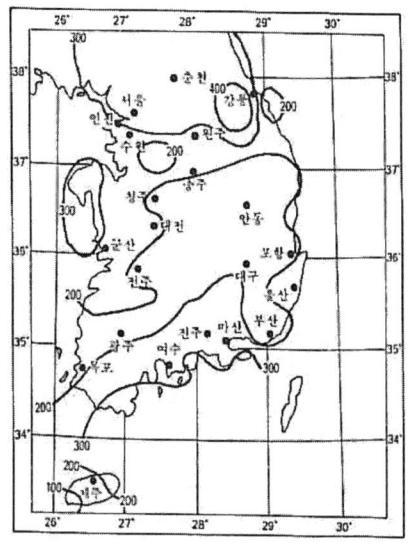

그림 1-19 1984년 8월 강우량 분포도

본 남쪽 해상에, 대륙성 고기압은 몽고 방면에, 열대성 저기압은 중국 화남지방에 자리잡고 있어, 두 기단 사이에 있는 우리나라는 연일 많은 비가 내렸다.

또한, 남동해안으로 상륙한 제12호 태풍 '준(JUNE)'과 양자강 하류에서 발생한 1,002hPa의 저기압으로 9월 1일 오전에는 넓은 강우대가 형성되어 전국적으로 많은 비가 내렸다.

2) 강우량 분석

강우 상태를 보면, 8월 24일은 경인지방과 충청 및 영동지방에, 8월 26일은 남해안과 남부지방에, 8월 28~29일은 서울, 경기, 강원지방에, 31일에는 호남 북부에 많은 비가 내렸고 곳곳에서 집중호우로 인한 피해가 컸다. 8월의 전국 강수량은 70~540mm의 분포를 나타낸 가운데 서울을 비롯한 중북부지방, 충청 해안지방, 남해안지방은 300mm 이상의 강우량을 보였다. 9월 1일은 서울을 비롯한 경기, 강원, 충청지방에 100~300mm, 9월 2일은 영서, 영동 및 경북지방과 충청 남부 및 호남 북부 지방에

표 1-19 주요 지점 강우량 (단위: mm)

구분	9월1일	9월2일	9월3일	계	구분	9월1일	9월2일	9월3일	계
속초	303.3	314.2	14.3	631.8	안동	4.4	120.6	70	195
대관령	186	187.5	41.2	414.7	포항	-	11	99	110
춘천	260	103.3	1.6	364.9	군산	11	107.2	8.2	126.4
강릉	194.6	204.5	28.5	427.6	대구	1.1	58.6	100.2	159.9
서울	268.2	36	-	304.2	전주	5.2	167.3	48.1	220.6
인천	268.4	18	-	286.4	울진	-	13.6	233.2	246.8
울릉도	2.2	69.8	51.9	123.9	광주	4.8	73.1	67.5	145.4
수원	190.5	87	1.5	279	부산	7.8	8.4	246.5	262.7
서산	179.1	51.2	1.5	231.8	충무	1.1	-	66.2	67.3
울진	1.5	83.4	59.3	144.2	목포	-	33.9	60	93.9
청주	33.7	101.8	13.8	149.3	여수	2.4	8.4	41.4	52.2
대전	21.8	111.6	23.2	156.6	완도	-	30.4	77.6	108
추풍령	6.7	111.2	80.6	198.5	전주	3.5	25.5	93.8	122.8

100~300mm, 9월 3일은 영남, 호남, 남부 내륙 일부 지방에 100~250mm 내외의 비가 내렸다.

한편 기상관측 통계에 의하면, 서울은 9월 1일에 268.2mm로, 하루 최다강우량으로는 1972년 8월 19일 273.2mm에 이어 12년 만의 기록이며 9월의 강우로는 1907년 관측소 창설 이래 최고기록이었다. 또한 인천지방은 9월 1일에 268.4mm로 1904년 관측 개시 이래 하루 최다강우량을 기록하였다. 그리고 속초지방은 9월 1일과 9월 2일에 각각 303.3mm와 314.2mm로 1968년 관측 이래 가장 많은 일강우량을, 부산지방은 9월 3일에 246.5mm로 1912년 7월 17일 250.9mm의 강우 이후 일 최대강우량을 기록하였다. 그 밖에 춘천, 이천, 인제, 홍천, 금산, 의성 등지의 하루 강우량도 역시 각 측후소 개설 이래 최대량이었다.

3) 피해 상황

1984년에는 10회의 집중호우가 발생하였으며, 전국적으로 피해 입은 것은 7월 3~13일까지와 8월 31일~9월 3일까지 두 차례였다. 이중 대표적인 대홍수는 9월 홍수이며 서

표 1-20 피해 상황

(단위 : 백원)

시 설 명	구 분	수 량
인 명 피 해	계	339명
	사 망	166명
	실 종	27명
	부 상	150명
이 재 민		355,216명
재 산 피 해	건 물 계	55,072동(8,334)
	전 파	1,265동
	반 파	1,638동
	침 수	52,169동
	선 박	320척(524)
	농경지유실·매몰	4,701ha(11,578)
	농 경 지 침 수	93,147ha
	농 작 물	87,792ha(30)
	도 로	1,127개소 199,009m(15,069)
	하 천	1,822개소 365,674m(24,690)
	상·하 수 도	308개소(4,252)
	항 만	2개소(3)
	학 교	201개소(1,117)
	철 도	30개소 146m(18,937)
	사 방	163개소 96.2ha(1,640)
	통 신	59개소(156)
	수 리 시 설	1,785개소(18,937)
	소 규 모 시 설	3,400개소(13,384)
	기 타	(45,656)
총 재 산	피 해 액	164,307백만원

주: 금액은 당시가격 기준임

울을 비롯하여 한강수계에 가장 큰 피해가 발생하였다. 8월 31일부터 한강수계에서 내리기 시작한 비는 점차 강우전선이 남하하여 전국적으로 확산되었다.

한편 낙동강수계에서는 9월 초순 강우전선이 남하하면서 전 지역에 비를 뿌렸기 때문에 낙동강 유하량은 점진적으로 하류로 가면서 증가하였고, 하도 정비가 이루어진 상류부에서 중류부까지는 수위상승 속도도 빨라 홍수피해를 가중시켰다. 최종 집계된 피해내용을 보면 인명피해 189명(사망 164, 실종 25), 침수면적 93,147ha 건물파손 57,072동, 선박파손 320척, 농경지 유실·매몰 4,701ha, 그 외에 도로 1,127개소, 교량 118개소, 하천 1,822개소, 상하수도 300개소, 항만 2개소, 기타 학교, 철도, 방조제, 조립, 사방, 통신 등 공공시설에도 막대한 피해를 입어 총 피해액은 164,307백만원이었다.

4) 복구 상황

정부는 수재민 구호와 피해복구를 위해 예비비를 우선 지원하는 등 필요한 예산 조치를 하였다. 한편 출하 부진에 따른 물가 불안을 막기 위해 양곡, 쇠고기, 돼지고기 등 정부 비축 생필품 방출을 크게 늘리고 신속한 재해복구 지원을 위해 100억원의 재해대책비 및 200억원의 일반예비비를 우선 지원하였다. 또한 재해대책본부의 피해 상황 집계를 분석하여 추가경정예산 편성, 지방자치단체 기채 등 다각적 대책을 마련하였다.

그림 1-20 강동구 풍납동 일대 침수

그림 1-21 강동구 풍납동 일대 주민대피

표 1-21 지원내역

구분	복구소요		중앙지원					금융지원	지방비	자력복구
	물량	복구비	소계	기정예산	예비비	추경	의연금			
위로금	사망 166명	148,900	148,900	11,620			137,280			
	실종 23명									
이재민구호	73,422명	3,601,206	3,601,206		2,520,841		1,080,365			
생활보조	1세대	33,500	33,500	16,750			16,750			
주택	2,848동	10,011,300	1,401,582		600,678		800,904	6,617,580	600,678	1,391,460
수리시설	1,049개소	19,222,321	9,744,904	301,102		9,443,802			4,738,702	4,738,715
농경지	367.9ha	6,436,213	4,485,222			4,485,222			24,390	1,926,601
농작물	102,756.7ha	6,710,929	4,938,899		2,280,812	2,658,087				1,772,030
도로	726개소	18,443,542	10,594,446			10,594,446			7,849,096	
하천	1,092개소	33,379,258	22,020,825	1,135,134		20,885,691			10,854,433	504,000
도시개발	252개소	5,139,888	139,040	139,040					5,000,848	
공원시설	37개소	655,560	241,930	241,930					413,630	
소규모시설	1,043개소	8,503,430	3,394,316			3,394,316			3,408,428	1,700,686
학교	82개교	737,783	241,268		241,268				496,515	
사방	임도 36.36ha	2,295,254	1,153,739	877,237	276,502				1,047,083	94,432
	조림 4ha							24,356		
어선	12척	40,592	8,118	8,118						8,118
군시설		3,406,320	3,374,200	3,374,200					32,120	
기타		35,432,134	8,120,590	537,035	2,109,171		5,474,384	12,668,219	8,442,572	6,200,753
합계		154,198,130	73,642,685	6,642,166	8,029,272	51,461,564	7,509,683	19,310,155	42,908,495	18,336,795

주: 금액은 당시가격 기준임

민정당 중앙집행위원회에서는 재해대책 예비비가 부족한 점을 감안하여 3,500억원의 세계(歲計)잉여금 가운데 일부를 복구사업에 돌려쓰는 문제를 정부와 협의하였다. 경제기획원은 정부 비축물량을 늘려 공급하는 한편, 물가대책회의에서 고추, 무 등 특용작물을 비롯한 품목별 수급 동향을 점검하는 등 대책을 세웠다.

농수산부는 호우로 농산물값이 크게 오를 것에 대비하여 농협보유 재래미를 수해지역에 무제한 방출하고 정부 비축 쇠고기, 돼지고기 방출량을 종전의 배로 늘려 서울의 경우 쇠고기는 하루 수입 쇠고기 900마리를 포함 1,400마리, 돼지고기는 2,400마리를 방출하였다. 그리고 농협을 통하여 출하 조정자금을 융자 지원하고, 농가가 보유하고 있는 무, 배추, 마늘, 양파 등을 앞당겨 출하토록 조치하였다.

중앙재해대책본부에서는 합동조사반을 파견 피해상황 확인 및 복구계획을 수립, 총 1,542억원의 복구비를 확정하였고, 국고 661억원, 의연금 75억원, 지방비 429억원, 융자 193억원과 자부담 183억원을 지원하여 수리시설 1,049개소, 주택 2,848, 도로·교량 726개소, 하천 1,092개소 등을 복구토록 조치하였다.

5) 북한적십자 지원

① 실무접촉의 성립

북한적십자회는 1984년 9월 8일, 대한적십자사로 방송통지문을 통해 수재민에게 쌀 5만석, 천 50만미터, 시멘트 10만톤, 기타 의약품을 지원하겠다고 밝혔다. 대한적십자사는 폭우로 인적·물적 재해가 발생하였으나 우리 국민의 단합된 힘으로 구

그림 1-22 '84.9.18. 남북적십자 실무접촉

호와 복구작업이 마무리되었으며, 이에 따라 적십자사연맹(LRCS)의 원조 제의마저 거부하였지만, 남북한 관계 개선의 돌파구를 마련하겠다는 일념에서 북한적십자의 제의를 수락하였다.

② 실무접촉

1984년 9월 18일 오전 10시, 남북적십자 실무접촉이 쌍방 각기 5명의 대표 전원이 참가한 가운데 판문점 중립국감독위원회 회의실에서 열렸다. 이날 회의에서 인도·인수 장소와 관련하여, 남측은 해상만을 이용하자던 입장에서 자동차수송을 위해 이미 물자를 개성에 집결시켜 놓았다는 북측 사정을 받아들임으로써 해상과 육로를 통해 수송하기로 합의를 보았다. 해상수송의 경우에 남측은 북측이 주장한 속초 대신 항만능력이 더 좋은 북평항을 이용하자는 절충안을 제시했고 북측이 이를 수락, 인천항과 북평항을 이용하기로 결정을 보았다. 그러나 육상수송의 경우에는 남측은 판문점을 주장한 데 반해 북측은 서울을 주장하여 의견 접근을 보지 못했으며, 북측은 차기 접촉을 9일 21일에 개최하자

는 말만 남기고 일방적으로 퇴장함으로써 1977년 제25차 남북적십자 실무회의 이래 7년 만에 열린 접촉이 아무런 성과 없이 끝나고 말았다.

북측은 실무접촉에서 일방적인 퇴장으로 내외여론이 불리하게 전개되자 9월 19일, 남측이 요구한 인천, 북평, 판문점으로 싣고 오겠다고 하여, 남북적십자 간에 수재 물자 인도·인수의 길이 열리게 되었다.

③ 대한적십자사의 인수 태세

9월 27일, 북한적십자회 대표단장 한웅식이 대한적십자사 이영덕 수석대표 앞으로 물자수송 세부 계획을 알려 왔다. 세부 계획은 장소별 수송책임자와 일정을 정하고 있었다. 남측도 북측의 세부 계획에 따라 인수계획을 세웠다.

한편, 대한적십자회는 수재 물자 인도·인수가 끝나고 북한적십자회 수송 인원들이 돌아갈 때, 그들의 노고에 답하는 뜻에서 선물을 준비하는 것도 잊지 않았다. 대한적십자사가 마련한 선물은 밍크 담요와 손목시계, 카세트, 라디오, 양복지, 화장품 등 18개 종목의 선물 세트 1,500개였다.

표 1-22 물자 수송 및 인수 책임자

장소별	북한 적십자사	남한 적십자사
판문점	백남준(북한 적십자사 중앙위 상무위원)	조철화(대한적십자사 사무총장)
인천항	한웅식(북한 적십자사 중앙위 부위원장, 실무접촉 북적 대표단장)	이영덕(대한적십자사 부총재)
북평항	최원석(북한 적십자사 중앙위 상무위원, 실무접촉 대북 대표)	최은범(대한적십자사 구호봉사부장)

표 1-23 분계선 내에서의 북측 선박 및 자동차 안내개시 시간

판문점	9월 29일 상오 9시쯤, 30일 상오 8시쯤
서해(인천항)	9월 29일 및 30일 상오 7시쯤
동해(북평항)	9월 30일 상오 7시쯤

④ 수재 물자의 인도·인수

수재 물자 인도·인수작업은 계획대로 진행되었다. 육상수송의 경우, 9월 29~30일에 판문점으로 실어 온 수재 물자를 인수하고 하역작업을 완전히 끝냈다. 다만, 해상수송의

대한적십자사 총재 귀하

우리 측은 이미 통지한 바대로 9월 29일에 구호물자 전량을 귀측에 인도하기 위하여 서해에서 예정대로 9월 28일 장산호를 비롯한 5척의 선박을 먼저 출항시켰습니다. 그런데 인천항을 향해서 가던 이 배들 가운데 대동강호가 뜻밖에도 심야의 불순한 해상조건으로 말미암아 선로를 오인하여 창암도 부근에서 좌초함으로써 계획된 항해를 할 수 없게 되었습니다. 현재 선박은 긴급 구조 중에 있으며 선적된 구호물자는 다른 배에 옮겨 싣기 위한 조치가 취해지고 있습니다.

나는 이와 같은 사정으로 인하여 우리 측이 인도하기로 되어 있는 구호물자 중 시멘트의 일부 수량이 인천항에 예정보다 조금 늦게 도착하게 될 것임을 귀측에 통지하는 바입니다.

보충적으로 가게 되는 우리 선박의 인천항 도착시일에 대해서는 곧 알릴 것입니다.

1984년 9월 29일
북한적십자회 중앙위원회 위원장 손 성 필

북한적십자회 중앙위원회 위원장 귀하

나는 우리측에 물자를 싣고 오던 대동강호가 해상조건으로 인하여 좌초당한 사고에 대해 매우 유감스럽게 생각하며 구조작업이 신속히 이루어져 인명 피해가 없기를 바라마지 않습니다.

우리로서는 대동강호에 적재한 시멘트를 받은 것이나 다름없이 고맙게 생각할 것이므로 귀측의 10척 수송계획에 구애받지 마시고 보충적 추가 수송 문제는 고려하지 마시기 바랍니다.

다시 한번 대동강호의 조난에 유감의 뜻을 표하면서 구조작업이 성과 있기를 기원합니다.

1984년 9월 29일
대한적십자사 총재 유 창 순

경우 시멘트를 싣고 서해로 들어오던 선박 5척 중 1척(대동강호, 13,500톤급)이 북한해역에서 좌초로 회항하였다. 북한적십자회는 9월 29일 전화 통지문을 통하여 알려 왔는데, 대한적십자사도 당일 전화 통지문을 북한적십자회 위원장 앞으로 보내 위로와 격려를 했다.

인천항으로 입항하기로 되어 있는 5척 중 4척이 서해의 영해와 군사분계선에 도착한 것은 9월 29일 상오 9시 42분쯤이었다. 소형선박 2척은 9월 30일 새벽 1시에, 중형선박 2척은 새벽 3시에 각각 입항하여 제4 부두에 접안하였고, 9월 30일에 하역작업을 모두 마쳤다. 대한적십자사는 좌초한 대동강호의 시멘트는 제외하여도 좋다고 했음에도 북한적십자회는 다른 2척의 선박에 옮겨 실어 10월 1일 상오 9시에 출항하여 인천항에 10월 2일 새벽 1시에 입항하였다.

북평항으로 입항하기로 되어 있는 4척의 선박이 북평항 앞바다에 도착한 것은 9월 30일 상오 3시 30분이었다. 남측 최은범 대표는 이날 7시 30분 북평항 부두에서 북한적십자회 대표 최인석을 맞아 하역 문제를 협의, 이날 밤 11시부터 하역작업을 개시하여 10월 4일에 하역작업을 모두 끝마쳤다.

4.4 1990년 대홍수

1) 기상 개황

1904~1980년까지 연 강우 최대기록은 1940년의 2,415.9mm이며, 월 강우 최대기록은 1940년 경기도 광주지방의 연평균 강우량을 상회하는 1,397.6mm이다. 1990년 9월, 전국 평균 강우량은 308mm로서 그간 6~9월의 전국 강우량을 훨씬 상회하는 기록이며, 1925(을축)년 다음으로 인명과 재산피해가 발생한 대홍수로서 기상관측 이래 단일 규모 피해로는 재해 기록상 가장 큰 피해였다.

2) 강우량 분석

9월 9~12일, 한강에 내린 평균 강우량은 200년 빈도를 상회하는 370mm로서, 초기(9월 9일 오전 3시~10일 오전 11시)에 내린 강우는 토양을 포화시킨 후, 중기~말기(9월 10일 오전 11시~12일 오후 2시)에 내린 강우는 100%가 유출되었다. 또한 소양강과 충주댐 유역을 벗어난 한강본류 유역에 평균 438.6mm의 강우는 한강 인도교지점 수위를 기준으로 보면 1925(을축)년 대홍수에 버금가는 수위를 기록하였다.

9월 9일, 남한강 중상류지역에 10~70mm의 강우를 시작으로, 9월 10일에는 호우의 중심이 남한강 하류의 경안천과 복하천 및 남한강 상류 평창강 유역으로 이동하면서 이들 지역에 300~350mm의 폭우가 쏟아져 한강 유역 대부분 지역에 200mm 이상의 강우가 내렸다.

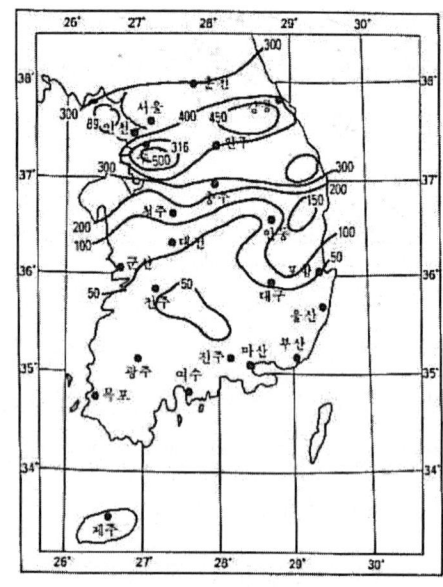

그림 1-23 강우량 분포도

9월 11일, 호우 중심이 북동쪽으로 이동하면서 한강유역 전반에 걸쳐 100~250mm의 강우를 기록하였다. 9월 9~12일 동안의 총 강우량은, 남한강 하류의 경안천 유역 및 남한강 상류의 평창동 유역은 500mm 이상, 나머지 한강유역 전반에 걸쳐 300mm 이상의 강우를 기록하였다.

9월 9~12일, 경기도 이천지역이 581.2mm로서 전국에서 가장 많은 강우량을 보였으며, 수원 529.6mm, 강화 513.5mm, 강원도 홍천 508.9mm, 대관령 503.6mm를 기록하였다. 그 밖의 중부지방에서도 양평지방의 491.7mm를 비롯하여 태백 488.8mm, 서울 486.2mm, 원주 444.2mm, 강화 441.3mm 등의 많은 비가 내렸다. 또한 일별 강우량은 10일 수원 276.3mm, 평창 216.4mm, 철원 149.7mm, 11일은 태백 338.5mm, 대관령 330.8mm, 홍천 276.0mm, 이천 273.6mm, 원주 250.5mm, 삼척 232.0mm, 충주 212.0mm로서 위 지역의 강우량은 관측개시 이래 일 최대강우량으로 기록되는 값이었다.

한편 1시간 최다강우량도 10일의 경기도 이천 59.0mm, 수원 55.0mm를 비롯하여 홍천 45.0mm, 평창 44.0mm와 11일의 충주 49.0mm, 제천 38.5mm 등은 관측개시 이래 최대기록이었다.

① 과거 주요 호우 비교

한강수계의 대표적 호우는 1925년 7월, 1972년 8월, 1984년 9월에 발생하였다. 상기 호우와 1990년 9월 호우와의 주요 우량 관측지점별 2일 연속강우량을 비교하면, 남한강 유역 내에 위치한 우량관측소의 경우 1990년 호우가 최대의 강우를 기록하였다. 한강 본류에 위치한 서울관측소의 경우 1972년 호우 다음의 큰 값을 보였다.

1990년 남한강 유역 내 면적강우량은 343.1mm/2일로서, 1972년 304.3mm/2일보다 약 40mm, 그리고 1925년과 1984년보다 무려 100mm의 비가 더 내려, 1990년은 기존 최대량의 강우가 남한강 유역에 내렸다. 한편 북한강 유역 및 남·북 한강 합류 하류인 한강 본류 유역의 1990년 면적우량은 359.4mm/2일, 370.7mm/2일로서 각각 1984년 호우 및 1972년 호우 다음의 큰 값을 기록했다.

한강 전유역의 면적강우량을 살펴보면 1990년 351.1mm/2일, 1972년 324.1mm/2일, 1984년 309.3mm/2일, 1925년 292.8mm/2일의 순으로 1990년 9월 호우가 기존 최대값으로 나타났다.

② 수위 변화

한강 인도교 지점의 수위는 9월 9일 0시에 2.42m에서 9월 10일 12시에 2.89m로 상승폭이 완만하였으나 9월 10일 22시부터 1시간 동안 80cm의 수위가 증가하여 4.17m를 기록하였고, 23시부터 1시간 동안에는 무려 1.02m가 증가하여 5.19m를 기록하였다.

표 1-24 주요우량 관측지점별 2일 최대연속 강우량   (단위 : mm)

구분	1925년 홍수			1972년 홍수			1984년 홍수			1990년 홍수			비고
지점	7-16	7-17	2일연속	8-18	8-19	2일연속	9-1	9-2	2일연속	9-10	9-11	2일연속	
서울	86.0	220.7	306.7	179.2	273.2	452.4	268.2	36.0	304.2	268.6	110.0	378.6	
화천	164.5	210.0	374.5	212.1	89.2	301.3	266.0	127.0	393.0	204.0	89.0	293.0	
춘천	223.0	194.0	417.0	174.2	123.6	297.8	245.0	100.0	345.0	248.0	117.0	365.0	
홍천	215.5	136.6	352.1	179.0	185.0	364.0	185.0	235.0	420.0	292.6	154.0	446.6	
정선	171.0	77.0	248.0	93.9	230.7	324.6	106.0	113.0	219.0	166.0	193.9	359.9	
영월	118.2	51.1	169.3	87.1	251.9	339.0	94.0	81.0	175.0	180.0	109.0	289.0	
횡성	87.3	84.1	171.4	83.5	249.2	332.7	165.0	164.0	329.0	257.0	121.8	378.8	
여천	145.0	130.0	275.0	35.0	303.1	338.1	118.0	142.0	260.0	342.0	68.0	410.0	
양평	124.0	180.0	304.0	147.5	224.5	372.0	190.0	159.0	349.0	322.3	125.0	447.3	

표 1-25 한강 인도교 위험수위 기록

최고수위 순서	일시	한강인도교 수위(m)
①	1925. 7. 18	12.26
②	1990. 9. 11	11.27
③	1972. 8. 19	11.24
④	1984. 9. 2	11.03
⑤	1965. 7. 16	10.80
⑥	1966. 7. 24	10.78
⑦	1936. 8. 12	10.56

표 1-26 피해 상황(1990년)

시설명	구분	수량
인명피해	계	163명
	사망·실종	사망 126, 실종 37
이재민		187,265명
재산피해	건물계	47,000동(7,815백만원)
	전파	1,125
	반파	1,883
	침수	43,992
	선박	528척(902백만원)
	농경지 유실·매몰	7,795ha(39,994)
	농경지침수	56,589ha
	농작물	47,087ha(97,425)
	도로	739개소 177,164m(31,605)
	하천	1,505개소 523,609m(55,827)
	학교	147개소(1,994)
	사방	241개소 153ha(2,362)
	수리시설	1,869개소(30,818)
	소규모시설	7,204개소(86,637)
	기타	(164,933백만원)
총재산	피해액	520,312백만원

그림 1-24 경기도 고양군 침수된 가옥 (1)

그림 1-25 경기도 고양군 침수된 가옥 (2)

표 1-27 한강수계 대규모 재해 비교

구분		1925년 을축 대홍수 (7~8월, 4회)	1972년 8월 중부 호우 (8.18~20)	1980년 7월 중부 호우 (7.21~23)	1987년 7월 중부 대홍수 (7.21~23)	1990년 9월 한강 대홍수 (9. 9~12)
피해 종별		호우	호우	호우	태풍·호우	호우·폭풍
강우량 (m)	시우량 최대		서울 56.8	보은 90	문막 40	이천 59.0
	1일 최대	봉천 370	용인 457.3	보은 302.6	부여 517.6	태백 338.5
	주요지점 누계 강우량	화천 374.5	서울 452.4	서울 118.8	이천 494	수원 509.6
		서울 306.7	용인 525.9	청주 273.6	여주 415	이천 484.9
		홍천 352	홍천 364	보은 395.2	부여 605.2	홍천 448.6
		춘천 417	수원 461.8	대관령 201.6	보은 386.7	태백 436.0
한강 인도교 최고수위(m)		12.26 ('25. 7. 18)	11.24 ('72. 8. 19)	9.62 ('80. 7. 23)	6.26 ('87.7.21~23)	11.27 ('90. 9. 11)
피해규모	사망·실종 명	647	550	290	167	163
	이재민 명	-	586696	36,734	50,472	187,265
	침수면적 ha	59,098	90528	42,133	91,330	56,589
	건물피해 동	70,225	54126	13,078	16,819	4,700
	농경지 ha	103,373反	13304	10,885	10,891	7,796
	도로·교량 개소	-	2789	692	931	817
	하천 개소	-	4195	870	1,396	1,505
	수리시설 개소	-	1118	1,136	2,224	1,869
	소규모 시설 개소	-	-	3,712	7,892	7,204
총피해액		103백만원	26,478백만원 (176,415)	125,498백만원 (193,179)	329,499백만원 (399,253)	520,312백만원 (580,668)

주 : 총피해액 상단은 당해연도 기준가격임. 하단은 1994년도 기준환산 가격임.

11일 오전 5~6시 사이에는 경계수위인 8.5m를 돌파하였고, 12시에 10.52m로 위험수위(10.50m)[14]를 넘어섰다. 오후 6시에는 11.27m를 기록한 후 하강하여 12일 오전 7시에 위험수위 이하로, 13일 오전 2시에는 경계수위 이하로 떨어졌다.

3) 피해 상황

한강 전역에 1984년의 305mm를 크게 상회하는 평균 452m의 강우는 기상관측 이래 최대치이다. 댐에 의한 홍수조절이 불가능한 한강 중류 지역에 500mm의 집중호우로 한강 인도교는 최고수위인 11.27m에 이르렀을 뿐만 아니라 한강 하류 연안 저지대의 내수배제 시설이 불충분하여 침수피해가 가중되었다. 이러한 피해를 내용별로 보면 163명(사망 126, 실종 37)의 인명피해와 187,265명의 이재민이 발생하였으며, 주택피해 47,000동, 도로·교량 739개소, 하천 1,505개소, 수리시설 1,869개소, 소규모시설 7,204개소, 사방시설 241개소 등 총 520,312백만원(당시 가격기준)의 물적 피해를 입었다.

  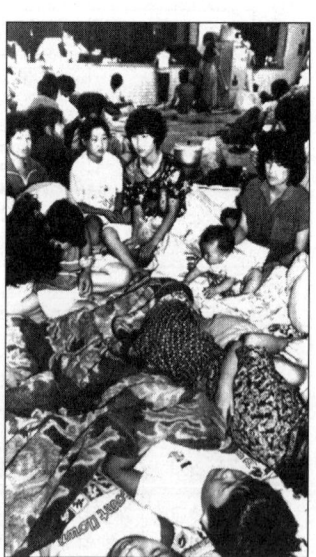

그림 1-26 동부간선도로변 시내버스   그림 1-27 고립된 주민구조   그림 1-28 대림역 주변 이재민

---

14) 인도교 수위가 위험수위를 넘긴 것은 1925, 36, 65, 66, 72, 84년에 이어 7번째로 위험수위를 넘긴다는 것은 저지대 침수지역의 주민들이 안전지대로 긴급대피해야 한다는 것을 의미한다.

4) 일산 제방 붕괴

1990년 9월 9일부터 나흘간 중부지방에 평균 452mm의 집중호우와 한강수계 댐들의 방류량 증가로 한강 하류의 수위는 급상승하여 둑에서 불과 50cm~1m까지 육박하여 범람의 위기에 처했고, 결국 9월 12일 새벽 3시 50분경 일산 제방을 붕괴시켜 고양군 6개 읍면을 흙탕물 바다로 변하는 대규모 피해를 입었다.

이로 인하여 고양군은 농경지 5천 정보가 침수되고 2,621동의 주택 피해를 입는 등 총 26,158백만원의 재산피해를 입었으며, 51,698명의 이재민이 발생했다. 제방이 붕괴되자 즉각적인 민·관·군의 총력체제로 긴급구호와 응급복구를 실시하여 원상회복에 최선을 다하였다. 특히 인명피해는 사망 1명으로 당시의 위급한 상황 속에서도 신속한 구조활동이 전개되었음을 알 수 있다. 12일 아침 헬기에서 내려다본 행주대교 남쪽은 드문드문 인가의 지붕만이 섬처럼 떠 있는 망망대해와 같았다.

일산 제방은 일제강점기인 1925년 한강의 하상에서 흙을 퍼 올려 강을 따라 축조한 것으로 홍수 때마다 위험 요소가 도사리고 있었다. 1984년 홍수 이후 건설부는 제방 바깥쪽에 홍수위 부분까지 석축을 쌓고 그 위에 폭 6m 높이 1.5m의 흙둑을 올려 쌓는 등 부분보수를 하였으며, 필요시 임시보강작업을 해왔다.

① 제방 붕괴 과정

9월 11일 자정까지 중부지방에 최고 500mm 이상의 집중호우로 일산 제방이 범람 위기에 이르자 고양군 공무원 및 군부대 장병들이 9월 11일 밤늦게까지 횃불을 들고 제방 상단에 모래 마대를 쌓는 등 긴급작업을 했다. 군 순찰조는 9월 11일 밤 12시부터 행

그림 1-29 일산 제방 붕괴 (1)

그림 1-30 일산 제방 붕괴 (2)

주대교에서 한강 수중보까지 제방 2.2km 구간을 정밀순찰하다가, 12일 새벽 2시 반경 행주대교 아래쪽 600m 지점에서 최초의 균열을 발견한 뒤 이곳에서 300m 떨어진 지점까지 비슷한 크기의 구멍 12개가 더 발견되었다.

순찰조는 위기 상황을 즉시 상부에 보고, 긴급지원을 요청했으며 공무원들은 현장에 긴급 출동함과 동시에 마을별로 주민대피를 유도했다. 그러나 지원인력과 물자가 도달하기도 전에 이 구멍들은 직경 1m 크기로 넓어진 뒤 9월 12일 새벽 3시 반경 제방 하단부터 무너지기 시작하여 황토물이 농경지 쪽으로 쏟아져 들면서 불가항력적 상황으로 돌변, 속수무책이 되고 말았다. 처음에는 유실된 제방이 30m 정도였으나, 9월 12일 오전 11시경에는 190m로 커졌고 시간이 흐름에 따라 300m에 이르게 되면서 고양군 일대는 물바다가 되었다.

② 제방 붕괴 원인

◇ 전례 없는 집중폭우

9월 9일부터 사흘 동안 집중호우로, 경기도에 최고 600mm 이상의 강우량이 쏟아졌고 평균적으로는 452mm의 강우량이 쏟아져 1925년 을축 대홍수 이래 65년 만에 최대의 강우량을 기록했다. 특히 500~600mm의 강우권역이 한강유역에 집중되었다. 이러한 예상 외의 가을 호우로 한강수위를 급격히 상승시켜 하류지역에 범람 또는 제방붕괴의 위험상황을 발생시켰다.

◇ 제방의 노후화 및 보조 미흡

그동안 정부의 하천관리는 제방이 없는 곳에 제방을 쌓는 사업에 역점을 두어 왔으며, 기존 제방의 보수는 우선순위에서 뒤로 밀려 있었다. 일산 제방은 일제강점기인 1925년에 축조되어 노후화로 홍수 때마다 필요 부분만 보수를 해 왔다. 이 제방은 모래로 만들어져 있는 데다 수위가 설계 예측보다 훨씬 높아 수압이 컸고 제방이 노후화되어 이를 감당치 못한 것이다.

③ 제방 응급복구

제방의 응급복구는 민·관·군이 함께 나섰다. 육군은 각종 공사장비와 병력을 제공하고, 현대건설은 제방축조를 위한 토목기술과 물막이용 컨테이너 125개를 제공하여 12일 밤부터 본격적인 제방축조 공사에 돌입했다. 유실된 제방은 높이 5m에 아래 20m,

그림 1-31 일산제방 응급복구

위 8m인 사다리꼴로 길이가 334m였다. 9월 13일 오전, 한강수위가 낮아지면서 침수물이 한강 본류로 흘러나가자 육군은 덤프트럭으로 난지도 흙을 2만㎥ 가량 실어와 마대자루에 넣어 제방을 쌓으며 이와 동시에 CH47 치누크 헬기로는 돌을 수송하여 투하했다. 뿐만 아니라 공병단과 보병사단, 헬기부대 등 각종 중장비와 CH47 치누크 헬기 1대, UH1H헬기 9대, 연병력 2만 명을 투입하였다.

붕괴된 일산제방 334m의 응급복구작업에는 덤프트럭 1,039대, 중장비 175대, 헬기 86대, 일반차량 119대 등이 동원되었으며, 51백만톤의 흙이 소요되었다. 이러한 민·관·군의 총력복구의 결과 9월 18일에 응급복구가 완료되었다.

5) 복구 상황

이재민은 51,698명 중 51,349명은 귀가하고, 잔여 70세대 349명은 노인복지회관 등에 수용하였다. 추석 전 미귀가 1,674세대는 세대당 30만원의 위로금을 지급(502백만원)하고, 이재민 세대에 수제비, 내의, 백미 등을 지급(1,892백만원)하였으며, 이재민의 생계안정을 위하여 20일간 취로사업비로 80억원을 지원하였다. 또한, 민·관·군이 혼연일체가 되어 응급복구 및 구호조치를 하였다.

구체적인 사례로, 강원도 영월군은 민방위 인명구조대(40명)의 구조활동으로, 9월 11일 960여 명의 시장지역 주민을 긴급대피시켰으며, 건물 옥상에 고립된 중앙시장 주민 22명, 하송리 주민 40명 등 62명을 익일 오전 6시 30분까지 구조하여 단 한 명의 인명피해도 발생하지 않았다. 이재민 2,721세대 11,012명에게 생필품 6,933점 등을 지급하였다. 4개반 48명의 기동방역반을 편성 298회의 연막소독, 11,740회의 예방접종 등을 실시하였다. 또한 침수지역의 생활 복귀를 위하여 38천명의 인력을 동원하여 내수배제를 집중지원하고, 543대의 장비를 동원하여 국도 및 지방도로 29개소, 도복 벼세우기 147ha, 퇴적물 제거 12개소, 주택정비 2,131동 등 민·관·군이 하나가 되어 응급조치를 하였다.

충북 충주지역은 9월 11일 충주댐 방류량이 증가되자 23개 마을 침수예상 주민 600여명을 긴급대피시켰다. 총 이재민 2,476세대 1,043명을 대남국교 외 9개교에 분산수용 조치를 하였으며 백미 205가마 등 총 51,030점의 수해 의연품을 지급하였다. 공무원·군인 등 3만명의 인력과 크레인 40대 등 총 229대의 장비 및 52,700점의 마대를 이용하여 303건의 복구대상 시설물을 복구 완료하였다.

서울시 성내·풍납지구 등 한강변 주민들은 9월 9일부터 범람의 우려 속에 밤새 텔레비전, 라디오 등을 지켜보며 뜬눈으로 지새웠다. 13일 새벽 3시 20분경 성내·풍납동 일대 침수지역이 완전 퇴수되자 지하실 청소 등 군병력의 지원하에 복구작업을 개시하였다. 한편 18,917동의 가옥침수에 대하여 양수기 1,572대, 소방차 116대를 동원 물빼기를 하였으며, 건축사 및 시 공무원 1,497명으로 구성된 안전점검반을 편성, 18,706동의 주택을 정밀진단하였다. 이재민의 조기 생활안정을 위해 침수지역 125개소에 대해 양곡지급과 무연탄 교환 326천개 등을 실시하였다. 방역 및 의료는 2,412개 지역에 10,675명의 방역반을 편성 항공 65회, 연막 1,548회, 분무 3,891회를 실시하였고, 489개소의 진료 대상지역에 54개반 418명을 편성·운영하여 14,133명을 예방접종하였다. 시민, 공무원, 군인 등 82,197명과 차량 2,979대 등 장비 17,307대를 동원하여 9월 12~14일까지 수해지역 대청소, 9월 15~20일까지 쓰레기 수거 및 시설물 응급복구를 하였다.

중앙재해대책본부에서는 9월 17~23일까지 경기·강원·충북·경북지역에 8개 부처 137명의 중앙합동조사반이 현지조사를 실시하고 재해 확인 및 복구계획을 수립하여, 1990년 9월 29일 중앙재해대책본부 회의를 거쳐 총 복구비 605,660백만원을 지원하였다. 재원별로 보면 국고 408,846백만원, 의연금 23,487백만원, 지방비 31,766백만원, 융자 44,129백만원, 자부담 97,432백만원이었다.

4.5 1994년 가뭄

1) 가뭄 현황

1994년 전국 평균 강우량은 973mm로서 예년평균의 76.4% 수준이며, 전국적으로 예년에 비해 301mm의 강우량이 부족하였고, 호남은 410mm, 영남은 447mm가 부족하였다. 특히 연강우량의 2/3가 집중되는 홍수기(6~9월)의 강우량은 연평균의 55.6%(영남은 32%, 호남 50%)로서 94년 10월~12월까지는 예년 수준을 상회하였으나, 95년 1월~2월 중순까지는 약간 하회하는 수준의 강우가 있었고, 앞으로 예년 수준의 강우가 있더라도 전년도 여름철의 강우 부족으로 말미암아 금년 여름 우기까지는 저수지나 댐의 충분한 담수가 어려울 전망이다.

또한, 전국 농업용 저수지 평균 저수율은 56%로 예년 평균의 67% 수준이고 전국 17,894개소 중 1,626개소(9%)는 고갈되었고, 관개기 농업용수 공급에 지장이 있는 저수율 30% 미만 저수지는 5,537개소이다(영남 : 9,680개소 중 4,267개소, 호남 5,623개소 중 1,210개소).

2) 피해 상황

1994년 후반기부터 계속된 가뭄으로 인한 벼 피해는 108,418ha, 밭작물 피해는 약 50,000ha, 축산물 피해는 닭 514,000수·돼지 5,000두·기타 9,000두, 수산물 피해는 양식어업 98톤·내수면어업 61톤 등 159톤의 피해를 입었으며, 가뭄피해에 대한 개괄적인 피해 상황에 대해서 기술하면 다음과 같다.

① 논작물 피해 상황

가뭄피해는 주로 천수답, 간척지 및 소류지를 수원으로 하는 논에서 발생하였으며,

표 1-28 예년 대비 94년의 강우 현황 (단위 : mm, %)

구분	전국	경기	강원	충청	호남	영남	제주
예년평균(A)	1,274	1,242	1,331	1,197	1,266	1,226	1,548
'94년 강우량(B)	973	1,051	1,151	972	856	779	1,537
B-A	△301	△190	△180	△225	△410	△447	△11
B/A	76.4	84.6	86.5	81.3	67.6	63.6	99.3

표 1-29 논작물 피해 상황 (단위 : 천ha) (94년 7월 23일 현재)

구분	'94 재배면적	수리 불안 전논	가뭄 발생			
			계	단수	균열	고사
전국	1,115,000	290,000(120)	108,418	79,528	27,945	945
전남	191	56(23)	48,719	38,015	9,951	753
경남	130	33(28)	33,474	22,051	11,245	178
전북	164	43(13)	23,310	17,006	6,290	14
경북	157	31(14)	941	931	10	-
광주	10	1(1)	1,974	1,525	449	-

주) 1) ( )내는 산골짜기 다락논 등으로 급수가 어려운 면적
2) 고사 면적은 대부분 간척지 염해에 의함(681ha)
자료: 농림수산부, 가뭄대책 추진상황 및 2단계 대책, 1994. 7. 24

표 1-29와 같이 가뭄 면적은 108,418ha로 총 재배면적 1,115,000ha의 11.2% 수준이다. 이중 단수에 의해서 79,528ha, 균열에 의해 27,945ha, 그리고 염해 등 고사에 의해 945ha가 피해를 입은 것으로 나타났다.

지역별로 1,000ha 이상 가뭄이 발생한 지역은 35개 군으로 전남에 16개 군(고흥, 해남, 화순, 강진, 영광, 장흥, 보성, 함평, 신안, 영암, 곡성, 승주, 무안, 나주, 구례, 진도)에서 48,719ha, 경남에 14개 군(고성, 사천, 남해, 창원, 합천, 의령, 산청, 창녕, 함안, 진양, 거제, 함양, 김해, 하동)에서 33,474ha, 그리고 전북에 5개 군(남원, 순창, 정읍, 고창, 김제)에서 23,310ha의 벼 피해가 보고되었다.

② 밭작물 피해 상황

표 1-30 밭작물 피해 상황 (단위 : 천ha) (94년 7월 23일 현재)

구분	재배면적(A)	가뭄면적				대비(B/A)
		계(B)	두류	고추	채소·기타	
전국	775	50.4	20.8	12.0	17.6	-
전남	113	33.6	15.4	7.7	10.5	29.7
경남	68	7.7	2.1	1.8	3.8	11.2
전북	53	5.5	1	2.2	2.3	10.4
경북	142	0.5	0.1	0.3	0.1	0.4
제주	54	3.1	2.2	-	0.9	5.7

주) 호남 일부 지역 소나기로 증가세 둔화
자료: 농림수산부, 가뭄대책 추진상황 및 2단계 대책, 1994. 7. 24

콩과 고추 등이 많은 피해를 입었으며 가뭄 발생 면적은 표 1-30에 나타난 바와 같이 약 50,000ha로 이는 재배 면적의 6.5% 수준이며, 지역별로 보면 전남 33,600ha로 가장 큰 피해를 입었고, 경남 7,700ha, 전북 5,500ha, 제주 3,100ha 등 순으로 피해를 입었다.

③ 가축 피해 상황

비닐하우스 등을 이용한 소규모 양계의 경우, 고온 및 일사병에 의한 폐사가 크게 발생하였으며, 전국의 닭, 돼지, 기타의 가축피해 상황은 표 1-31과 같다.

표 1-31 가축피해 상황 (94년 7월 23일 현재)

닭	돼지	기타
514,000수	5,000두	9,000두

자료: 농림수산부, 가뭄대책 추진상황 및 2단계 대책, 1994. 7. 24

④ 수산물 피해 상황

해수 및 하천수 온도상승으로 양식 어종 및 내수면 어종이 폐사하였으며, 양식 어업 98톤, 내수면 어업 61톤 등 총 159톤이 폐사한 것으로 나타났다.

3) 복구 상황

① 생활용수 비상급수

1994~1995년의 가뭄 기간 동안 전국의 비상급수 현황은 일반상수도 지역과 간이상수도 지역을 합하여 급수차 4,999대에 19,996㎥, 소방차 10,024대에 45,108.0㎥로 총 15,023대에 65,104.0㎥에 달했다. 지역별로는 경북이 총 5,399대에 23,990.5㎥로 가장 많고, 그 다음이 경남으로 3,071대에 13,109.5㎥, 전북이 3,053대에 12,960.5㎥로 경북이 가장 가뭄이 심했음을 알 수 있다.

◇ 일반상수도

일반상수도 공급지역의 1994~1995년 가뭄 기간 동안 가뭄지역의 비상급수는 대부분 급수차와 소방차를 동원하여 비상급수를 하였고 소량이나마 생수업체 및 독지가에 의해서 생수를 공급하였다. 또 급수차의 용량은 대당 4㎥였고, 소방차는 평균 4.5㎥이었다. 1994년 1월부터 1995년 10월까지 전국의 비상급수 현황은 급수차에 의한 비상급수가 2,487대에 9,948㎥였고, 소방차에 의한 비상급수가 1,980대에 8,910㎥로 총 4,467대에

18,858㎥였다. 지역별로는 경남이 1,473대 6,162㎥로 가장 많았고 다음으로 전북이 1,222대 4,980㎥, 경북이 831대에 3,678.5㎥로 수량으로 84%로 대부분을 차지했다.

◇ 간이상수도

간이상수도 지역의 비상급수는 일반상수도 지역처럼 대부분 급수차와 소방차로 하였다. 1994년 1월부터 1995년 10월까지 전국 비상급수 현황은 급수차에 의한 비상급수가 2,512대에 10,048㎥, 소방차에 의한 비상급수가 8,044대에 36,198㎥로 총 10,556대에 46,246㎥로 일반상수도 지역에 비하여 약 2.5배에 달하여, 간이상수도 지역이 일반상수도 지역에 비하여 가뭄시 더 큰 고통을 겪었음을 알 수 있다. 지역별로는 경북이 4,568대에 20,312㎥로 가장 많았으며, 전북이 1,831대에 7,908.5㎥, 경남이 1,598대에 6,947.5㎥로 전체의 79.4%를 차지하고 있다.

◇ 생수 지원 현황

1994~1995년 가뭄기간 동안 경상남도와 전라남도에 전국의 38개 업체에서 '사랑의 식수보내기 운동'으로 생수를 2,126톤 지원하였다. 생수를 지원받은 시·군은 20개 시·군으로 101,735세대에 355,158명이었다.

② 공업용수 비상급수

공업용수로 사용되는 물로는 일반상수도, 공업용수, 지하수 등이 있다. 1994~95년 가뭄기간 동안 대부분 중·소도시의 일반상수도와 간이상수도 지역이 제한급수 등의 피해를 보았고, 공업용수는 포항을 제외하고는 제한급수 등의 용수공급 부족이 없었기 때문에 별도의 비상급수 또한 없었다. 포항지역은 대규모 물 사용처인 포항제철이 폐수재이용과 지하수의 개발·사용으로 용수공급 부족에 의한 생산량 감소 등의 피해는 없었다.

③ 비상 용수원 개발

◇ 지하수 개발

비상 용수원으로는 지하수, 하천 복류수, 저수지 내 불용수량 사용을 위한 저수지 준설로 구분할 수 있다. 1994년 및 1995년 가뭄 우심지역인 낙동강, 영산강, 동진강, 섬진강 유역에서의 비상용수원 개발이 주로 이루어졌다. 1994년 지하수 개발 현황을 살펴보면 경북 18개 시·군에서 총 13,111개소, 경남 18개 시·군에서 총 5,248개소, 전북 10

개 시·군에서 21,923개소, 전남 24개 시·군 8,108개소, 충북 12개 시·군에서 549개소가 비상용수원으로 개발되었으며, 1995년에는 경북 11개 시·군에서 594개소, 경남 16개 시·군에서 242개소, 전북 14개 시·군에서 16,383개소, 전남 22개 시·군에서 8,515개소, 충북 11개 시·군에서 1,264개소의 지하수가 개발되었다.

◇ 하천 복류수 개발

하천 복류수는 주로 소규모로 행하여지며 주로 농업용수로 사용되었고, 가뭄이 심각한 1994년에 많이 개발되었으나 1995년에는 거의 개발되지 않았다. 하천 복류수 개발 역시 경상남·북도와 전라남·북도에서 주로 개발이 이루어졌으며 경북 2,703개소, 경남 5,881개소, 전북 1,792개소, 전남 14,521개소가 개발되었다.

◇ 저수지 준설 현황

비상 용수원 개발의 방안으로 기존 저수지의 준설이 있다. 기존 저수지의 경우 상류로부터 이동되어온 토사 등이 퇴적되어 저수지의 유효 저수량이 해를 거듭할수록 줄어들고 있다. 이와 같은 저수지의 유효 저수량 감소는 결국 저수지 이용 수량의 감소로 이어지고 가뭄이 도래할 때 가뭄에 대비할 수 있는 용수공급 가용기간의 감소를 의미한다. 1994년에 가뭄이 극심하여 많은 저수지의 바닥이 드러나게 되어 저수지의 용수 이용량을 가능한 한 늘리고자 많은 시·군에서 저수지를 준설하였으며, 이로 얻어진 복류수를 비상 용수로 이용하였다.

4.6 2003년 태풍 '매미(MAEMI)'

1) 기상 개황

제14호 태풍 '매미(MAEMI)'는 1904년 기상관측 이래 가장 강한 태풍으로 경남 사천 부근 해안으로 상륙한 후, 함안·대구·청송·울진을 거쳐 동해상으로 진출하고 소멸하였다. 최대풍속 60.0m/sec(제주), 중심기압 950hPa로 우리나라에 영향을 준 태풍 '사라(SARAH)'(951.5hPa) 이후 두 번째의 낮은 기압을 보였으며, 최대풍속은 1904년 이후 극값을 갱신하였다. 5월 11~13일까지 남해에 452.5mm가 내리는 등 경남 해안지역 및 강원도 영동지방에 집중적으로 호우가 내렸다.

2) 피해 상황

◇ 피해지역 : 14개 시도(서울, 인천 제외)

◇ 인 명 : 이재민 61,844명(19,851세대), 사망·실종 131명(사망 119, 실종 12)

◇ 주 택 : 전파·반파 5,100동, 침수 45,887동

◇ 공공시설 : 도로·교량 2,109개소, 하천 2,553개소, 소하천 3,667개소, 수리시설 3,202, 사방·임도시설 6,905개소, 소규모시설 5,731개소

◇ 사유시설 : 수산증·양식 30,862개소, 어망·어구 44,802개소, 비닐하우스 236,585ha 등

◇ 피 해 액 : 4,222,486백만원

3) 재해원인 분석

태풍 '매미(MAEMI)'는 기상관측 이래 가장 강한 태풍으로, 상륙 시점이 만조 시간대와 겹치면서 해안은 높은 해일과 강한 바람(고산·제주 최고 60㎧), 집중호우를 동반하면서 많은 피해를 유발하였다.

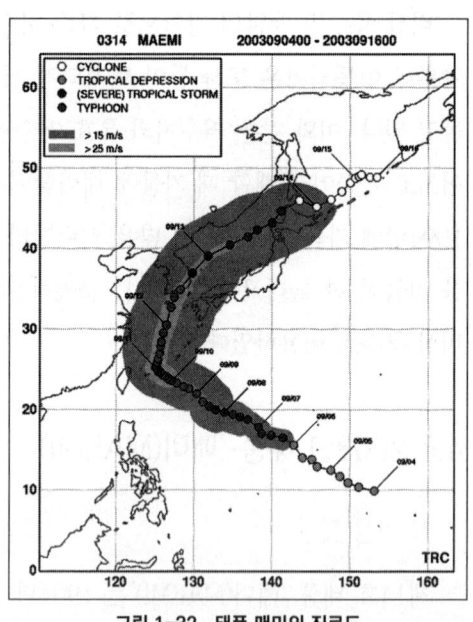

그림 1-32 태풍 매미의 진로도

◇ 주택
- 해안가 저지대 주택이 만조시의 높은 해일에 의해 침수 및 전파·반파

◇ 하천
- 하천 내 구조물 증가로 인한 유수 소통장애로 하천 유실
- 급경사와 사행 하천으로 기성제 붕괴 및 수충부 제방 유실

◇ 도로·교량
- 집중호우로 인한 도로 붕괴 및 하천 법면 세굴과 통수단면 부족으로 인한 인접도로 유실
- 시설물 노후 등 과사상의 세굴로 인한 교량의 교각기초 지반의 침하

그림 1-33 전북 무주군 무풍면 은신리 속동 야계사방 유실 장면

그림 1-34 부산 구포동 구포교 유실 및 송유관 파손

4) 피해 복구 및 구호

중앙재해대책본부에서는 재해위험지구 2,827개소에 대하여 예찰활동 강화 등 호우대비 재해대책 강화 지시(16회)를 내리고 재해문자, 전광판 및 방송 5개사에 대국민 홍보를 실시하는 등 유사시 주민대피 조치를 강구하였다. 지방 재해대책본부에서도 전 시·도 관계공무원 7,108명이 비상근무를 하였으며, 재해위험지구 2,827개소 예찰활동, 산간계곡의 등산객 등 6,060명을 안전지대로 대피시켰다.

자동우량경보 및 음성통보시스템 331회, 주민행동요령 등 440회에 걸친 홍보를 실시하였고, 강원 철원 담터계곡 등 위험지역 6개소 39명에 대하여 긴급하게 구조하였다. 또한 총 163개소에 대한 공공시설의 복구를 위해 인력 2,187명, 트럭·굴삭기 등 장비 306대 PP포대 등 자재 21,080매 등을 사용하여 응급복구를 완료하였다.

그림 1-35 의령군 지정면 오천마을 침수 장면

그림 1-36 태백시 철암동 주택 파손 장면

4.7 2004년 폭설

1) 기상 개황

1904년 폭설은 기상관측 이래 3월에 내린 하루 적설량 최고기록을 갱신했다. 3월 4~5일에 천둥·번개를 동반한 기록적인 폭설은, 중국 동해안에서 접근하는 저기압으로 온난다습한 공기가 유입되면서 대기의 온도차에 의한 기층 불안정으로 4일은 서울 18.5cm, 이천 12.7cm, 원주 16.0cm, 동두천 19.2cm, 문산 23.0cm의 적설이 기록되었다. 5일은 영월 20.5cm, 보은 39.9cm, 청주 32.0cm, 대전 49.0cm, 문경 49.0cm, 영주 35.8cm, 제천 16.7cm, 부여 29.8cm의 적설량을 보이면서 많은 피해와 교통 대란이 발생하였다.

2) 피해 상황

갑작스런 폭설로 경부고속도로 등이 마비되어 최고 37시간 동안 고속도로 안에서 발이 묶이기도 했다. 도시 기능도 완전히 마비되어 내린 눈을 모두 치우는 데 일주일 이상이 소요되었다. 집계된 피해액도 폭설 피해 사상 최고인 6,734억 원이나 되었다.

◇ 피해지역 : 서울, 인천, 대전, 경기, 강원, 충북, 충남, 전북, 전남, 경북
◇ 인명피해 : 없음
◇ 주택피해 : 전파·반파 94동
◇ 공공시설 : 학교시설 79동, 군사시설 22개소, 기타 소규모시설 등 1식
◇ 사유시설 : 수산증식·양식시설 622개소, 축사·잠사 8,990동, 비닐하우스 2,221ha, 기타 인삼재배시설 등 1식
◇ 피해액 : 673,423백만원(충남 352,863, 충북 191,783, 대전 66,953, 경북 53,459, 경기 등 8,365)

3) 재해 원인 분석

북서쪽의 찬 공기압과 남쪽의 따뜻한 고기압 사이에 저기압이 형성되어, 발달한 구름대가 서해상에서 계속 유입하면서 우리나라 5km 상공에 머문 −35℃의 찬공기와 지상의 영상 기온과의 온도차에 의한 기층불안으로 천둥·번개를 동반한 폭설이 내려 비닐하우스 등 사유시설에 많은 피해가 발생하였다. 이로 인한 주요 시설물의 피해 원인을

그림 1-37 청주시 흥덕구 정봉동 비닐하우스 파손

그림 1-38 폭설로 고립된 청주 인근마을

분석한 결과, 주택피해는 폭설로 인해 반파 50건, 전파 44건 중에서 76건이 충북·충남·경북에 집중되었고, 수산증·양식시설은 강풍으로 인한 높은 파도 등으로 해안가 수산증·양식시설이 파괴되었다.

4) 피해복구 및 구호

중앙재해대책본부는 대설주의보 발효에 따라 모든 가용 인력과 장비를 총 동원하여 염화칼슘 살포 등 신속한 제설작업을 하고, 비닐하우스, 축사 등 사유시설 피해예방대책을 강구토록 지시하였으며, 폭설지역에는 학교수업 단축 및 임시휴교를 조치하고, TV, 라디오 등 방송매체를 활용 도로정체 상황을 수시로 홍보 및 자막방송을 지속적으로 실시하였고, 민·관·군의 공조체제의 인력 838,992명, 장비 60,110여 대, 각종 자재 등을 동원 공공시설 복구대상 277개소를 응급복구하는 등 피해 및 주민불편 최소화에 총력을 기울였다. 2005년 6월 2일, 서울중앙지방법원 민사합의 29부는 한국도로공사가 폭설로 고속도로에 갇힌 피해자들에게 1인당 30만~50만 원씩을 배상해야 한다는 원고 일부 승소 판결을 내렸다.

4.8 2005년 양양·고성 산불

1) 사고 개요

2005년 4월 4일 23시 53분경 양양군 파일리 야산(군도 1호선변)에서 발생한 산불은 6일까지 이어져 최종 진화된 시간은 6일 오전 8시이다. 양양산불의 피해상황은 17개 분야에 총 39,395,888천원, 이재민들은 163가구에 418명이 발생하였다. 부속건물이 309동, 소상공인 69동, 축사 22동, 비닐하우스 19동, 산림시설 973ha, 문화재 22개소, 농기계 650대 등 많은 피해를 발생하였다. 이재민 발생이 165세대 420명이고 재산피해는 건물(주택 163, 상가 69, 창고·부속사 등 312) 544동, 비닐하우스 19동, 축사 30동, 농기계 650대, 군사시설 등 3,000백만원에 달하고, 낙산사 동종·원통보전·홍예문 등 17점 소실 등 230억 정도의 피해였고, 강원도 산불재해대책본부는 양양 산불로 250ha, 고성 산불로 150ha의 산림피해가 난 것으로 집계했다.

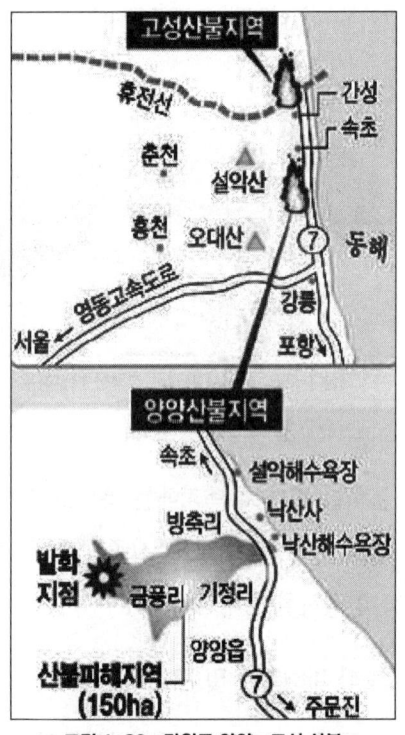

그림 1-39 강원도 양양·고성 산불

2) 사고 원인

산불 원인은 미상이며, 최초 발화지역에서 최대풍속 24m/sec의 강풍으로 동쪽 또는 다른 방향으로 급속도로 확산되었으며 야간에 발생된 산불인 관계로 초동진화에 어려움을 겪었다.

3) 사고수습 현황

① 수습 현황

상황실에서 집결지 현장에 출동한 시간, 도착시간에 관심이 많고 실제 현장 투입에는 오랜 공백과 상황 유지만을 하고 있었으며, 작은 마을에 소방차 10대가 들어가면 도로 소통도 원활하지 못해 기동성에서 제약을 받게 된다는 문제점이 발생하였다. 소방본부에서는 인근 소방대에 지원을 요청할 때는 현장 여건을 고려하여 지원 요청하는 것이 필요하며, 영동지역은 산불 초동진화에는 반드시 대형 헬기가 필요하고, 그리고 대형 헬기의 영동지역 전진 배치를 해야 하며, 지원 가능하다고 많은 차량이 지원되었으나 도로 여건, 소화전 여건, 지휘소의 통제체제 등이 현장 여건에 맞지 않으므로 재검토가 필요할 것으로 판단된다.

그림 1-40 산불 상황1(강원도 양양)

그림 1-41 산불 상황2(강원도 양양군 강현면 물갑리)

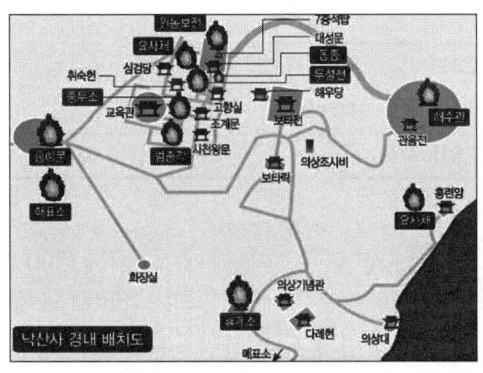
그림 1-42 낙산사 피해 현황

그림 1-43 낙산사 보타각의 피해

② 배상 및 보상

◇ 총 복구소요액 : 243억원

- 재원별 : 국비 147, 지방비 30, 융자 37, 자부담 등 29억원

◇ 부처별 복구소요액

- 방재청 : 이재민구호, 특별위로금 등 5억원
- 농림부 : 농작물, 축사, 비닐하우스, 생계지원 등 13억원
- 산림청 : 사방사업 등 35억원
- 건교부 : 주택 등 59억원
- 국방부 : 군사시설 등 22억원
- 문화재청 : 낙산사 등 89억원
- 환경부 : 공원시설 등 18억원
- 산자부 : 공장시설 등 2억원

표 1-32 부처별 재원별 세부 복구비 내역 (단위: 천원)

구분	합계	국고	지방비	융자	자부담	자체복구
합계	24,334,595	14,731,406	3,027,818	3,696,305	112,772	2,766,294
국고추가지원	0	↑2,111,271	↓2,111,271			
소계	24,334,595	12,620,135	5,139,089	3,696,305	112,772	2,766,294
소방방재청	502,526	460,014	42,512			
농림부	1,311,954	101,210	46,755	75,505	10,608	1,077,876
산림청	3,512,383	2,441,726	1,068,493		2,164	
건설교통부	5,868,000	1,467,000	880,200	3,520,800		
국방부	2,262,708	2,262,708				
문화재청	8,884,970	5,835,659	3,049,311			
산업자원부	200,000			100,000	100,000	
환경부	1,792,054	51,818	51,818			1,688,418

4) 산불 재난의 이해

산불이란 산림 내의 지피물(낙엽·잡초·고사목)과 임목 등의 산림자원이 인간의 부주의로 인한 실화 또는 방화, 그리고 낙뢰 또는 기타 폭발물 등으로 인하여 일시에 연소 소실되는 것을 말한다. 법률적으로는 산림보호법 제2조에 의하면 '산불이란 산림이나 산림에 잇닿은 지역의 나무·풀·낙엽 등이 인위적으로나 자연적으로 발생한 불에 타는 것을 말한다.'라고 정의하고 있다.

이렇듯 산불 재난은 인위적 요인과 자연적 요인이 혼재되어 있지만 「재난 및 안전관리 기본법」에서는 산불을 사회재난으로 분류하고 있다. 이는 우리나라 산불이 인위적 요인이 다수인 점을 감안한 것으로 보인다. 필자는 자연적인 요인에 인한 재난을 재난 분야 사례로, 인위적인 요인에 기인한 재난을 안전 분야 사례로 구분하여 기술하였는데, 산불은 법률상의 구분과 별도로 재난 분야 사례로 보았다.

4.9 2016년 경주 지진

2016년 경주 지진 또는 9.12 지진은 2016년 9월 12일에 대한민국 경상북도 경주시 남남서쪽 8km 지역에서 발생한 리히터 규모 5.8 지진이다. 본 지진은 1978년 대한민국 지진 관측 이래 역대 가장 강력한 지진이었다. 대한민국 내륙 지진으로는 1978년 홍성 지진 이후 38년 만의 대형 지진이며, 한반도 내륙 지진으로는 1980년 평안북도 지진 이후 36년 만의 대형 지진이다.

1) 발생 개요

2016년 9월 12일 경주시 내남면 지역에 1978년 기상청 계기 지진관측 이래 역대 가장 큰 규모인 5.8의 지진이 발생하였다.

- 1차(전진, 규모 5.1) : 9.12.(월) 19:44:32(경북 경주시 남남서쪽 8.0km지역)
  - 위도 35.77, 경도 129.19
- 2차(본진, 규모 5.8) : 9.12.(월) 20:32:54(경북 경주시 남남서쪽 9.0km 지역)
  - 위도 35.76, 경도 129.19
- 여진(규모 4.5) : 9.19.(월) 20:33:58(경북 경주시 남남서쪽 11km 지역)
- 여진(규모 3.5) : 9.21.(수) 11:53:54(경북 경주시 남남서쪽 10km 지역)
  - 여진(9.26일 12시 기준) : 430회(4.0~5.0 미만 2회, 3.0~4.0 미만 14회, 1.5~3.0 미만 414회)

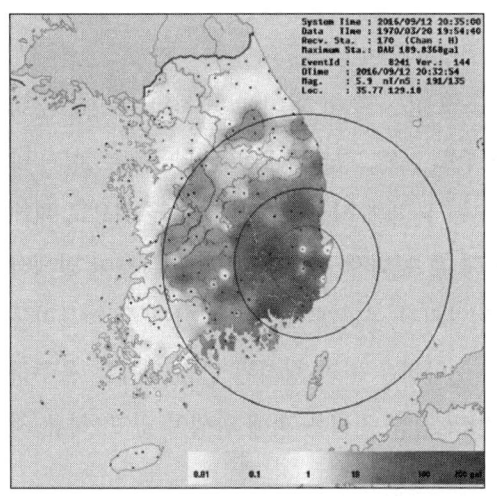 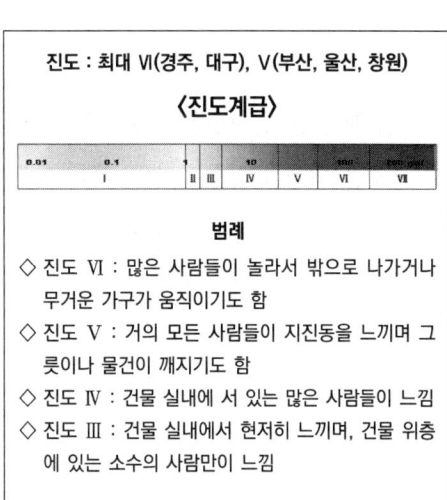

그림 1-44 9.12. 경주지진 규모 5.8

2) 지진의 특징

지진자료를 이용한 경주 지진의 단층면 분석 결과 전형적인 주향이동단층[15]으로 단층면을 따라 단층과 평행한 수평이동하는 단층의 특성을 보이는 것으로 해석되었다(기상청).

이번 지진은 주향이동단층(횡방향진동), 깊은 심도(15.4km), 짧은 지속시간(약 7초)의 특성을 보이고 있어 상대적으로 피해가 적었다.

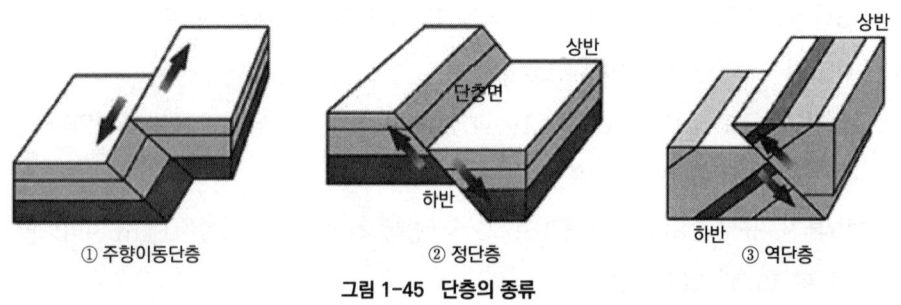

① 주향이동단층 ② 정단층 ③ 역단층

그림 1-45 단층의 종류

< 해외 유사지진 피해사례 >
- 12. 6.24 중국 윈난성 : 지진(M 5.7, 심도 11km) 발생으로 3명 사망
- 16. 9.10 탄자니아 : 지진(M 5.7, 심도 10km) 발생으로 11명 사망

3) 피해 원인

풍수해와 달리 지진은 흔들림으로 인한 균열 등 구조적 피해로, 지진의 특성상 주택 등 구조물 피해가 집중되었다. 피해 유형은 주로 균열, 지붕의 기와 이탈, 담장 전도, 낙하 등으로 인한 피해가 대부분이었다. 경주시는 문화재 시설과 한옥 등을 중심으로 피해가 발생하였으며, 특히 불국사 다보탑, 첨성대 등 문화재 시설 균열 및 기울음이 발생하였다. 피해 규모는 국가지정 문화재 33건, 지방지정 문화재 26건과 황남동 등 한옥마을에서 다수의 기와 이탈 피해가 발생하였다. 소하천을 따라 형성된 단층 피해는 울주군 두서면 주택 피해지역의 경우 소하천(외와천)의 상류 지역은 피해 발생이 없고, 하류 지역에만 피해가 발생하였다.

---

15) 단층면을 따라 단층과 평행한 수평이동하는 단층

그림 1-46 보도자료

4) 피해 현황

　　◇ 피해지역 : 총 6개 시·도, 17개 시·군·구

　　◇ 이 재 민 : 54세대/ 111명

　　◇ 재산피해 : 11,020백만원(사유시설 4,297, 공공시설 6,723)

그림 1-47 지진피해(경북 경주시)

표 1-33 사유 시설 재산피해 : 4,297백만원(경북 3,521, 부산 62, 울산 695, 기타 19)

시설별		단위	피해내역		비고
			물량	피해액	
계		백만원		4,297	
주택	전파/반파	동/백만원	54(8/46)	930	
	소파	"	5,610	3,366	
농경지 유실		ha/백만원	0.01	1	

표 1-34 공공시설 재산피해 : 6,723백만원(경북 6,723)

시설별	단위	피해내역		비고
		물량	피해액	
계	개소/백만원	204	6,723	
문화재시설	"	66	5,057	
도로 · 수리시설	"	6	148	
군사 · 소규모시설	"	5	71	
기타 소하천 등	"	127	1,429	

표 1-35 시·도별 재산피해 : 11,020백만원

시·도	시·군·구	우심구분	피해액(백만원)			비고
			계	공공시설	사유시설	
합계	17개	1개	11,020	6,723	4,297	
부산	7		62		62	
울산	4		695		695	
충북	1		1		1	
전남	1		1		1	
경북	3	1	10,244	6,723	3,521	
경남	1		17		17	

표 1-36 재원별 지원복구비 : 11,493백만원(국비 8,910, 지방비 2,583)

구 분	피해액	총 복구액	지원 복구비(백만원)			자체 복구비
	(백만원)	(백만원)	계	국고	지방비	
합계	11,020	14,514	11,493	8,910	2,583	3,021
재난지원금추가				511	-511	
국민안전처 (재난지원금)	4,296	5,895	5,895	3,929	1,966	
국민안전처 (공공시설)	555	1,015	506	253	253	509
농식품부	3	248				248
산림청	6	6				6
국토부	3	3				3
행자부	200	318	194		194	124
복지부	173	225	84	42	42	141
경찰청	21	22				22
교육부	189	189				189
국방부	5	11				11
문체부	402	571				571
문화재청	5,075	5,817	4,814	4,175	639	1,003
미래부	1	1				1
환경부	28	29				29
여가부	21	40				40
중기청	42	124				124

5) 복구계획

◇ 총 복구비 : 14,514백만원(국비 8,910, 지방비 2,583, 자체복구 3,021)
- 시도별 : 경북 13,782, 울산 679, 부산 43, 충북 1, 전남 2, 경남 7
- 부처별 : 국민안전처 6,908, 문화재청 5,817, 문체부 571, 기타 1,218
- 시설별 : 재난지원금 5,894, 문화재 5,817, 도로시설 318, 기타 2,485

6) 후속 조치

① 재난문자 개선(국민안전처 - 행정안전부)

지진 발생 후 재난안전문자가 한때 또 먹통이 됐던 것으로 알려졌다. 국민안전처는 경주시 인근에서 발생한 규모 5.8의 2차 지진과 관련해 121개 지자체에 재난안전문자를 보냈지만, 이 지역 SKT와 KT 4G 가입자 전체가 문자를 받지 못했다고 밝혔다. 이 때문에 2,100만 명 가운데 절반이 넘는 1,200만 명이 재난안전 문자를 받지 못한 것으로 보

[이동통신사 개선사항]

- area id 파라미터 길이제한 : 당초 1000byte → 4000byte로 변경
  - LGU+ 기 구축(무제한), KT 무상 조치, SKT 검토 후(개선비용 1억2천) 조치
- 재난문자 송출간격(주기) 단축 : 現 1분 → 30초로 단축
  - 송출간격: 국민안전처 → 이동통신사 CSS시스템에 재난문자 송출 요청하는 간격
  - 1회 최대 송출문자 확대 : 現 60자 → 2G는 60자, 4G는 90자까지 송출

[행정기관 개선사항]

- 지진관련 재난문자 업무 이관 : 現 기상청 요청 안전처 승인 → 기상청 직접 발송
- 행정안전부-기상청-이동통신사 TF 운영 : 2018.6.4. 14:00부로 기상청 이관
- 재난문자 송출 승인권한 이양 : 現 지자체 요청 안전처 승인 → 지자체 이양
- 광역 지방자치단체 이양 : 2017.8.16. 10:00부로 이양
- 기초 지방자치단체 이양 : 2019.9.11. 09:00부로 이양

인다고 설명했다. 안전처는 두 이동통신사와 운영협의회를 통해 문자발송이 안 된 원인을 분석하여 트래픽 분산 개선방안 등 개선책을 마련하였다.

② 원자력 발전(한국수력원자력)

한국수력원자력은 경주시 인근에서 두 차례의 지진이 있었으나 전국의 원전 가동에는 이상이 없는 것으로 파악된다고 밝혔다.

③ 특별재난지역 선포(국민안전처)

정부는 9월 22일 지진피해로는 처음으로 경주시를 특별재난지역으로 선포했다. 특별재난지역은 재난으로 대규모 피해를 본 지역의 신속한 구호와 복구를 위해 대통령이 선포하는 지역을 말한다.

4.10 2018년 폭염[16]

1) 기상 특성

> 한반도 주변 고기압의 발달과 짧은 장마로 여름철 평균기온이 이례적 상승

주변 고기압의 발달로 여름철 평균기온이 평년보다 2.1℃ 높게 기록되었다. 대기 중·하층부는 북태평양 고기압, 상층부에서는 티베트 고기압의 지속적인 발달로 한반도에 장기간 폭염이 발생하였다. 전국 평균기온과 최고기온은 각 25.4℃, 30.5℃로 평년에 비해 1.8℃, 2.1℃ 상승하였으며, 지역별로 일 최고기온이 홍천 41℃, 서울 39.6℃로 기상관측 이래 최고였던 1994년의 기록을 경신하였다.

표 1-37 2018년과 1994년, 평년(1981~2010년)의 장마 시작일과 종료일 및 기간

	장마 시종일과 기간		평년		
	2018년	1994년	시작	종료	기간(일)
중부지방	6.26.~7.11.(16일)	6.25.~7.16.(22일)	6.24.~25.	7.24.~25.	32
남부지방	6.26.~7.9.(14일)	6.22.~7.6.(15일)	6.23.	7.23.~24.	32
제주도	6.19.~7.9.(21일)	6.17.~7.1.(15일)	6.19.~20.	7.20.~21.	32

---

16) 행정안전부 행정자료(2021) 재구성

또한 평년보다 짧은 장마로 맑은 날씨와 강한 일사 효과로 무더위가 지속되었다. 장마 기간이 평년보다 11일 이상 적고, 평년보다 적은 강수를 기록하였다. 1994년도와 2018년도의 장마 기간과 강수량은 다음과 같다.

표 1-38 2018년과 1994년, 평년(1981~2010년)의 장마기간 강수일수 및 평균 강수량

	강수일수와 평균 강수량		평년	
	2018년	1994년	강수일수(일)	평균 강수량(mm)
중부지방	11.0일(281.7mm)	10.1일(206.1mm)	17.2	366.4
남부지방	10.2일(284.0mm)	6.0일(75.1mm)	17.1	348.6
제주도	14.5일(235.1mm)	7.0일(206.0mm)	18.3	398.6
전국	10.5일(283.0mm)	7.7일(130.4mm)	17.1	356.1

2) 폭염 현황

> 폭염 및 열대야 발생 일수가 1973년 통계작성 이후 역대 최고치를 기록

2018년도 폭염은 기상관측 이래 최대의 폭염으로 전국 평균 폭염일수 31.5일, 열대야 일수 17.7일로 기록되었다.

표 1-39 폭염 및 열대야 일수 비교

순위	여름철 평균기온		폭염 일수		열대야 일수	
1위	2024년	25.6℃	2018년	31.5일	2024년	24.5일
2위	2018년	25.3℃	1994년	31.1일	2018년	17.7일
3위	2013년	25.2℃	2024년	30.1일	1994년	17.7일

* 폭염·열대야 일수는 1973년 이후, 45개 지점 전국 평균
* 동일 극값이 2개 이상 존재할 때는 최근 값을 우선순위로 함(기후통계지침, 2017)

지역별로 폭염일수는 금산에서 37일, 열대야 일수는 여수에서 29일로 최고치를 기록하였으며, 서울은 폭염일수가 19일, 열대야 일수는 17일로 관측되었다.

3) 폭염 대책

> 정부의 폭염대책은 2018년 이전까지는 제도적 뒷받침 없이 행정계획으로 시행

정부의 폭염종합대책은 우리나라 최초의 국가재난관리전담기구인 소방방재청 출범 이듬해인 2005년부터 시작되었다. 이에 따라 기상청에서도 폭염예보 시범 운영을 거쳐 2008년부터 폭염특보 등 폭염예보를 시작하면서 명실상부한 대국민 서비스를 개시하게 되었다. 이와 더불어

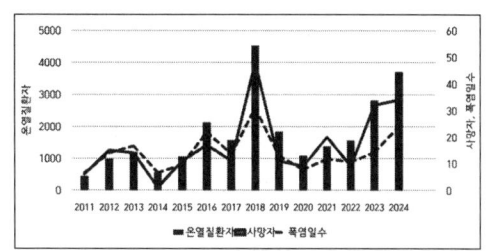

그림 1-48 2011-2024 기간 온열질환자, 사망자 및 폭염일수 변화(질병관리청)

질병관리본부에서도 2011년부터 온열질환 감시체제를 가동하게 되었으며, 이를 근거로 온열질환자 등 인명피해를 집계하게 되었다. 2019년 폭염에 대한 주요 대책은 다음과 같다.

① 폭염 대비 관계부처 합동 「2019년 범정부 폭염 종합대책」 수립·추진
- 신속한 전파체계 구축, 취약계층 맞춤형 관리, 전력수급 대책 등 15개 추진과제 설정
- 행정안전부, 보건복지부, 고용노동부, 산업통상자원부, 기상청 등 17개 부처 및 지자체 등 관계기관 합동 폭염대응 T/F 구축·운영(5.20.~9.30.)
- 폭염 취약계층(독거노인, 노숙인 등), 농·어업인, 근로자, 학생, 노인 및 군인 등 대상별 폭염대책 수립·시행

② 「범정부 폭염대책본부」 운영을 통한 총력 대응
- 농식품부(농업재해대책상황실), 산업부(전력수급대책본부), 국토부(종합상황실), 해수부(고수온 대응 종합상황실), 기상청(폭염특별대응반) 등 중앙부처 및 지자체 자체 폭염대응상황실 가동

그림 1-49 현안조정회의

그림 1-50 폭염현장방문

- 응급의료기관(530개) → 보건소(236개) → 시·도 → 보건복지부(질병관리본부) → 행정안전부까지 신속한 온열질환자 파악을 위한 「온열질환 감시체계」 구축·운영
- 폭염 장기화로 '폭염대책본부'를 중앙재난안전대책본부 수준의 「범정부 폭염대책본부」로 격상하여 신속한 상황관리 및 현장지원을 위한 긴급대책회의 확대·운영(8.3.~21.)

③ 민·관 협업을 통한 현장대응 및 지원체계를 강화
- 무더위쉼터 확대 운영 : 42,912개소 → 45,284개소
- 무더위쉼터 시범 운영 : 주말·휴일에도 개방, 야간 연장(18 → 21시 이후) 운영
- 무더위쉼터 관리 : 전국 지역자율방재단원 활용하여 무더위쉼터 전담제(전수 점검) 실시

그림 1-51 독거노인 돌봄서비스

그림 1-52 무더위 쉼터 24시간 시범운영

4) 피해 현황

{ 온열질환 감시체계 시행(2011년~) 이후 가장 많은 인명·재산피해 발생 }

① 인명 피해

폭염대책기간 동안 질병관리본부에서 온열질환 감시체계를 운영(5.20.~9.30.)한 결과, 온열질환자는 총 4,526명이 발생하여 그 중 48명이 사망한 것으로 확인되어 2011년부터 온열질환 감시체계 운영 이후 가장 많은 사망자가 발생하였다. 그러나 언론이나 국회 등에서 폭염 사망자가 48명이라는 통계의 신뢰성에 강한 의문을 제기하였다. 실제 질병관리본부 온열질환 감시체계는 전국 530여 개의 응급실을 갖추고 있는 병원, 즉 응급의

표 1-40 2015년 이후 폭염대책 및 인명 피해 현황

구분	2015	2016	2017	2018	2019	2020	2021	2022	2023	2024
대책기간	5.24.~ 9.6.	5.23.~ 9.21.	5.29.~ 9.8.	5.20.~ 9.10.	5.20.~ 9.30.	5.20.~ 9.30.	5.20.~ 9.30.	5.20.~ 9.30.	5.20.~ 9.30.	5.20.~ 9.30.
폭염일수	10.1	22.4	14.4	31.5	12.9	7.7	11.8	10.6	14.2	30.1
폭염질환자	1,056	2,125	1,574	4,526	1,841	1,078	1,375	1,564	2,818	3,704
폭염사망자	11	17	11	48	11	9	20	9	32	34
재난지원금	-	-	-	62	2	9	7	11	24	31

주1) 폭염질환자·폭염사망자: 질병관리청의 온열질환감시체계로 집계한 통계로서 그 기준은
  기간: 폭염 대책기간(5.20.~9.30.)
  대상: 응급실 환자(일반병원, 응급실을 거치지 않은 외래환자, 영안실로 바로 이송된 경우 등은 제외)
주2) 재난지원금: 지자체 심의위에서 온열질환 사망자로 인정되면 1천만원/인 지급(2020부터 2천만원 지급)
  대상: 폭염대책기간 중 발병·사망한 경우에 한하며, 대상자가 공공기관(국가·지방자치단체·공기업·지방공사 등)으로
  부터 보상비(안전보험·산재보험 포함) 등이 지원되는 경우와 무연고자 등은 제외

료체계에서만 적용되는 시스템으로, 응급실이 없는 일반병원이나 응급실이 있더라도 응급실을 거치지 않고 외래진료를 받은 경우와 사망한 것이 확인되어 바로 영안실로 이송된 경우 등은 통계에 잡히지 않는다. 즉 질병관리본부 온열질환 감시체계는 응급실에서만 이루어지는 응급의료체계 시스템인 것이다.

◇ (연령별) 온열질환자 발생건수는 50대가 가장 많고, 사망자는 70~80대 고령층이 대다수를 차지하였다.

표 1-41 온열질환자 발생건수 및 사망자 수

구분	계	0~9	10대	20대	30대	40대	50대	60대	70대	80대+
온열질환자(명)	4,526	20	131	371	502	702	986	718	589	507
사망자(명)	48	2	-	-	2	5	4	3	10	22

◇ (질환별) 열탈진이 2,502명(55.3%)으로 가장 많았고, 열사병 1,050명(23.2%), 열경련 518명(11.4%) 순으로 발생하였다.

표 1-42 질환별 온열질환자 및 발생건수

구분	계	열사병	열탈진	열경련	열실신	열부종	기타
인원(명)	4526	1050	2502	518	314	0	142

표 1-43 가축 피해 (단위 : 마리, 수)

구분	소계	서울	부산	대구	인천	광주	대전	울산	세종
소 계	16,166,871	-	159,076	3,099	16,643	2,039	21	54,178	11,910
가금류	9,021,828	-	-	3,000	16,598	2,000	-	3,000	11,827
소·돼지	56,043	-	76	99	45	39	21	178	83
어류	7,089,000	-	159,000	-	-	-	-	51,000	-

구분	경기	강원	충북	충남	전북	전남	경북	경남	제주
소 계	1,231,160	684,378	763,793	1,624,687	2,299,295	2,153,079	1,808,495	4,970,220	384,798
가금류	1,228,005	305,223	762,903	1,404,916	2,291,434	1,554,260	1,043,780	389,161	5,721
소·돼지	3,155	3,155	890	7,771	7,861	6,819	16,715	8,059	1,077
어류	-	376,000	-	212,000	-	592,000	748,000	4,573,000	378,000

② 재산 피해

가축 피해는 닭·오리 등 가금류 9,022천 마리, 소·돼지 56,043마리 등 9,078천여 마리와 양식장 어류 7,089천여 수가 폐사하여 가축 및 양식 어류 피해는 전년 대비 816%가 증가하였다.

농작물 피해는 논작물이 1,632ha, 밭작물이 13,041ha, 기타 작물이 7,836ha가 피해를 입었다.

표 1-44 농작물 피해

구분	소계	서울	부산	대구	인천	광주	대전	울산	세종
소 계	22,509.20	-	-	-	110	29.4	7.2	-	91
논작물	1,631.80	-	-	-	33	-	-	-	2.8
밭작물 (채소·과수 포함)	13,040.70	-	-	-	2	19.7	0.9	-	13
기타 작물 (특작물 포함)	7,836.70	-	-	-	75	9.7	6.3	-	75.2

표 1-44 농작물 피해(계속)

구분	경기	강원	충북	충남	전북	전남	경북	경남	제주
소 계	819.2	811.3	3,466.80	4,032.50	4,692	4,204.20	4,066.30	149.3	-
논작물	19.5	-	31.7	658.6	246.7	617.1	18.7	3.7	-
밭작물 (채소· 과수 포함)	242.5	323.3	1,642.10	2,237.50	2,463.60	2,598.50	3,337	130.6	-
기타 작물 (특작물 포함)	557.2	488	1,793	1,136.40	1981.7	988.6	710.6	15	-

5) 후속 조치

2018년 폭염의 인명 피해 극심에 따라 정부는 그해 9월 18일 재난 및 안전관리 기본법을 개정하여 폭염을 자연재난에 포함시켜 재난으로 관리하기로 하였다. 국회 심의과정에서 이상기후로 여름철 더위가 심화되고 있듯이 겨울철에도 추위가 심화될 우려가 있다고 판단하고 폭염과 한파 두 가지 유형에 대해 재난으로 포함하여 관리하기로 하였다.

폭염이 재난으로 법제화되고 이를 실행하기 위해 행정안전부에 기후재난대응과를 신설하여 폭염·가뭄·미세먼지 재난 등 기후재난을 전담하도록 하였으며, 폭염이 재난으로 포함됨에 따라 인명 피해자에 대한 재난지원금을 지급할 수 있도록 폭염 인명피해 판단지침을 마련하고 지자체에 통보하였다. 이 지침은 폭염 대책기간이 종료된 후 시행됨에 따라 2018년도 폭염 인명 피해에 대해 소급 적용하기로 하였으나 신청기한을 확정하지 못해 해당 지자체에서는 재난지원금 지급 신청이 계속되어 2019년도에도 이월하여 지급하게 되었다.

또한 정부 폭염종합대책이 행정계획으로 시행하여 왔으나 재난 및 안전관리 기본법에 재난으로 포함됨에 따라 2019년도부터는 범정부 폭염종합대책을 마련하라는 대통령 지시사항이 있었고, 이에 따라 2019.5월 국무총리가 주재하는 국정현안점검조정회의에서 확정하였다. 이때 특이한 점은 산업부 소관사항으로 2018년도 전력요금 경감대책은 2019년도 범정부 폭염종합대책에서 제외되었다.

2018년도 폭염대책의 일환으로 여름철 전기요금 인하 문제는 2019년 2~3월 사상 유례없는 고농도 미세먼지 발생으로 2.28부터 3.7까지 연속 고농도 미세먼지 비상저감조치가 발령되었으며, 이에 국민의 미세먼지에 대한 관심도가 극에 달하였다. 이에 정부는 국무총리와 민간전문가가 공동위원장으로 하는 미세먼지 특별위원회를 구성하여 서울정부청사 대회의실에서 1차회의가 열렸는데 그 회의에서 전력 분야 민간위원들이 2018년도 여름 전기요금 인하 문제를 강도 높게 비판하였다. 단위사업장 중에서 미세먼지 발생량이 가장 많은 사업장이 화력발전소인데 전기요금 인하는 국민에게 절전을 유도해야 할 정부가 전력소비를 조장한 결과라는 것이다. 그러면서 어떻게 미세먼지 대책을 논할 수가 있느냐?라는 것이 전력 분야 전문가들의 한결 같은 의견이었다. 이에 따라 2019 범정부 폭염종합대책 논의 시 국무총리는 전력요금 문제는 산업부가 T/F를 구성하여 별도 논의하는 것으로 하고 폭염종합대책에서는 제외하고 심의·의결하였다.

언론, 국회 등에서 이의를 제기한 폭염질환 사망자 통계를 개선하기 위하여 행정안전부(기후재난대응과)는 질병관리본부 담당부서를 방문해 개선방안을 논의하였으나 질병관리본부는 업무 과중을 이유로 부정적 의견을 표출함에 따라 온열질환 감시체계는 아직도 개선점을 찾지 못하고 있다.

[한국의 위상 – 경제 분야]

◇ 전세계에서 '이것'을 이루어낸 나라는 한국이 유일하다.
  • 1932~1910 (27대 519년) 조선시대
  • 1897 대한제국(고종 황제즉위, 조선 국호 변경선포)
  • 1910~1945 (36년) 일제강점기
  • 1919 대한민국 임시정부(중국 상하이)
  • 1948 제헌 헌법에 '대한민국은 민주공화국이다.' 국호 선포
  • 1950 한국전쟁으로 쑥대밭이 된 한국
  • 1970-80년대 '한강의 기적'이라 불리우는 경제발전으로 성장
    * 4-H(1902, 미국), 두뇌(head)·마음(heart)·손(hand)·건강(health)의 청소년 단체. 한국은 1947, 지(智)-덕(德)-노(勞)-체(體)로 시작, 1970년대 새마을운동으로 발전
  • 1996 선진국 클럽 OECD 가입 (38국 중 29번째)
  • 1997 IMF 외한 위기 - 샴페인을 너무 일찍 터뜨린 나라
  • 2009 OECD DAC (Development Assistance Committee) 가입
    * 개발원조위원회(28국 중 24번째): 선진국의 개발도상국 원조 기구
  ☞ 세계 220여 국가 중, 도움을 받는 개발도상국에서 → 도움을 주는 나라, DAC(개발원조위원회) 회원국은 한국이 유일

◇ 2023년 기준, 한국의 경제는
  • 국내총생산(GDP) 1조8,394억 달러 (세계 12위)
  • 1인당 GDP 3만5,570달러 (세계 26위)
  • 국민총소득(GNI) 1조 6,931억 달러(세계 6위)
  • 1인당(GNI) 3만2,740달러(세계 7위)
  • 경제성장률 1.4%

제II편
안전관리

1. 안전의 개념
   1.1 안전, 安全, Safety

2. 안전의 패러다임 변화
   2.1 패러다임 변화의 필요성 | 2.2 안전-I | 2.3 안전-II

3. 안전관리의 개념
   3.1 안전관리의 관점 | 3.2 안전관리의 주요 이론 | 3.3 안전관리 정책과 레질리언스

4. 안전관리의 변천
   4.1 안전관리의 지구촌 변화 | 4.2 한국의 안전관리

5. 한국의 사회재난 사례
   5.1 1970년 남영호 여객선 침몰 | 5.2 1994년 성수대교 붕괴 | 5.3 1995년 삼풍백화점 붕괴 | 5.4 1996년 태백 탄광 매몰 | 5.5 1997년 대한항공 801편 추락 | 5.6 2003년 대구 지하철 방화 | 5.7 2007년 허베이 스피리트호 유류오염 | 5.8 2008년 서울 숭례문 화재 | 5.9 2014년 여객선 세월호 전복사고 | 5.10 2022년 이태원 다중운집인파사고

01 안전의 개념

1.1 안전, 安全, Safety

'안전'(安全)이란, 국어사전에서는 '위험이 생기거나 사고가 날 염려가 없거나 또는 그런 상태'로 정의하고 있으며, 옥스퍼드(Oxford) 사전은 '피해나 위험으로부터 안전이 유지되는 상태'로 정의하고 있다. 안전은 사고나 재해가 발생하지 않는 상태이며, 보다 적극적으로는 이러한 사고와 재해를 유발할 수 있는 잠재적 위험도 없는 상태라고 정의할 수 있다. 위험(danger)은 안전의 반대말로서 사물의 불안전한 상태나 인간 및 조직의 불안전한 행동에 의해 야기된다.

안전한 상태란 위험 원인이 없는 상태 또는 위험 원인이 있어도 사람이 위해를 받는 일이 없도록 대책이 세워져 있고, 그런 사실이 확인된 상태를 뜻한다. 단지 재해나 사고가 발생하지 않는 상태를 안전이라고는 할 수 없으며, 숨은 위험의 예측을 기초로 한 대책이 수립되어 있어야만 안전이라고 할 수 있다.

그런 의미에서 '안전'이란 만들어지는 상태를 뜻한다. 예를 들어, 산업현장에서는 작업환경에 대응하여 안전 칸막이, 안전통로, 안전장치 등을 설치함으로써 안전 대책을 수

[안전의 개념]
◎ 사전적 정의
 • 국어사전 : 위험하지 않거나 사고가 날 염려가 없는 것
 • 옥스퍼드 사전 : 피해나 위험으로부터 안전이 유지되는 상태
◎ 일반적 의미
 • 사고나 재해가 발생하지 않은 상태,
   이러한 사고와 재해를 유발할 수 있는 잠재적 위험도 없는 상태

립한다. 또, 넓은 의미에서는 지구환경을 파괴하지 않도록 대책을 세우는 것도 안전 대책의 한 가지로 볼 수 있다.

「재난 및 안전관리 기본법」 제3조 제4호에서 '안전관리(safety management)'란 시설 및 물질 등으로부터 사람의 생명·신체 및 재산의 안전을 확보하기 위하여 하는 모든 활동으로 정의하고 있다. 이는 다시 말해 '안전' 자체에 대한 실직적인 법적 정의가 아직 확립되지 않았음을 의미한다. 한편, 우리나라는 안전에 대한 각종 법들이 개별법으로 산재(散在)하여 있다.

현재의 재난안전 관련 법령은 과도하게 분산되어 있으며, 상호연계성이 부족할 뿐만 아니라 각각의 기준도 상이(相異)하다. 따라서 자연재난(natural disaster)과 사회재난 등이 합쳐진 복합적 재난이 급증하는 추세에 적용할 수 있기 위해서는 여러 부처에서 분산 관리하고 있는 재난안전 관련 법령을 통합 재난관리법으로 통합하는 방안 또는 각각의 개별법으로 존치하는 경우라도 상호연계가 되도록 관련 법령들 사이의 관계를 명확히 하는 방안이 모색되어야 할 필요가 있다. 현대 사회가 점점 더 고도화되면서 복잡한 사회로 진입하고 있고, 경제적·사회적 환경이 급격히 변화하는 과정에서 각종 재난이나 위험으로부터 안전이 중요한 국가정책이 되었다. 또한, 안전에 대한 일반 국민의 의식이 점점 높아짐에 따라 사회 안전에 대한 다양한 욕구가 제기되고 있다. 안전 문제가 일상화됨에 따라 안전이 하나의 생활문화가 되었고, 안전을 보다 체계적으로 다루기 위해 각 분야의 안전 관련 시스템을 정비할 필요성도 점차 커지고 있다.

정부는 재난 및 위험으로부터의 안전에 대한 필요성이 강조됨에 따라 「재난 및 안전관리 기본법」 등 안전 관련 법령을 제정하여 각종 재난으로부터 국민의 생명·신체 및 재산을 보호하기 위한 정책을 수립하고 이를 법제화하는 노력을 그동안 하여 왔으나 여전히 안전사고는 증가하는 추세이다. 새로운 재난·안전관리 체계의 효율적인 작동을 위한 법제 개선 방안 제시를 목적으로 현행 재난안전관리 체계의 문제점을 적극 검토할 시기에 이르렀다.

① 「재난 및 안전관리 기본법」 등 기존 법제도가 다루고 있는 재난·안전관리 제도에 대한 검토와 개선을 통하여 효율적인 재난·안전관리 제도 개선 방안을 마련할 필요가 있다.

② 행정안전부(재난안전관리본부)에서는 새로운 재난·안전관리 체계의 효율적인 작동을 위해 재난안전 관련 법제 분석을 통하여 통합적이고 합리적인 안전관리법제 정비 방안을 수립·추진하여야 한다.

③ 재난안전 관련 법제 분석을 통하여 가능한 안전한 사회를 만드는 법제 통합 및 조직의 합리적 구성과 과감한 구조조정을 통하여 효율적인 안전관리 시스템 구축이 필요하다. 안전의 개념은 국가 또는 학자들의 시각이나 연구 분야에 따라 다양하게 논의되어 왔으며, 여러 갈래로 분류되고 있고 사회환경과 시대의 변화에 따라 유동적으로 인식되고 있다.

흔히 '안전제일'이라는 말이 있는데, 이는 당초의 미국 US Steels사의 사훈 '생산 제일, 품질 제이, 안전 제삼'을 1906년에 '안전 제일, 품질 제이, 생산 제삼'으로 바꾸면서 유명해졌다고 한다. 물론 오늘날의 관점에서 보면 기존 사훈은 터무니없는 것이지만 일부에서는 안전이 3대 요소에 포함된 것 자체가 이미 그때 관점으로도 안전에 대한 이슈가 중요한 요소로 인식되었던 것으로 해석하기도 한다.

이것을 불감한 증상이라는 뜻으로 '안전불감증'이라는 말이 있는데, 이는 모름지기 기피해야 하는 현상이다.

 VS

그림 2-1 안전제일 vs 안전불감증의 문제

Chapter 02 안전의 패러다임 변화[17]

2.1 패러다임 변화의 필요성

최근 기술의 발전과 산업 및 생활의 빠른 변화에 따라 사고의 유형도 점점 복잡화하고 원인도 다양해졌다. 인간과 기계가 함께 어우러지고 복잡한 설계와 작업을 포함한 현대적 시스템에서 사고를 방지하는 것은 기존의 안전대응 조직의 관리방식 한계를 넘어선다.

기존의 안전-I(safety-I) 패러다임의 안전은 사고의 원인을 기계적 결함이나 '인간 작업의 결함', 즉 인적 과실에 의한 것으로 보고 이러한 부정적 요소를 제거함으로써 안전 상태로 복귀한다는 관점을 중심으로 이루어졌다. 이에 비하여 안전-II(safety-II)의 경우 안전이란 끊임없이 변하는 상황에서 시스템이 지속적으로 성공할 수 있는 능력이라 보며, 조직의 안전 수준을 적응적으로 유지하고 시스템 내 취약성의 발현을 억제하는 유연한 능력에 초점을 두고 있다. 안전공학은 시스템의 전체적 안전을 분석하고 증진시키는 시스템 공학으로서 사고와 안전에 대한 새로운 이해를 강조하고 그에 입각한 체계적 접근법을 제시한다. 안전공학은 시스템 개념을 기반으로 한 거시적 패러다임 변화이며 이것을 E. Hollnagel은 안전-I에서 안전-II로의 이행이라고 명명하였다. 특히 안전사고 과정의 변천과 기본 원리를 이해하는 것이 중요하다.

1세대 사고모형은 선형적 사고모형(sequential model, 예: 도미노 이론)으로서, 선형적 인과관계로 사고가 일어난다고 해석했다. 마치 부품의 결함에 의해 기계가 고장나는 과정과 같이 결함에서 결함으로 이어지는 인과의 연쇄에 의해 최종적으로 시스템은 실패한다는 것이다. 따라서 사고 발생의 도미노 이론으로 불린다.

---

17) 윤완철·양정열(2019); 윤완철 외(2020); Hollnagel(2014); 홍성현(2016) 재구성

2세대인 역병적 사고모형(epidemiological model, 예: 스위스 치즈 모델)은 조직에 잠재한 문제들이 중첩되어 사고를 일으킨다고 본다. 작업자의 불안전한 행동으로 일어난 사고로 보여도 그 인적 과실 자체만을 원인이라 할 수 없으며, 현장 상황, 팀 관리, 경영 의사결정 등이 이를 조장하거나 막지 못했던 잠복된 약점들을 문제로 보아야 한다는 것이다.

표 2-1 안전사고 모델의 진화

sequential models (순차적, 선형적)	• 사고는 시간 순의 별개의 사건 • 원인-결과의 관계가 선형적 · 결정적* * 결정적: 원인에 따라 결과가 결정됨, 같은 원인에는 같은 결과가 나옴 • 근본 원인이 확인되고 제거된다면, 사고는 발생하지 않음 • 예: 도미노 모델(Heinrich, 1931) 등

epidemiological models (역학적, 역병적)	• 사고는 잠재적인 실패 요건(latent failure)과 능동적 실패 요건(active failure)의 결합
	  · latent failure: 관리 실태, 조직 문화 등
	  · 조직 인자 → 지역적 조건 → 개인의 작업 수행 조건 → 불안전한 행동(실수 또는 위반)(= active failure)
	• 잠재적인 실패 요건은 능동적 실패 요건과 결합되어 나타남
	• 사고의 발생 방향은 여전히 선형 구조
	• 예: 스위스 치즈 모델(Reason, 1990) 등

systemic models (시스템적)	• 사고는 컨트롤되지 않은 상호작용으로 시스템의 예상치 못한 행동 • 근본 원인을 제거하는 것이 사고 발생을 막을 수 있는 것은 아님 • 사고가 발생하는 것에 대해 더욱 깊은 이해를 요함. • 자원 · 지식 집약적 모델 • 예: STAMP(Leveson, 2004), FRAM(Hollnagel, 2004) 등

자료: 윤완철 외(2020)

3세대인 시스템적 사고모형(systemic model, 예: 정상사고 이론)은 관련 요인들을 잘 잘못으로 이분하는 것은 사후적 관점이며, 항상 변동성(variability)[18]이 모든 기능에서 작용하고 있다는 것을 직시하고 각 기능 사이의 상호작용 가운데에서 변동성이 파급 중

---

18) 시스템 내 각 기능의 출력은 늘 일정불변한 출력을 내고 있지 않으며 기복이 있다. 자체 내의 변화뿐만 아니라 주변 관련 기능의 상태, 외부 변화 등에 의해 기복이 발생하며, 그 기복이 안전에 지장이 안 된다는 범주 내에 머물게 하려는 설계 노력과 운영 노력이 있는 것이다. 그러나 이런 노력만으로는 변동성의 흡수에 한계가 있으며, 인접 기능 사이의 이상공명현상에 의하여 예상 밖의 범위 결과를 내는 경우가 있다. 이 변동성의 개념은 이전의 '결함' 또는 위험성의 개념을 더욱 포괄적으로 연장하여 대체하는 것이다.

첩되어 어떤 기능의 정상 동작 범위를 넘어갔을 때 시스템이 실패한다고 설명한다. 이것이 안전-II의 관점이며, 찰스 페로(charles perrow)의 '정상사고(normal accident theory)' 이론에서 지적하는 바와 같이 결함을 찾아서 제거하여 안전을 기하겠다는 것은 복잡한 대형시스템에서는 불가능하다고 인식한다. 따라서 불특정한 변동상황에서도 시스템이 능동적으로 안전 수준을 유지할 수 있는 능력, 즉 안전 탄력성이 사고 방지에 필수적이라는 것이 2000년 이후의 시스템적 관점이다. 이런 맥락에서 2000년 이후의 시스템 안전은 레질리언스 시대에 들어와 있다고 한다.

이와 같이 시계열 분석을 통하여 안전사고 모델의 진화모형(표 2-1)과 시스템 안전과 안전사고 모형의 변천(그림 2-2)에 대한 기본 원리의 이해는 안전공학의 기반이 된다.

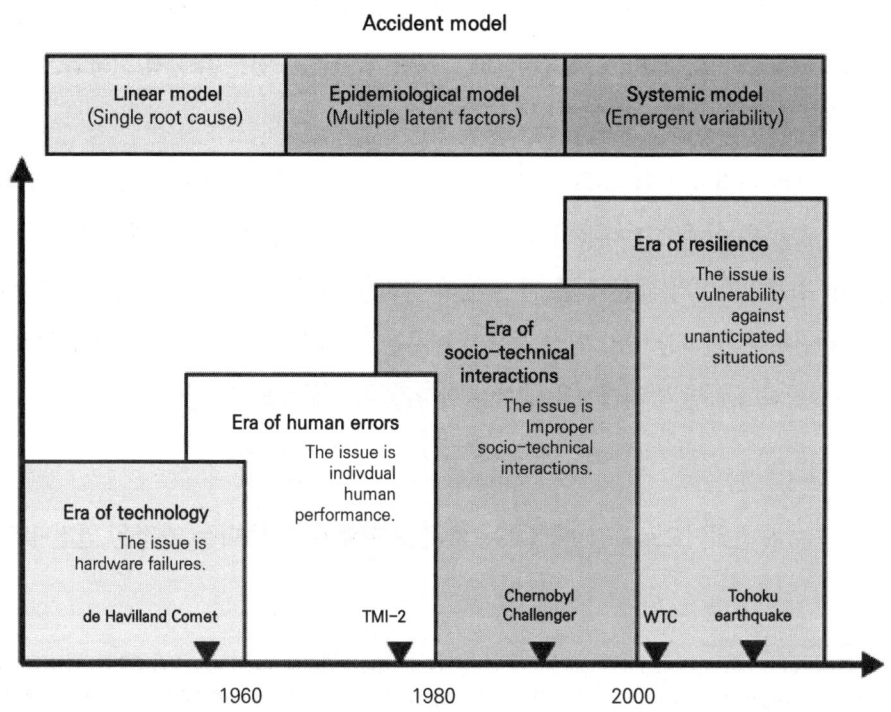

그림 2-2 시스템 안전과 안전사고 모형의 변천

자료: 윤완철·양정열(2019); 윤완철 외(2020)

2.2 안전-I (safety-I)

우리가 무엇을 하든 효율성과 완전성의 선택(efficiency-thoroughness trade-off: ETTO)[19] 원리를 따르도록 요구한다. 또한 어떻게 안전을 관리할 것인지에 적용된다. 안전사고 조사는 심각한 사건을 제외하고 어느 시간 전에 또는 주어진 자원 내에서 항상 마쳐야 한다. 위험평가는 중요한 것이라도 대체로 시간과 자원의 제약으로 곤란을 겪는다. 이러한 사례는 우리가 무엇을 하려고 할 때, 대부분의 합리적 사고와 판단은 실제로 추정에 기반을 둔다. 이것은 무언가 의심받기보다는 당연한 것으로 여겨지는 것이다. 추정은 인간 행동의 중요한 부분이며 사회적 또는 전문적 단체 사이에 넓게 공유된다. 우리는 추정이 당연히 옳다고 여기는데, 단순히 모든 사람이 그것을 사용하고 신뢰하기 때문이다.

안전과 안전관리는 사실과 증거 외에도 믿음과 추정을 포함한다. 이러한 주장은 믿음과 추정이 아직도 안전관리에서 중요한 역할을 하기 때문이다. 믿음과 추정은 학문적 전문가에 의해서는 사용되지 않을지 모르지만, 전문직 종사자들이 안전과 안전관리를 다루는 데 가장 기본적인 것이다. 믿음은 모든 사람이 가지고 있는 대중적 신념과 일반적 지식, 연례 보고서 등에서 발견된다.

안전-I은 여러 추정과 믿음을 구체화하여 우리가 어떻게 부정적인 결과를 자각하고, 어떻게 그것을 이해하고 대응하는지, 그리고 우리가 어떻게 안전을 관리하는지에 대해 중요한 결정인자이기 때문에 좀 더 자세히 고려할 가치가 있다. 우선 사고 원인에서 결과를 판단하는 '인과관계'와 인적 사고의 대부분은 '인적 오류'이며, 왜 일어났는지 '근본원인'을 밝히고 재발 방지대책을 찾아야 한다.

1) 인과관계

결과는 사전원인으로부터 따라오는 효과로 이해될 수 있다는 가정은 안전-I의 가장

---

[19] efficiency-thoroughness trade-off 원리는 시스템의 모든 기능은 경제적 원리에 의해 적정 수준의 안전성을 가지고 동작중이며 완전히 안전하지도 완전히 불량이지도 않다. 많은 경우 평소와 다르지 않은 운영중인데, 어느 순간 복합적 작용에 의해 결과가 나빠서 여러 요소가 실패의 원인이라고 지적될 뿐이다. 따라서 잘-잘못이 명백하다는 착시를 버리고 정상적인 경우를 포함해서 변동성을 고려하여 안전을 평가하거나 사고원인을 규명해야 한다. 즉 ETTO원리는 단순화된 양-불량의 이분법을 배제하는 것이다.

중요한 믿음이다. 이러한 추정은 안전-I의 사고에 대한 근거이며 다음과 같이 표현될 수 있다.

- 잘된 상황과 잘못된 상황은 둘 다 그들의 원인을 갖고 있으나 그 원인은 다르다. 부정적인 결과(사고, 사건)의 이유는 무엇인가 잘못된 것이다. 또한, 성공적인 결과의 이유는 모든 것이 예정대로 작동하는 것이다.
- 부정적인 결과는 원인이 있고 증거가 충분히 모아지면 원인을 찾을 수 있다. 일단 원인이 발견되면 제거되거나 요약되며 또는 중립화될 수 있다. 이렇게 하는 것이 오류의 수를 줄이고 따라서 안전이 개선될 것이다.
- 모든 부정적인 결과는 원인을 가지고 있고, 모든 원인은 발견할 수 있으므로 모든 사고는 예방될 수 있다. 이것이 많은 회사가 갈망하는 무사고 또는 무재해의 비전이다.

인과관계는 원인에서 결과를 판단하는 경우는 아주 합리적이다. 그러나 결과로부터 원인을 판단하는 반대의 경우도 타당한 것으로 오인하는 경우가 있다. 후행 사건(결과)이 있으므로 선행 사건(원인)이 진실이라고 결론짓는 것은 대부분 타당한 추론으로 보이지만, 이것은 논리적으로 유효하지 않다. 단순한 시스템에서는 그럴듯해 보이지만 복잡한 시스템에서는 타당성이 없다. 이것은 전형적인 사고 모델에 대한 인과관계에서 설명될 수 있다.

사고분석에 있어서 인과관계의 법칙 또는 역인과관계의 법칙이 주종을 이룬다. 인과관계의 법칙이 모든 원인은 결과를 가진다고 진술하는 반면, 역인과관계의 법칙은 모든 결과는 원인을 가진다고 한다. 이것은 합리적일지라도 이러한 추정은 실제로 존재하지 않는다. 역인과관계 법칙은 시간에 따라 결과로부터 원인을 반대로 판단하는 것이 논리적으로 가능하다는 합리성 추정으로 실제로 존재하지 않는 결정론적 결과를 요구한다. 안전에 관하

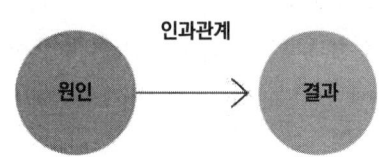

원인이 있었기 때문에 결과가 생겨났다.

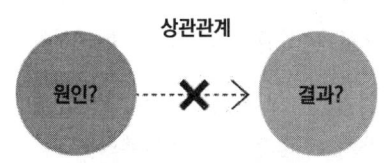

원인과 결과의 관계가 아니다.

그림 2-3 원인과 결과의 관계

자료: 윤지나(2018)

여 생각할 때 과거와 미래 사이의 균형이 필수적인데, 미래 사고는 과거 사고와 같은 방법으로 일어난다는 것을 의미한다. 즉 과거에 일어났던 사건의 이유는 미래에 일어날 사건의 이유와 같아야 한다는 것이다. 사회 - 기술 시스템은 끊임없이 변화하기 때문에 그것이 같은 종류의 일 또는 조건에 기인한다는 것은 실제로 존재할 수도 없고 합리적이지도 않기 때문이다.

오늘날 안전사고의 모델은 각각 순차적 · 역학적 · 시스템적으로 불리는 3가지의 다른 사고 모델로 구별하는 것이 일반적이다. 이 중 순차적 · 역학적 모델은 인과관계에 속하지만, 시스템적 모델은 그렇지 않다. 순차적 사고 모델의 원형은 도미노 모델이다. 도미노 모델은 하나가 다른 것에 이어서 넘어지는 도미노 조각의 집합 경우처럼 단순하고 선형 인과관계를 나타낸다. 이 모형의 논리에 따르면 사건 분석의 목적은 마지막 결과로부터 역으로 판단함으로써 실패한 구성 요소를 찾는 것이다. 또한, 위험 분석은 무엇인가 '고장'을 찾는 것인데, 이는 특정 구성 요소가 그 자체의 결함이나 다른 문제에 의해 고장나는 것을 의미한다.

선형 사고 모델은 1980년대 역학적 모델에 의해 대체되었으며, 가장 잘 알려진 사례는 스위스 치즈 모델이다. 스위스 치즈 모형은 선형 혼합 인과관계에 의해 사건을 나타내는데, 여기서 부정적인 결과는 능동적(인간) 실패의 혼합과 잠재적 위험에 의한 것이다. 따라서 사건 분석은 저하된 장애물 또는 방어막들이 어떻게 능동적(인간) 실패와 혼합하는지를 찾는다. 또한, 위험 분석은 하나의 실패와 잠재 조건이 혼합되어 부정적인 결과를 초래하는 조건을 찾는 데 집중한다.

2) 인적 오류

안전사고의 대부분은 '인적 오류' 때문이라는 것은 전 세계적으로 알려진 사실이다. 가령 '운전자 오류가 모든 자동차 사고의 90% 이상으로 중요한 요인이라는 것은 일반적으로 인식된다.' 또는 '불행하게도 인적 오류가 모든 사고의 중요한 요인이다.'라는 서술이 쉽게 이용된다. 그러나 대부분의 안전사고에 대한 원인으로 '인적 오류'의 믿음은 사라져 가고 있음을 보여준다.

'인적 오류'를 지적한 첫 번째 사고 모델은 사실상 도미노 모델이며, Heinrich는 다음과 같이 묘사했다. (1) 산업 부상은 오직 사고의 결과다. (2) 사고는 직접적으로 ⓐ 사람

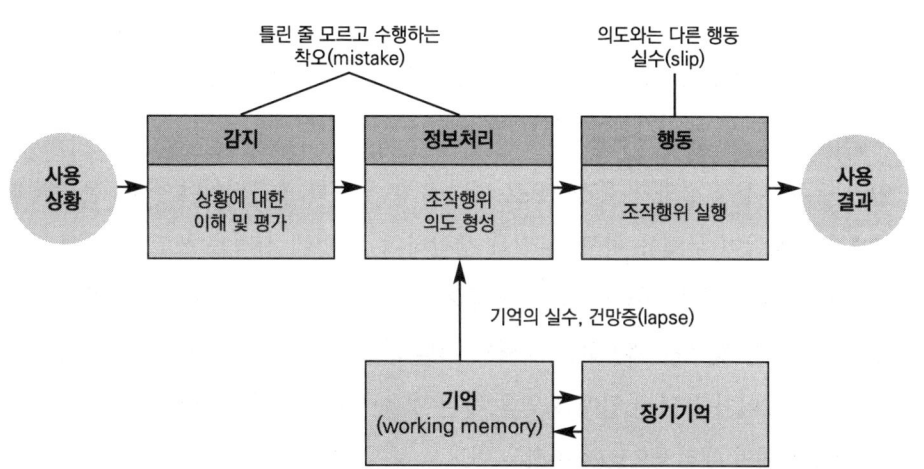

mistake : 상황해석은 잘못하거나 틀린 목표를 착각하여 행하는 경우
slip : 상황(목표) 해석은 제대로 했으나 의도와는 다른 행동을 하는 경우
lapse : 여러 과정이 연계적으로 일어나는 행동을 잊어버리고 안 하는 경우

그림 2-4 인적 오류의 유형

자료: 박준우(2017)

의 불안전한 행위 또는 ⓑ 불안전한 기계적 조건의 노출에 의한 원인이다. (3) 불안전한 행동과 조건은 오직 사람의 실수가 원인이다. 그리고 (4) 사람의 실수는 환경에 의해 생기거나 유전적으로 얻어진다.

Heinrich에 의해 개선된 장비와 방법들이 소개됨에 따라 '인적 오류'의 개념은 안전에 대한 구전 지식이 되었으며, 순수하게 기계적 또는 육체적 원인에 의한 사고는 줄어들었으나 사람의 실수가 부상의 주된 원인이 되었다. 이것은 '인적 오류'를 개인적 특성 또는 성격 특성으로 여기는 철학적·심리학적 전통과 일치한다. 이것의 실제 사례는 운전의 제로 리스크 가설인데, 운전자는 주관적으로 인지한 위험을 제로 수준으로 유지하려는 목표를 의도한다는 것이다.

사고를 설명하기 위해 '인적 오류'를 사용할 때 원치 않는 부작용은 '인적 오류'의 수준이 분석 또는 일반적 근원의 최대 장애가 된다는 것이다. 사고조사는 인적 오류와 같은 실수를 하지 않거나 작업자가 무엇인가 잘못하지 않았다면 안전사고는 발생하지 않았을 것으로 추정한다. 따라서 일단 '인적 오류'가 발견되면 분석을 멈추는 것이 '정상적'인 것이다. 이것은 1984년 Charles Perrow에 의해 명쾌하게 표현되었다. 공식적인 사고조사는 통상 작업자가 실패했다는 가정에서 시작하고, 그 가정이 확인되면 조사는 종료된다. 그러나 부실 설계가 원인이면 수많은 폐쇄와 새로운 장착 비용을 수반한다. 관리 부실이 원인이면 관리자들을 위협하게 된다.

안전-I은 부정적 결과가 효과적으로 예방될 수 있도록 조사되어야 한다. 현재의 패러다임에서는 사람이 무엇을 하고, 무엇을 생각하며, 무엇에 신경을 쓰고, 어떻게 결정을 하는지 알 필요가 있다. 이러한 것은 거의 기록되지 않고 또는 관찰되지도 않기 때문에 조사자는 이러한 정보를 제공하는 사람의 자발성에 의지한다. 그러나 사람들이 잘못이 있는 것처럼 보이거나 모든 일에 책임을 갖는 것을 두려워하면 이러한 것은 이루어질 수 없다. 이런 문제의 해결책으로써 조직은 반드시 공정문화를 수용하여야 한다고 주장한다. 공정문화는 '안전과 관련된 중요한 정보를 제공하는 사람이 격려되고 보상을 받는 신뢰의 장으로서, 그러나 수용할 수 있는 행동과 그렇지 않은 행동 사이에 선이 있어야 한다는 것은 분명해야 한다.'고 서술되었다. 이것은 만약 한 일이 그들의 훈련과 경험에 일치한다면 그들은 비난받거나 처벌받지 않는 것이 중요하기 때문이다. 그러나 중대한 과실, 고의적인 위반, 그리고 완전히 파괴적인 행위를 용인하지 않는 것 또한 중요하다. 이처럼 '인적 오류'의 해결책은 많은 문제를 양산하게 된다.

3) 근본 원인

도미노 모델과 결합된 인과관계의 사고조사 결과에서 사고조사가 시스템적으로 완료되어 발견되는 기본적인 첫 번째 원인이 '근본 원인'으로 불린다. 도미노 모델에서 근본 원인은 '계통과 사회적 환경'이었고, '원치 않는 특징'을 초래한다. 이것은 5단계 도미노이기 때문에 더 이상 분석은 가능하지 않다. 근본 원인을 찾고자 하는 분석의 종류는 당연히 '근원 분석(root cause analysis: RCA)'이라 불린다.

근원 분석의 목적은 합리적이고, 무엇이 일어났는지, 왜 일어났으며, 재발 방지를 위하여 무엇을 해야 하는지를 찾는 것이다. 이것을 달성하기 위해 몇 개의 가정을 만든다. 첫째, 각각의 실패는 무작위 변동을 제외하고, 하나 또는 그 이상의 근본 원인을 갖는다. 둘째, 근본 원인이 제거된다면 사고는 일어나지 않는다. 셋째, 시스템은 근본 원인을 기본요소들로 분해하면 분석이 가능하다. 넷째, 시스템의 동적 행위는 분해된 시스템 요소의 동적 수준으로 설명될 수 있다.

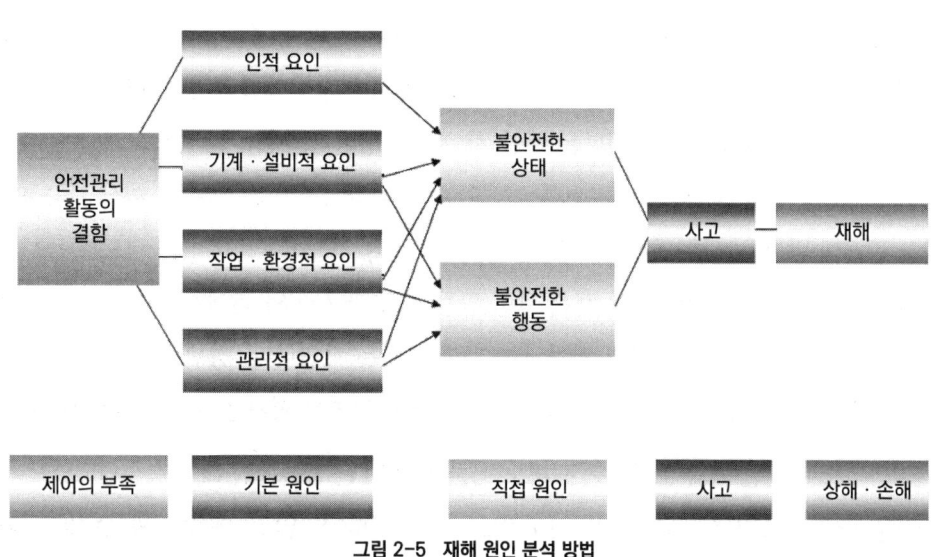

그림 2-5 재해 원인 분석 방법

자료: RE 안전환경(2021)

모든 것을 고려할 때, 인적 오류의 해결책과 근원에 대한 믿음은 많은 조사가 '근원'으로서 인간을 지목함으로써 결론 내리는 것을 의미한다. 사고조사는 논리와 실질적인 문제, 개인적 선입견 또는 정치적 영향을 받지 않는 엄격한 추론을 나타낸다는 일반적 가정에 의해 문제가 발생한다. 사고조사를 일반적인 과학조사와 동등한 기반으로 여기기 때문에 우리는 그것을 가정하고 싶어 한다. 그러면 왜 안전사고 조사는 일반적인 과학조사와 다를까? 우리는 사회-기술 시스템에서 사건의 근원을 찾는 것은 논리적인 과정이라기보다 심리적인 것이기 때문에 유일한 해결책은 없다. 근원을 찾는 것이 효과적일 수 있는 반면 단기적으로는 완벽할 수가 없다.

4) 새로운 안전 개념의 필요성

안전 시스템 안의 각 요소들은 사고를 만들기 위해 작동하는 것이 아니라 일반적인 결과물(성과)을 만들어내기 위해 작동하며, 안전 시스템은 선형이 아닌 고리형으로 작동한다. 안전 시스템이 선형이 아니라면 사고가 일어나는 과정 역시 선형이 아니며, 안전 시스템 속의 각 요소가 오작동하거나 실수할 확률은 0%나 100%가 아니다.

각 요소들은 매 순간 다른 수행 능력을 보이며, 시스템 전체의 수행 능력은 각 요소 수행 능력의 합이다. 평상시 시스템의 작업 수행 능력은 안전구역(safety boundary) 밖으로 벗어나지 않지만, 불안전한 작업이 동시에 이루어지면 공명현상[20]으로 인해 시스템은 더욱 크게 불안전해진다. 따라서 공명이 일어나 시스템의 작업 수행 능력이 안전구역(safety boundary) 밖으로 벗어나는 순간 사고가 발생한다. 세상이 더 복잡해짐에 따라 우리가 원인과 결과 사이의 인과관계를 이해할 수 있다고 주장하는 것이 더 이상 가능하지 않고 동시에 받아들일 수 있는 정도의 현실주의와 실현 가능성을 유지하는 것도 가능하지 않을 수 있다. 어느 분명한 행동 또는 행동(활동)과 결과 사이의 관계가 불투명하고 이해하기 어렵다는 것에도 불구하고 결과가 나타나는 것은 당연하다. 경우의 수가 증가함에 따라 무엇인가 일어났을 때 원인을 발견할 수 있다고 당연히 여기는 것을 중지해야 한다.

결과적으로 안전-I의 주류였던 도미노 이론은 1931년에 출판된 책에서 설명되었으며, 오늘날 사회-기술 시스템은 분해되지도 않고, 이원적이지도 않고, 예측도 할 수 없다. 따라서 20세기 초 작업환경에 적절했던 사고가 오늘날에는 적절하지 않다. 기존의 선형적으로 관리하던 인과관계 - 인적 오류 - 근본 원인 - 재발 방지대책을 마련(안전-I)하던 개념에서 선제적·능동형 대처 역량 즉 사전 예측 - 감시 - 대응 - 안전 학습 역량 중심(안전-II)으로 변화하였다.

그림 2-6 새로운 안전 개념(안전 I → 안전 II)

자료: 김동현 외(2017)

2.3 안전-II(safety-II)

안전-I은 오늘날 작업환경이 너무 급격하게 변해서 더 이상 유효하지 않다고 주장한다. 따라서 현재와 미래에 우리가 대처해야 할 새로운 안전의 관점이 필요한데, 이 새로운 관점은 안전-II로 불리며, 안전-II[21]는 존재론으로 시작하여 원인론으로 진행하며 현상학으로 끝난다.

---

20) 공명현상: 진동하는 계의 진폭이 급격히 늘어나는 현상

1) 안전-II의 존재론

일을 달성하려는 사람들은 효율성과 완전성의 선택(efficiency-thoroughness trade-off: ETTO) 원칙이 설명한 효율성과 완전성 사이에서 선택을 한다는 것이다. 영국의 심리학자 Lisanne Bainbridge는 자동화에 대한 토론에서 '자동화 설계자가 자동화 방법을 찾지 못하면 여전히 작업자가 수행하도록 한다.'라고 지적했다. 이러한 논쟁은 자동화 설계에서뿐만 아니라 일반적인 현장 설계에도 적용된다. 우리는 완벽히 이해하는 상황에 대해서는 자세히 명시할 수 있으나 그 밖의 상황은 자세히 명시할 수가 없으므로 더 복잡하거나 어려운 상황일수록 세부 사항에 대한 불확실성이 더 크고, 성과 조정이 더 요구된다. 즉 인간의 경험과 능숙함이 더 많이 요구되고, 기술적 자동화의 의존은 더 적어진다.

안전-II의 존재론은 사회-기술 시스템이 너무 복잡해져 작업 상황이 항상 불분명하고 예측하기가 어렵다. 사회-기술 시스템은 복잡하여 다루기 어렵기 때문에 작업 조건이 명시되거나 규정된 것과 다를 수 있고, 변화하는 상황에 대응하도록 조정되지 않는다면 대응할 수 있는 것이 별로 없다는 것을 의미한다. 따라서 성과 변동성은 반드시 필요하며, 조정은 개인적-집단적, 그리고 조직 스스로에 의해 이루어진다. 이와 같이 안전-II 존재론의 인적 성과는 개인적이든 집단적이든 항상 변동적이다. 따라서 안전-I의 이원화 원칙은 오늘날에는 적용할 수가 없게 되었다.

2) 안전-II의 원인론

원인론은 상황이 어떻게 일어나는지에 대한 가정이라기보다 상황이 일어나는 방법에 대한 설명이다. 무엇이 관찰되었으며, 무엇이 일어나는지를 이해하고, 그것을 관리하기 위해 사용될 수 있는 '메커니즘'에 대한 관점 이론이며, 존재론에 의해 현상학을 설명하는 방법이다.

---

21) 기존의 안전 관념(안전-I)으로는 실패한 기능이 연결되어 사고가 나는 것이며, 따라서 불량한 기능을 줄여야 한다는 것인데 반해, 안전-II에서는 정상적인 기능 연결에서 변동성이 중첩되어 사고가 나는 것이며, 따라서 안전 노력의 방향도 더 많은 기능이 정상적으로 동작하도록 해야 한다는 것이다. 레질리언스의 개념은 안전은 수동적으로 지켜진다기보다 능동적으로 생산되어야 할 성격으로 보는 것이며, 이는 현대적 안전 시스템의 지혜와 일치한다. 예를 들어 Hudson의 안전문화의 5단계 역시 가장 성숙한 안전문화의 단계를, 안전을 능동적으로 생산하는 Generative단계라 밝히고 있다.

① 결과적 결과(안전-I)

무엇이 어떻게 발생했는지를 설명하는 전형적인 방법은 근원에 도달할 때까지 결과로부터 원인을 역추적하는 것이다. 따라서 사고 조사의 목적은 식별할 수 있는 결과로부터 작용 원인(efficient cause)으로 후방 전개를 추적하는 것이다. 그러나 위험 평가는 작용 원인으로부터 가능한 결과로의 전방 전개를 추정한다.

② 발현적 결과(안전-II)

발현적 결과의 경우 '원인'은 존재하지만 규명하기가 어렵다. '원인'을 찾기가 어렵기 때문에 결과는 특정 구성요소 또는 기능으로 역추적할 수가 없다. 발현적 결과는 인과관계보다는 공명인 곳에서 예상하지 못한 성과 변동성에 의해 일어나는 것으로 이해될 수 있다. 이것은 임의적이기보다는 시스템적이다. 이것은 대체로 예측이 가능하기 때문에 안전 분석의 근거로 사용될 수 있다. 비록 보통의 방법으로 성과 조정에 대해 무엇인가를 할 수 없을지라도 조건이 충분히 규칙적이고 반복되는 한 그것을 필요하게 보이도록 만드는 조건들을 통제할 수 있다.

③ 공명

시스템 기능이 발전하면서 기능공명분석(functional resonance analysis method; FRAM)은 시스템 기능 간의 결합 또는 의존성을 도표화할 수 있다. 공명은 시스템이 다른 곳에서보다 어떤 주파수에서 더 큰 크기로 진동하는 현상을 말하며, 이들은 시스템의 공진주파수(또는 공명)로 알려졌다. 어떤 주파수에서 반복적으로 가해지는 작은 힘이 커다란 크기의 진동을 만들 수 있고, 시스템에 심각한 손해를 입히거나 파괴까지도 한다.

사회-기술 시스템에서 성과 변동성은 사람들의 개인적·집단적, 그리고 일상의 기능을 함께 구성하는 조직의 근사치 조정을 나타낸다. 실제로 성과 변동성은 단순히 반응적이 아니며 예방적이다. 근사치 조정은 스스로 다른 사람들이 개인적 또는 집단적으로 할 수 있는 것에 반응하거나 예상하여 만들어진다.

3) 안전-II의 현상학

안전-I이 '잘못되는 일이 적은 조건'으로서 정의된 것처럼, 안전-II는 '잘되어 가는 일, 모든 것이 잘되어 가는 것이 많은 조건'으로 정의된다. 레질리언스(resilience)와 유사하게, 안전-II는 예상되거나 예상되지 않은 조건에서 똑같이 성공할 수 있는 능력으로 정의될 수 있으며, 의도되고 받아들일 수 있는 결과들이 가능한 한 높은 것이다.

안전-II 정의는 두 가지 질문을 유발한다. 첫 번째 질문은 상황이 잘되어 가고 있는지를 어떻게 알 수 있는지이다. 이 질문은 이미 안전-II의 존재론과 ETTO원칙에서 그리고 성과 조정과 성과 변동성이 일상의 성공적 성과의 기초가 된다는 주장에 의해 설명되었다. 두 번째 질문은 무엇이 잘되어 가는지를 어떻게 볼 수 있느냐는 것이다. 안전-II의 현상학은 좋거나 나쁜 것, 보기 싫은 것을 일상에서 발견할 수 있는 모든 가능한 결과이다. 이 질문은 상황이 잘되어 가는 것을 인지하기가 어려울 수 있다는 것을 지적하였는데, 항상 발생할 수 있도록 습관화가 되어 있기 때문이다. 안전관리에 있어서 시스템의 안전을 보장하기 위해 우리는 왜 시스템이 실패하는가보다 어떻게 시스템이 성공하는가를 이해할 필요가 있다.

① 안전-II: 잘되어 가는 상황의 보장

기술적 및 사회-기술적 시스템이 발전함에 따라 특히 더 강력해진 정보기술의 발달로 인해 시스템과 작업환경은 점차적으로 더 다루기 어려워졌다.

안전-II는 '무엇인가 잘못되는 것을 피하는 것'으로부터 '잘되는 모든 것을 보장하는 것'으로 레질리언스(resilience)의 정의에서는, 변화하는 조건에서 성공하는 능력으로 바꾸는 것이며, 따라서 의도되고 받아들일 수 있는 결과의 경우를 가능한 한 높게 유지하는 것이다. 이 정의의 결과 안전과 안전관리의 기준은 상황이 왜 잘되는지에 대한 이해를 의미한다. 안전-II는 사람들이 작업조건에 부합하기 위해 그들이 하는 것을 조정할 수 있기 때문에 시스템이 작동한다고 분명히 가정한다. 사람들은 또한 무엇인가 잘못되거나 잘못되려고 할 때 그것을 찾아내고 고칠 수 있고 따라서 상황이 더 심각하게 나빠지기 전에 개입할 수 있다. 변동성을 어떤 정상 또는 표준에서 편차로 보는 부정적인 의미보다 안전과 생산성의 기준이 되는 조정을 나타내는 긍정적인 의미에서 그러한 것의 결과는 성과 변동성이다.

② 예방적 안전관리

안전-II 관리와 레질리언스 공학(resilience engineering) 둘 다 결과에 상관없이 모든 일이 근본적으로 같은 방법으로 일어난다고 가정한다. 이것은 잘못되는 상황에 대한 원인과 '메커니즘'을 한 분류로, 그리고 잘되는 상황을 다른 분류로 나누는 것은 불필요하다는 것을 의미한다. 안전관리의 목적은 후자를 보장하는 것이지만, 동시에 전자도 감소시키는 것을 이루는 것이다. 비록 안전-I과 안전-II 둘 다 원하지 않는 결과의 감소를 이루지만, 과정이 어떻게 관리되고 측정되는지, 그리고 생산성과 품질을 위한 중요한 결과는 근본적으로 다른 접근을 이용한다.

안전-II의 관점으로부터 안전관리는 예방적이어야 하고, 무엇인가 일어나기 전에 조정이 이루어져야 하며, 무엇인가 일어나는 것을 방지하기도 한다. 일에 대한 예방적 안전관리를 위하여, 어떻게 시스템이 작동하고, 어떻게 시스템이 발전하고 변하는지, 그리고 어떻게 기능이 서로 의존하며 영향을 주는지에 대한 이해를 요구한다. 이러한 이해는 각각의 사건에 대한 원인보다는 사건 전반에 걸친 관계와 패턴을 찾아냄으로써 발전될 수 있다.

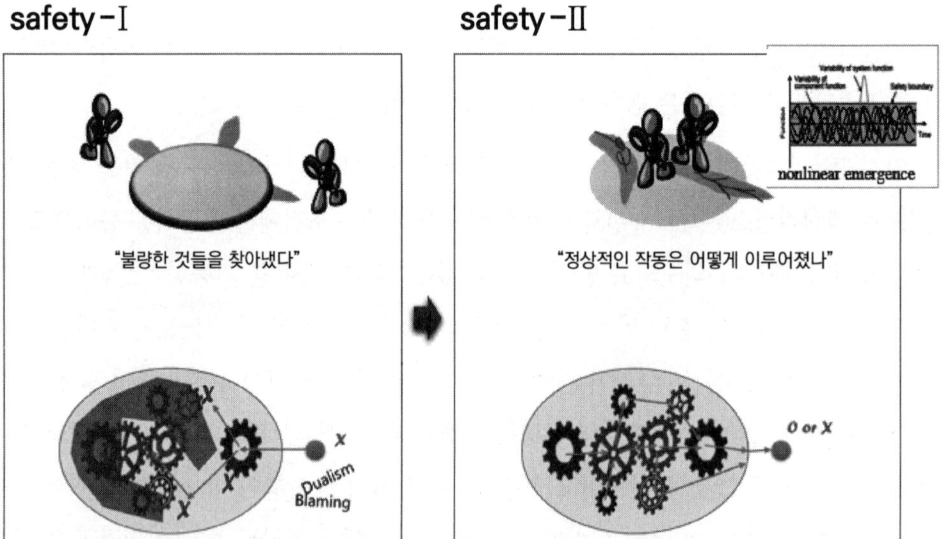

그림 2-7 safety-I vs safety-II

자료: 윤완철(2017)

Chapter 03 안전관리의 개념

안전관리(safety management)란 안전을 유지하기 위해서 사람(人), 물건(物件), 사고(事故) 등의 사실과 현상을 관리하는 것으로서 분야별로 각각 다른 개념을 지닌다.

철도 분야에서는 노동재해(勞動災害)에 관련된 안전과 열차운행(列車運行)에 관련된 안전으로 나누어진다.

광물자원 분야에서는 생산성 향상과 손실(loss)의 최소화를 위하여 행하는 것으로 비능률적 요소인 사고가 발생하지 않은 상태를 유지하기 위한 활동, 즉 재해로부터 인간의 생명과 재산을 보호하기 위한 계획적이고 체계적인 제반 활동을 안전관리(safety management)라 한다.

체육 분야에서는 사업장에서 재해사고를 방지하기 위해 안전관리가 실시되고 있는데, 안전관리자 중심으로 직장을 점검하고 재해통계를 작성해서 안전대책을 기획하고 실시하는 것이다. 일반적으로 위생관리와 협력해서 실시되고 있다.

기계공학 분야에서는 종업원의 생명과 신체를 기계설비, 기타의 위해(危害)로부터 지키기 위한 조직적 활동으로 관계 법규로는 근로기준법, 산업안전보건법 등이 있다.

건설 분야에서는 공사관리에 있어 작업원이 안전하게 작업할 수 있도록 충분히 정비된 환경을 만들며 질병예방 등을 하는 것으로서 주변 주민에 대한 배려도 포함하는 개념이다.

노동 분야에서는 기업이 산업재해 방지를 위해 실시하는 노동재해방지대책을 말한다. 이 대책에는 국가가 실시해야 하는 것과 업계가 해야 하는 것이 있다. 안전관리는 크게 설비관리와 작업관리로 나누어지는데, 설비에 대해서는 설계·설치·사용의 각 단계에서 일관성 있는 안전관리가 필요하다. 작업관리는 정리정돈·안전점검·안전작업을 직장이 일체가 되어 같이 실시하는 방법이 필요하다.

산업안전 분야에서는 산업재해를 방지하기 위해 사업주가 실시하는 조직적인 일련의 조치를 말한다. 사업장에서 산업재해를 방지하기 위해서는 기계설비 등의 불안전한 상태와 작업자의 불안전한 상태를 제거하는 것이 필요하지만, 이들의 조치를 계속적으로 유지하기 위해서는 경영 수뇌부가 직장의 안전에 대해서 리더십(leadership)을 가지고 조직적으로 실천하는 체제를 만드는 것이 필요하다. 이 때문에 산업안전보건법에는 사업장의 규모에 따라서 사업장의 안전보건을 확보하기 위한 업무를 총괄적으로 관리하는 안전보건관리책임자, 사업장의 안전확보를 위한 기술적 사항을 관리하는 안전관리자, 특정한 작업에 종사하는 근로자의 지휘 등을 하는 안전담당자 등의 지정이 의무화되어 있다. 또 일정한 업종 및 규모의 사업장마다 근로자의 위험방지를 위한 기본사항, 산업재해의 원인 및 재발방지대책 등의 중요 사항에 대해서 조사·심의하고, 사업주와 의견을 교환하는 산업안전보건위원회의 설치가 의무화되어 있다.

우리나라「재난 및 안전관리 기본법」제3조에서는 안전관리를 '시설 및 물질 등으로부터 사람의 생명·신체 및 재산의 안전을 확보하기 위하여 행하는 모든 활동'으로 규정하고 있다. 즉 광의의 재난관리로 이해하고 있음을 알 수 있다.

3.1 안전관리의 관점

1) 안전 확보의 개념

안전이란 무엇인가? 편안하게 하여 위험하지 않은 상태에서 그것이 완전한 상태에까지 이르고, 혼란스럽지 않게 되는 것이다. 즉 인간이 안전사고를 당하지 않거나 당할 걱정이 없는 상태와 더불어 재산에 손해나 손상을 입거나 입을 우려가 없는 상태로, 이 두 가지 요건이 계속 유지될 수 있도록 잘 관리되고 있는 이상적인 상태를 말한다.

위험하지 않으면 안전한가? 위험과 안전 사이에는 안전한지 또는 위험한지를 잘 알 수 없는 불안의 영역이 존재한다. 즉 불안의 영역은 안전하다는 것을 확인할 수 없는 상태이고, 안전의 영역은 위험과 불안이 없는 상태이다. 따라서 안전이란 현존하고 예측되는 위험성에 대응하는 행위이다.

안전 확보의 개념은 위험과 불안이 없는 상태를 확보하여 안전사고의 발생원리가 이루어지지 않게 하는 것으로 다음과 같은 네 가지 요건이 필요하다.

① 안전교육 훈련이나 안전표지 등으로 사람의 불안전한 의식을 제거한다.
② 점검경로나 설계시공·정비기준서 등으로 사람의 불안전한 행동을 제거한다.
③ 각종 안전물 설치 등으로 물건의 불안전한 상태를 제거한다.
④ 각종 보호구를 착용하거나 완충재를 설치하여 사람의 행동과 물건 상태의 충돌 범위를 안전치 이내로 유지한다.

2) 인간은 안전한가?[22]

역사적인 관점에서, 인간은 항상 안전한지에 대하여 걱정을 하였다. 다리는 걷기에 안전한가?, 건물은 안전한가?, 여행은 안전한가?, 행동은 안전한가? 등이다. 이런 안전에 대한 문제는 2차 산업혁명 이후 더 심각해졌으며, '3차'혁명(컴퓨터 기술의 사용) 이후 불가피해졌다. 안전의식은 타당한 이유로서 기술에 초점을 두었기 때문에 이러한 의식에 대한 대답 또한 기술을 검사하는 것으로부터 찾을 수 있다. 수년에 걸쳐 안전문제는 표 2-2(기술 기반의 안전의식)의 질문을 함으로써 실행이 확립될 수 있다.

표 2-2 기술 기반의 안전의식

안전의식(질문)	의 미
디자인 원칙	어떤 기준으로 시스템(기계)이 디자인되었나? 명시적이고 알려진 디자인 원칙인가?
건축과 요소	시스템 구성 요소가 무엇인지, 그리고 어떻게 결합되었나?
모델	시스템을 설명하고 그것이 어떻게 기능하는지에 대한 명시적 모델을 가지고 있는가?
분석 방법	증명된 분석 방법이 있는가? 공통적으로 인정되었거나 표준화되었나? 유효하고 신뢰성이 있는가? 연결된 이론적 근거가 있는가?
운전모드	시스템의 운전모드를 규정할 수 있는가? 즉 시스템이 수행해야 할 것이 분명한가? 싱글모드인가 멀티모드인가?
구조적 안정성	시스템의 구조적 안정성이 좋은가? 잘 관리되는가? 튼튼한가? 구조적 안정성의 수준을 확신할 수 있는가?
기능적 안정성	시스템의 기능적 안정성이 좋은가? 신뢰성이 있는가? 기능적 안정성의 수준을 확신할 수 있는가?

자료: Hollnagel(2014); 홍성현(2016)

---

22) Hollnagel(2014); 홍성현(2016). 재구성

표 2-3 기술적·인적 요소와 조직의 안전문제 타당성

안전의식(질문)	대응(기술적 특성)	대응(인적 요소 특성)	대응(조직의 특성)
디자인 원칙	분명, 명백	알려지지 않음, 추론	높은 수준, 실용적
건축과 요소	알려짐	부분적으로 알려짐, 부분적 알려지지 않음	부분적으로 알려짐, 부분적 알려지지 않음
모델	공식적, 명백	주로 유추, 단순화	반-공식적
분석 방법	표준화, 유효함	즉흥적, 많지만 증명되지 않음	즉흥적, 증명되지 않음
운전 모드	잘 정의됨(단순)	모호하게 정의됨, 다양함	부분적 정의됨, 다양함
구조적 안정성	높음(영구적)	변동적, 보통 안정. 불시 붕괴 가능성	안정 (공식적 조직), 불안 (비공식적 조직)
기능적 안정성	높음	보통 신뢰	좋음, 그러나 고 반복적 (후행)

자료: Hollnagel(2014); 홍성현(2016)

　이러한 질문들은 기술적 시스템의 안전을 평가하기 위해 개발되었고, 기술적 시스템을 위한 의미가 있었다. 따라서 질문에 대응하는 것이 가능했고 시스템이 안전한 것으로 고려되어야 할지 아닌지를 결정하는 방법이 되었다. 안전에 인적 요소의 잠재적 기여가 쟁점이 되었을 때, 기존의 시도를 택하고 새로운 '요소'로 적용하려는 노력은 자연스러운 일이었다. '인간은 안전한가?'라는 질문에 대응해야 하는 절박함 때문에 시간도, 기회도 그 문제를 처음부터 생각할 수 없었다. 조직의 안전의식이 쟁점이 되었을 때, 표 2-3(기술적·인적 요소와 조직의 안전문제 타당성)과 같이 질문에 대응하는 것이 더 어려워졌다.

　우리는 기술 시스템이 안전하다고 평가되었을 때, 안전관리에 자신감을 갖는 반면, 인적 요소나 조직이 안전하다고 평가되었을 때는 똑같이 느낄 수 없다. 그 이유는 질문들이 기술적 시스템보다 의미가 적기 때문이다. 의미 있는 방식으로 질문에 대답할 수 없는데도 불구하고, 사람(인적 요소)과 조직의 기능 모두 매우 필요하고, 특히 현대의 산업화 사회에서 재난을 회복하는 데 반드시 필요하다.

3.2 안전관리의 주요 이론[23]

사회재난 또는 안전사고의 경우, 자연재해와 달리 사고 자체를 줄이자는 것이 일차적 목표가 된다. 따라서 안전 면에서의 이론적 발전은 주로 사고의 원인과 그 방지라는 목적을 중심으로 이루어져 왔다. 또 사고는 공장, 항공, 선박, 철도, 도로 등의 시스템 내의 문제로 국한되어 전문적 영역에서 다루어졌다는 점에서도 자연재해의 재난관리와는 다른 주제로 여겨져 왔다. 그러나 현대의 시스템이 대형화되고 사회기간시설도 복잡해짐에 따라 안전사고의 영향 범위가 특정 시스템 내로 국한될 것이라는 가정은 이제 불가능하게 되었다. 따라서 복합재난이라는 개념이 대두되었다. 재난의 근본 원인이 인적 오류에 의한 화학 플랜트의 사고에서 비롯된 것이든, 인력으로 막을 수 없는 지진이나 폭우에 의한 것이든, 일단 재난으로 확대된 상태에서는 같은 공동체적 문제가 되며 그 대응의 주체도 다르지 않게 된다. 따라서 사전대비 역시 별도의 시스템으로 조직되는 것보다 통합된 시스템이 필요하게 되었다. 따라서 여기에서는 안전관리의 이론 중 세대별로 중요한 의미를 가지는 이론들, 즉 안전사고의 1세대격인 도미노 이론, 2세대격인 스위스 치즈 모델, 3세대의 정상사고 이론을 간략히 소개하고, 2000년 이후의 시스템 레질리언스 이론은 제3편에서 소개한다.

1) 하인리히 법칙(도미노 이론)

안전사고 피라미드의 아이디어는 산업안전의 개척자인 하인리히(Herbert William Heinrich)이다. 첫 번째 그래픽 랜더링[24]은 '중상의 기반'을 설명하는 부분으로서 1929년 논문에서 발견되었다. 한 건의 중상을 나타내는 사각형은 29건의 경상을 나타내는 사각형 위에 있고, 다시 300건의 부상 없는 사고를 나타내는 사각형에 위치한다. 즉 한 번의 대형사고가 발생하기 이전에 29번의 반복적인 경미한 사고들이 있고, 그 이면에는 300번의 이상징후가 있다는 것이다. 이를 1:29:300의 법칙이라고 하며, 그의 이름을 따서 '하인리히 법칙(Heinrich's law)'이라고도 한다. 이 법칙은 시스템 안전이라는 개념의 출발점이 되었다.

---

23) 김용균 외(2021) 재구성
24) 계획단계에 있는 미완성 제품을 누구나 이해할 수 있도록 실물로 그린 완성 예상도. 주로 디자인 용어로 쓴다.

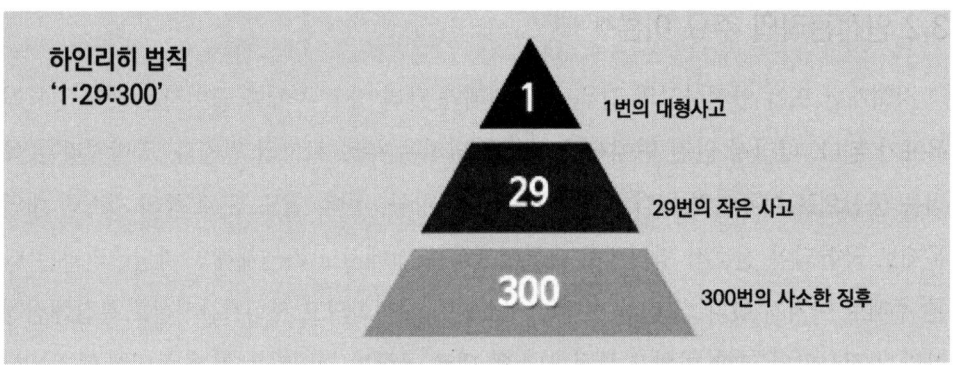

그림 2-8 하인리히 법칙

어떤 안전사고의 개별적 부상에는 대부분 1건의 중상 분석에 치중하고, 29건의 경상은 거의 분석 없이 기록되며, 그리고 300건의 경미한 사고는 거의 무시된다. 이 숫자는 근거 없이 나온 것이 아니고, 여행자 보험회사에 의한 50,000건의 사고분석에 기초를 두고 있다. 이것은 1931년 출판된 『Industrial Accident Prevention』의 초판에 언급됨으로써 유명해졌고, 종합적인 사고의 설명과 분석을 제공한 첫 번째 책이었다.

한편 프랭크 버드 주니어(Frank Bird Junior)는 중공업회사와 보험회사에서 안전관리업무를 수행한 경험을 바탕으로 하인리히의 도미노 연쇄반응 이론을 더욱 발전시켰다. 1969년 Frank Bird는 21개의 다른 산업그룹을 대표하는 297개의 회사에서 보고된

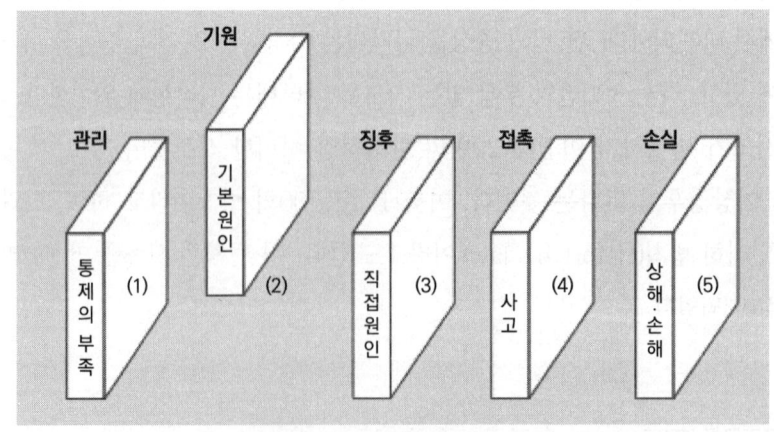

그림 2-9 버드(Bird)의 신도미노 이론
출처 : Frank Bird Junior(1974); 김병석(2014), 산업안전관리, 형설출판사, p.27.

1,753,498건의 사고를 분석하였다. Bird는 일련의 4가지 유형 결과(치명적 사고, 심각한 사고, 사고, 사건)를 적용하였고, 이들의 비율을 1:10:30:600으로 결론지었다. 버드는 사고의 원인을 개인의 결함에서 찾기보다 시스템적 관점에서 통제의 부족을 사고의 원인으로 보았다는 면에서 보다 현대적인 시스템 안전에 접근하였다.

후속 연구로 사고 피라미드는 매 건의 심각한 중상에는 많은 수의 경상이 있었으며, 심지어 막대한 재산손해와 눈에 보이지 않는 부상과 피해를 암시하는 것으로 해석된다. 이러한 추정에 따라 좀 더 이례적인 것이 확인되면, 더 중대한 사건들이 예상되고 예방될 수 있는데, 이는 결국 더 중대한 사고는 예방될 수 있다는 의미이다.

2) 리즌의 스위스 치즈 모델

리즌(J. Reason)은 사고의 요인에 대하여 보다 근원적으로 접근할 수 있는 비유적인 모형으로 '스위스 치즈 모델(Swiss cheese model)'을 제시하였다. 스위스 치즈 모델에서 낱장의 치즈로 비유된 개별적인 층은 안전사고의 발생을 방지할 수 있는 안전장치나 방벽(barrier)을 의미한다. 각 장은 일어나는 안전사고에 관련된 직접적인 층에서 간접적인 층의 순서로 불안전한 행동(specific acts), 사전 조건(precondition), 불안전한 감독(unsafe supervision), 조직 영향(organizational influences) 등이다. 이러한 방벽의 약점들이 겹쳐서 발생할 확률이 존재하고, 그것이 현실화됨으로써 사고가 발생한다. 따라서 그 책임과 개선의 대상은 모든 층에서 찾고 검토되어야 한다. 이는 비단 안전사고뿐만 아니라 자연재난의 경우에 대해서도 그 대비의 강약점과 대응의 효과성을 위해 고려해야 할 계층적 문제를 나타내고 있다.

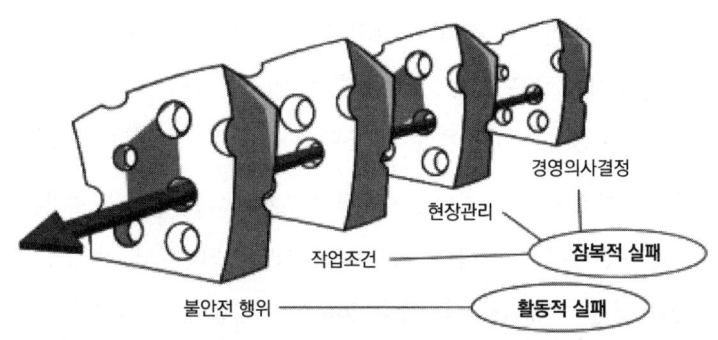

그림 2-10 리즌(Reason)의 스위스 치즈 모델

출처: Reason, J.(2008), *The Human Contribution*, p.102.

3) 정상사고 이론과 고신뢰성 이론

고도로 복잡한 시스템이 가지고 있는 위험과 이에 대한 대처방안을 바라보는 시각으로는 정상사고 이론(normal accident theory)과 고 신뢰성 이론(high reliability theory)을 들 수 있다. 정상사고 이론은 세계 최초의 원전사고인 미국 쓰리마일 섬(Three Mile Island) 원전사고(1979)에 대한 분석에 기반을 두어 찰스 페로(Charles Perrow)가 발전시킨 이론이다. 찰스 페로는 《normal accident》(1984)에서 복잡한 상호작용(complex interaction)과 긴밀한 결합(tight coupling)의 특성을 갖는 시스템의 복잡성은 이미 그 안에 사고의 가능성을 내재시키고 있다고 봤으며, 그러한 종류의 사고를 '정상사고(normal accident)'로 호칭하였다. 인도 보팔 화학공장 참사, 체르노빌 원전 방사능 유출(1986), 멕시코만 기름 유출 등은 복잡한 상호작용과 긴밀한 결합을 안고 있는 시스템들이 갖는 대규모 위험성에 대해 잘 보여준 사례이다. 페로는 다양한 시스템을 복잡한 상호작용과 긴밀한 결합을 기준으로 구분하여 모형을 제시하고 원자력발전소, 핵미사일 사고, 화학공장단지, DNA 조작, 우주항공 미션 등은 정상사고의 위험이 높다고 주장하였다.

위험관리에 있어 정상사고 이론과 고신뢰성 이론 모두 중요한 시사점이 있으며 상당히 공통적인 결론에 이른다. 두 이론은 종종 대비되지만, 사실 모순되는 것이라기보다는 양면적 사실을 각각의 관점에서 본 것으로써 상보적인 관계를 가지기 때문이다. 정상사고 이론이 주는 시사점은 복잡하고 긴밀하게 연결된 시스템은 필연적 사고의 확률이 있음을 경고하며 기술적 안전성의 강화만으로는 해결되지 않음을 강조한다. 그러나 해결할 수 없다는 것이 아니라 결국 각 기능들 간의 상호작용을 정확하게 이해하고 조직적으로 해결하려는 방향을 취해야 한다는 것이다. 고신뢰성 이론이 강조하는 바, 복잡하고 정교한 시스템일수록 안전장치의 중복 설치, 지속적 훈련, 안전문화의 정착, 정교한 품질관리 등이 반드시 이루어져야 한다는 것이 바로 이에 대한 응답의 핵심이라 할 것이다.

정상사고 이론이 복잡하고 정교하게 설계된 시스템의 위험성을 강조하는 데 반해, 고신뢰성 이론은 과거 실수에 대한 학습, 정교한 품질관리, 안전관리 강화, 중복감시체계의 확립, 지속적 훈련 등을 통해 위험시스템을 충분히 관리할 수 있다고 본다. 고신뢰성 이론을 주장하는 학자들은 복합적으로 긴밀하게 연결된 고 위험기술(high-risk

표 2-4 정상사고 이론과 고신뢰성 이론의 비교

구분	정상사고 이론	고신뢰성 이론
재난의 통제 가능성	재난은 정상적인 현상으로 재난에 대한 근본적인 회피는 불가능	수준 높은 조직설계와 관리를 통해 재난 예방 가능
재난관리의 우선순위	안전은 경쟁적인 조직목표 중 하나	안전은 조직의 최우선 목표
안전관리의 중첩	안전장치의 중복은 시스템 간의 상호작용과 복잡성을 증가시킴으로써 위험부담을 가중시킴	안전관리 시스템의 중복과 중첩을 통해 신뢰성 있는 시스템 구축 가능
재난관리의 집중과 분산	집중화(긴밀하게 연결된 시스템의 관리)가 같이 요구되나 자원과 비용의 한계가 존재	현장의 즉각적이고 유연한 대응을 위해 분산화된 의사결정 필요
재난 이후의 학습	책임의 회피, 잘못된 보고, 역사의 왜곡된 구성 등으로 인해 학습 실패 발생	사고로부터 배우는 시행착오는 매우 효과적이며, 예측과 시뮬레이션을 통해 보완 가능
재난관리의 방향	유연한 대응력을 강조하는 복원전략을 강조	재난을 사전에 방지하기 위한 예방전략을 강조

출처 : Vaughan, D.(1999). "The Dark Aide of Organizations: Mistake, Misconduct and Disaster", *Annual Review of Sociology* 25, pp.271-305.
이재열(2009), 위기관리를 위한 사회학적 접근, 국가종합위기관리, 법문사.
정지범(2015), 안전사각지대 발굴 및 효과적 관리 방안 연구, 한국행정연구원.

technology)을 다루면서도 장기간 무사고 상태를 유지하는 시스템에 초점을 맞춘다. 미국항공우주국(NASA), 핵산업, 항공, 거대 석유화학시설 등 고 위험군 조직에 대한 연구를 바탕으로 버클리대학교 프로젝트팀 교수들과 와익(Weick) 등에 의해 발전되었다. 표 2-4는 정상사고 이론과 고신뢰성 이론을 비교한 것이다.

3.3 안전관리 정책과 레질리언스

1) 레질리언스 개념의 안전관리 정책

최근 들어 우리 사회는 레질리언스(resilience) 개념을 바탕으로 한 재난안전정책, 도시정책, 환경정책 등이 많이 논의되고 있다. 여기에서는 레질리언스(resilience) 개념을 적용한 재난안전정책에 고려해야 할 두 가지에 대해 알아본다. 첫째는 개념의 차별성, 둘째는 체계 유지와 논의의 구체화이다. 모든 정책이 이론의 체계적 논의와 합의 과정을 통해서만 도출되는 것은 아니며, 시공간적 수요와 필요성에 따라 그 당위성과 정당성이 있다면 의미 있는 정책 수립이 가능할 것이다. 하지만 사안에 따라 다양한 해석적 노력은 정책의 설득력 확보에 긍정적인 바탕이 될 수 있을 것이다.

레질리언스(resilience) 논의가 사회적 지지와 설득력을 얻기 위해서는 레질리언스 개념이 기존 여타 개념과 차별성이 있어야 한다. 어떠한 개념이 갖는 속성의 이해를 통해 실천적 개념으로 발전시키는 일련의 과정들은 그 개념이 제도나 정책으로 자리잡게 한다는 점에서 매우 중요한 의미를 갖는다. 이는 현실적으로 레질리언스를 바탕으로 한 재난안전정책 도출과정에서 큰 의미를 갖는다. 과연 재난안전 레질리언스 정책이 지속가능성 또는 기존의 재난안전정책과 어떠한 차별성이 있는가?라는 의문에 명쾌한 답변이 없는 경우가 종종 관찰되기 때문이다. 레질리언스에 대한 개념적 논의는 지속가능성 또는 취약성 등의 논의와 함께 이루어지기도 한다. Cutter 외(2008)는 레질리언스를 수용력(capacity), 취약성(vulnerability) 개념과 함께 비교·논의하기도 하였다. 그는 레질리언스 개념은 Global environmental change 맥락에서 본다면 레질리언스는 수용력과 취약성에 포함될 수 있는 개념이라고 보았다. 하지만 Hazards 관점에서 본다면 레질리언스의 의미는 또 다르게 해석될 수 있다고 하였다.

지속가능성 논의는 1972년 로마클럽 1차 보고서인 〈성장의 한계(the limits to growth)〉에서 논의되었다. 그리고 1987년 환경과 개발에 관한 세계위원회(world commission on environment and development: WCED)에서 발표한 '우리 공동의 미래(our common future)'를 통해 지속가능 개발(sustainable development) 개념으로 소개되었다. 지속가능 개발이란 미래세대가 그들의 필요를 충족시킬 수 있는 가능성을 손상시키지 않는 범위에서 현재 세대의 필요를 충족시키는 개발을 의미한다. 이 개념에는 복지(well-being), 세대 및 계급 간의 요구만족, 자본(사회자본, 인적 자본, 자연자본, 물적 자본), 그리고 자원 간의 배분(또는 균형)의 네 가지 핵심어를 포함한다. 즉 지속가능 개념이란 우리 사회가 지향하는 바람직한 가치관을 내포하고 있는 윤리적 맥락에서 그 의미가 큰 것으로 이해될 수 있으며, 자연현상적 관찰을 통한 개념들과는 그 맥락적 차이가 있을 것이다. 취약성 개념은 국내 기후변화와 관련해서 자주 사용되는 용어로 흔히 취약성은 노출, 민감도, 적응력의 함수로 나타난다고 논의되고 있다(심우배 외, 2013).

레질리언스 개념적 이해를 위한 또 다른 연구를 살펴보면, Burton(2012)은 재해로부터의 레질리언스 관점에서 허리케인 카트리나의 피해지역인 미국의 미시시피주 일대를 대상으로 레질리언스 요소를 사회적, 경제적, 제도적, 인프라, 커뮤니티, 환경 시스템으로 구분한 후 각 분야별 대표지수를 선별하고 측정하였다. 또한 Mayunga(2013)는 75가지 지표를 선정하고, 각각의 지표는 사회자본 분야 9개 항목, 경제자본 분야 6개 항목, 물리적 자본 분야 35개 항목, 인적 자본 분야 25개 항목으로 구분하여 완화, 대비, 대응, 복구의 재난대응 4단계 개념을 적용하여 각 지표들과 재난대응단계와의 상관성을 제시하였다. Cutter 외(2008)는 생태적, 사회적, 경제적, 제도적, 기반시설, 지역사회 역량의 여섯 가지 차원으로 구분한 후 각 분야별 대표변수를 제시하였다.

어떠한 연구가 정책적으로 신뢰할 수 있는가는 관점에 따라 다를 수 있다. 다만, 개념적 논의는 그 의미와 응용을 고려해 볼 필요도 있을 것이다. 레질리언스 개념에 기반을 둔 안전정책은 기존 개념 또는 지속가능 개념으로부터의 정책들과 차별성이 없다면 레질리언스 개념은 첫째, 기존의 여타 개념과 차별성이 없다. 둘째, 실천성이 담보되지 않는 선언적 개념이다.

2) 레질리언스 체계유지와 구체화 방안

먼저 체계유지와 관련하여 레질리언스의 정의와 함께 중요하게 논의되는 것은 어떻게 하면 우리 사회의 레질리언스를 높일 수 있는가에 대한 문제이다. 지금 우리가 고민하는 것은 재난안전 위협으로부터 사회가 어떻게 보다 강한 레질리언스를 가질 수 있을 것인가에 대한 고민이다. 하지만 '강화'라는 개념은 '유지'를 전제로 논의 가능하다. 즉 레질리언스 강화는 레질리언스 체계 유지를 바탕으로 가능하므로 강화전략과 더불어 오랜 시간 고민해야 할 부분은 '레질리언스 체계 붕괴를 피하기 위한 최소점이 어디인가'일 것이다.

다음으로 레질리언스의 구체화 부분이다. 예를 들어, 중국발 미세먼지나 주변국 원전사고 등의 국제환경 안전문제와 레질리언스를 생각해 본다면 최소한 부문별로 주변국과의 경제협력, 정치적 관계, 환경협력 등과 같이 구분하면 각 부문별로 정상적인 수준에 대한 논의가 가능할 것이며, 또한 각 부문별로 위협발생 시 저하될 수 있는 관계성의 정도나 회복해서 돌아가고자 하는 수준 등에 대한 논의가 가능할 것이다. 또한 레질리언스 속성을 고려할 때 자본(사회자본, 인적자본, 자연자본, 물적 자본) 간의 유기적 시스템 확보 및 대체자원 확보 등 두 가지 전략의 적용방안 고민이 필요하다(강상준, 2014). 일반적으로 대체자원 확보가 매우 중요한 전략으로 활용가능하지만 재해유형에 따라 대체개념의 적용은 과연 가능할 것인지도 생각해 볼 필요가 있을 것이다. 아마 그러한 경우, 유기적 시스템이 고려해 볼 만한 전략으로 생각해 볼 수 있을지도 모른다. 물론 비용적 관점에서의 논의 역시 반드시 필요하다. 예컨대 도시홍수로부터의 레질리언스 강화전략으로 비용을 고려하지 않는다면 지하저류지가 효과적일 수도 있다. 하지만 대부분의 경우 유지관리 비용을 고려한다면 일부 대도심 지역을 제외하고 대다수의 자치단체와 주민들에게 지하저류지는 고려의 대상이 아닐 것이다. 즉 레질리언스 체계 유지 또는 강화는 직접비용뿐 아니라 사회적 비용과 합의 관점에서도 고려되어야 한다.

3) 사회안전 분야 표준화 정책(ISO/TC223, BCP/PDCA 모델)

① ISO/TC223; 사회안전

재난이 발생하면 관련 기관 간의 협업체계, 표준화 매뉴얼 구축 및 작동 여부, 재난의 예방·대비·대응·복구를 위한 효율적 체계를 갖추었는지, 그리고 사후평가가 적절하게 이루어졌는지에 대한 국민적 관심이 집중되어 왔다.

국제표준화기구(international organization for standardization: ISO)에서는 2006년부터 재난 분야 중심의 사회안전 전반에 걸친 국제표준(ISO/TC223; societal security) 제정을 추진하였다. 재난 및 사회안전 분야 국제표준에 대해서 미국, 영국, 일본 등 선진국을 중심으로 자국의 재난관리 정책에 반영하고 있으며, 이와 함께 인증제도가 활성화 되고 있다. 국내에서도 금융·IT기업 및 제조업 분야에서 대기업을 중심으로 관련 인증에 대한 수요가 발생하고 있고 해당 분야에 대한 제도 및 인증시스템 등을 갖추어 가고 있다.

② 우리나라 사회안전 분야의 표준화 정책

그림 2-11에서 보여주듯이 1980년대에는 산업경쟁력 강화를 위한 전통기간사업 및 정보통신 중심에서 1990년대 산업화가 발달하면서 분야가 다양해졌고 1990년에는 환경, 2000년에는 식품안전 분야가 강화되었다. 2020년에는 안전하고 행복한 국민생활안전분야 및 사회안전에 대한 요구가 증대하고 있다.

정부는 국가표준이 미래전략을 수립하기 위하여 2010년 12월 '제3차 국가표준 기본계획'을 수립하였으며, 그림 2-12처럼 4가지 중점 추진과제를 도출하여 추진하고 있다.

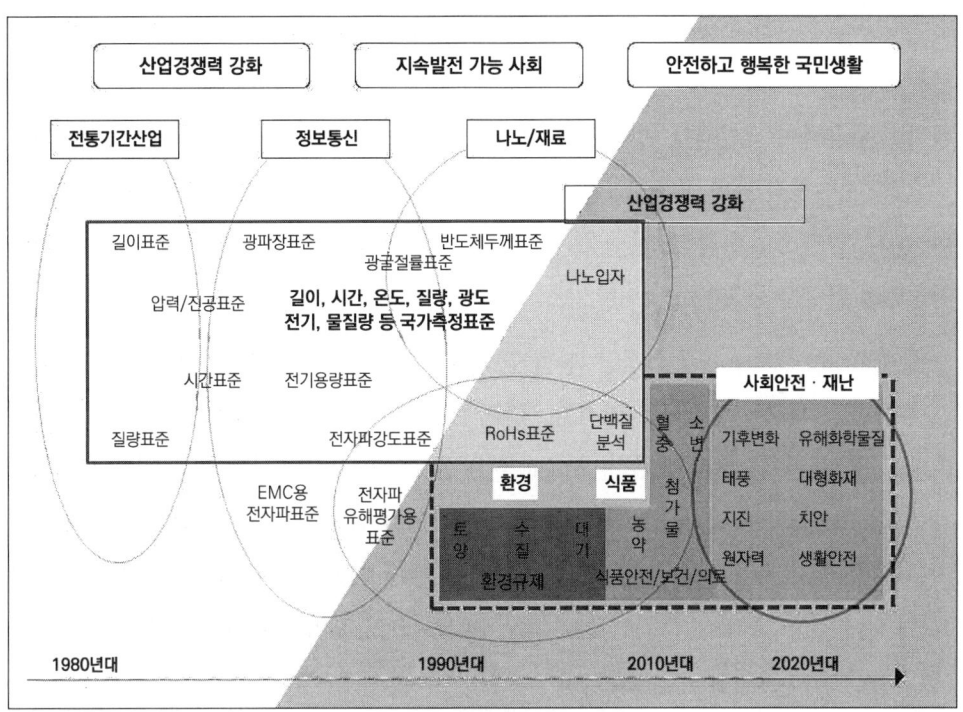

그림 2-11 시대별 표준화 정책의 변화

자료: 유병태, 2014

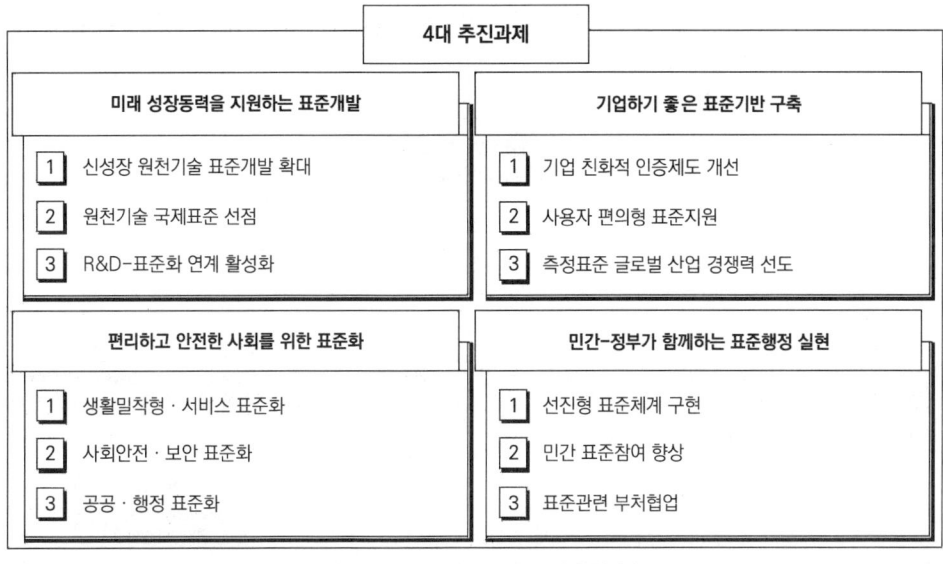

그림 2-12 국가표준 4가지 중점 추진과제

자료: 유병태, 2014

4가지 중점 추진과제 중 세 번째인 '편리하고 안전한 사회를 위한 표준화'의 추진방향으로는 첫째, 국민생활·서비스, 의료·복지·식품 등의 생활밀착형 표준을 지속적으로 발굴하고 활용하여 국민생활 편의를 증진하고, 둘째, 재난안전 등의 사회시스템표준, 환경·산업·시설안전 등의 표준개발을 추진하여 사회안전에 기여하는 표준개발을 활성화하며, 셋째, 공간정보 표준화, 전자정부·행정코드 표준화 등의 공공표준 개발로 효율적인 공공행정 환경을 구축하는 것이다.

특히 두 번째 세부 추진과제인 '사회 안전·보안 표준화'의 추진 계획은 먼저, 사회시스템 표준의 체계적 이행으로 안전한 사회구현을 위하여 사회책임경영, 환경보호, 범죄예방 대처, 재난으로부터의 안전, 도로교통 안전시스템 및 인권보호 등을 위한 표준이행을 촉진하고자 하는 계획을 포함하고 있다. 여기에서 말하는 사회시스템 표준에는 사회적 책임(ISO 26000), 환경경영체계(ISO 14000), 식품안전경영시스템(ISO 22000), 도로교통안전경영시스템(ISO/PC241)과 사회안전(ISO/TC223)이 포함되어 있다.

③ 재난 분야의 국제표준 추진체계

국제표준화기구(ISO)에서는 2001년 사회안전 및 재난관리 분야에 대한 신규 기술전문위원회(TC: technical committee)를 설립하였다. ISO/TC223는 ISO에서 표준화 제정을 위해 구성된 223번째 기술 전문위원회로서 우리나라를 포함하여 총 56개국이 참여하고 있으며, 매년 2회의 정기총회를 갖고 있다. 2006년 5월 스웨덴 스톡홀름에서 제1

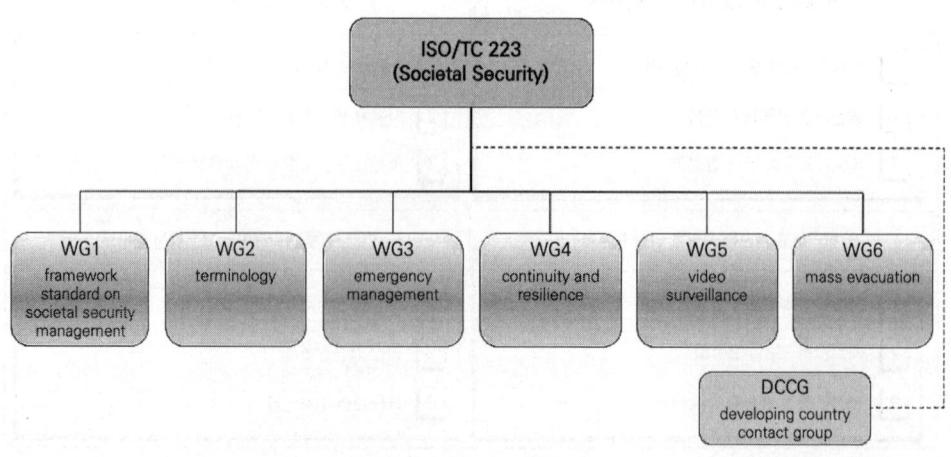

그림 2-13 ISO/TC223 구성도

자료: 유병태, 2014

차 총회가 개최된 이후 현재까지 영국, 독일, 스웨덴 등 유럽국가들 중심으로 작업그룹별 실무작업을 추진하고 있으며, 일본과 중국에서 적극적으로 참여하고 있다. 우리나라는 2006년에 가입하여 제5차 총회를 서울에서 개최하였으며, 기술표준원에서 전문위원회를 운영하면서 전문가 자문, 국제 투표 참여, 국제총회 참석, 분야별 작업그룹에 개선의견을 반영하고 있지만, 다른 TC처럼 활발하지는 못한 실정이다. ISO/TC223은 그림 2-13처럼 현재 총 6개의 Working Group(WG)과 1개의 developing country contact group(DCCG)의 모임으로 구성되어 운영되고 있다.

④ 재난 분야 국제표준의 주요내용

ISO 22301(업무연속성 관리시스템: business continuity management systems)은 2012년에 개발되어 2019년 개정되었다. 우리나라는 재해경감을 위한 기업의 자율활동 지원에 관한 법률이 2007년에 제정되었고, 그 후속조치로서 기업재난관리표준을 행정안전부에서 고시하였다. 이 표준은 ISO 22301과 거의 유사하며, 위기상황 및 재난상황 시 업무의 연속성을 확보하기 위한 대응전략을 수립하는 지침으로서 ISO 22301에서 규정하는 요건은 조직의 형태, 규모 및 특성에 관계없이 모든 조직들 또는 조직들의 일부에 일반적으로 적용되도록 할 목적으로 만들어졌으며, 이러한 요건들에 대한 적용 범위는 조직의 운영환경과 복잡성에 따라 좌우된다.

ISO 22301의 제정 의도는 업무연속성 관리 시스템에서 획일성을 추구하는 것이 아니라 조직 스스로 기관의 요구사항 및 이해관계자들의 요구사항에 맞는 설계를 할 수 있도록 하기 위함이다. 이러한 요구사항은 법적, 규정적, 그리고 산업의 요구사항, 제품 및 서비스, 채택된 프로세스, 조직의 규모 및 구조, 이해관계자들의 요구사항 등에 따라 유연성을 갖추게 된다.

⑤ PDCA 모델과 BCMS 체계

ISO/TC223에서 논의되고 있는 대부분의 의제들은 기본적으로 plan-do-check-action의 반복적인 활동으로 수행하도록 기술되어 있다. 즉 우선적으로 서비스의 목표수립 및 목표달성을 위한 관리요소를 계획하고(plan), 관리지침에 따라 실행하여(do) 그 결과에 대해 사전설정된 평가기준 및 성능지표에 따라 점검(check) 및 조치(act)가 수행된다는 기본 개념을 토대로 구성되어 있는 것이다(그림 2-14).

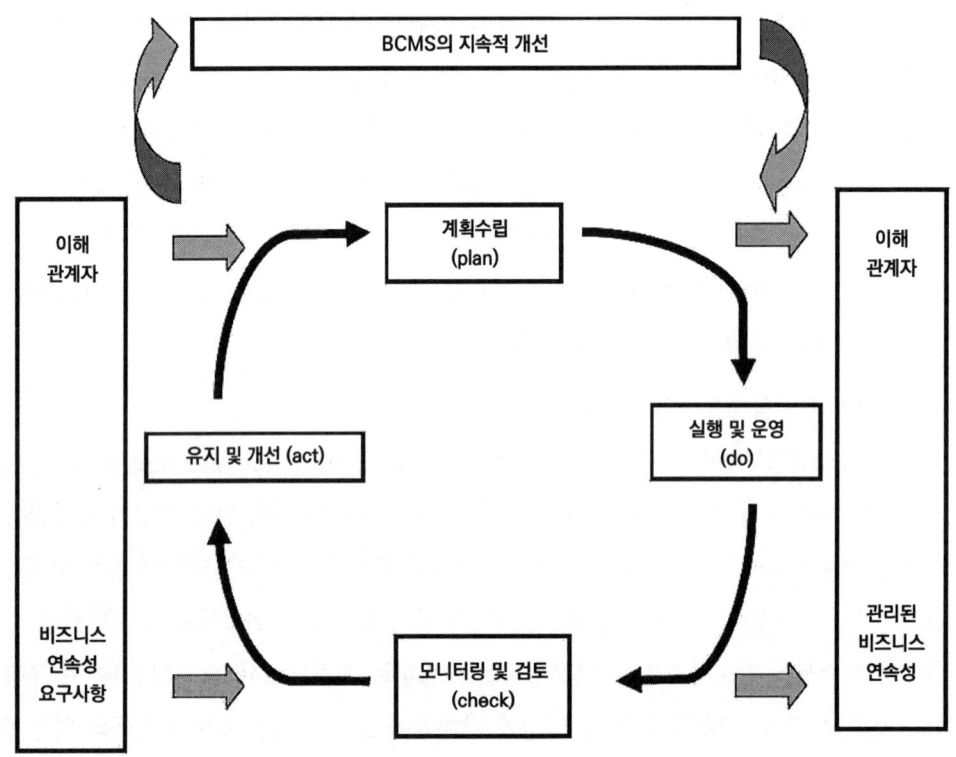

그림 2-14 BCMS 프로세스에 적용된 PDCA 모델

자료: 유병태, 2014

⑥ 재난 분야의 국제표준 도입 필요성

2001년 미국 9.11테러 이후 국제표준의 업무연속성계획(business continuity plan: BCP)의 중요성이 부각되었으며, 전 세계적으로 BCP 관련 표준화 연구 및 제도 도입 등이 활발하게 진행되기 시작하였다. 911테러 당시 WTC에 본사를 두고 있던 모건스탠리사는 각종 위기상황에 대응하기 위한 훈련을 지속적으로 해왔다. 사건 발생 후 꾸준한 훈련을 바탕으로 자사에 구축된 5대 위기관리계획을 적극 활용하여 1억 달러 미만의 손실이 발생하였으며, 전 지점이 다음날 오전 9시에 정상영업을 개시할 수 있었고, 이에 힘입어 뉴욕 증권거래소는 6일 만에 정상영업을 재개할 수 있었다.

2011년 동일본 대지진 발생 시 일본 동북부 지역에 집약되어 있는 일본의 수출 주력 산업인 자동차, 전기전자, 기계류 등의 부품생산 거점 붕괴는 상당기간 일본 제조업의 생산 감소를 야기하여 자국은 물론 해외를 아우르는 국제 공급망에 막대한 영향을 미쳤다. 특히 대재앙 발생 후 2주가 지난 시점에서 동북부 지역의 반도체 등 부품생산은 불과 2% 수준에 그치고 있어 도요타, 닛산, 혼다 등 8개 일본 자동차업체는 연평균 일본 내 생산 320만대의 10% 수준인 30만대를 감산할 수밖에 없는 실정이었다. 자동차산업이 핵심 기간산업으로서 전체 산업에 미치는 파급효과를 감안하면 실로 엄청난 피해가 아닐 수 없다. 더욱이 지역별 계획 정전 실시로 인해 이들 자동차업체의 정상가동 시점조차 예측할 수 없는 상황으로 이어졌다. 이러한 생산기반 시설 파괴로 인한 악순환은 제조업뿐만 아니라 모든 업종에서 나타났다.

2012년 9월 27일 발생한 경북 구미의 불산 누출사고는 기업의 피해가 기업 자체는 물론, 지역 전체로 확산될 수 있음을 시사하는 매우 중요한 사건이었다. 해당 기업의 고위험물질을 다루는 직원의 사소한 실수로 이동탱크에 적재된 불산을 공장탱크로 옮기는 작업 중 밸브 개방 실수로 이동탱크 내 불산 누출로 사망자 5명, 검진치료자 연인원 12,243명 등 인명피해가 발생하였고, 공단 주변 농가 412호에서 212ha의 농작물 피해, 가축 3,944두 피해, 차량 1,962대 파손 등 막대한 피해를 가져왔다. 정부에서는 특별재난지역으로까지 선포하여 554억 원의 막대한 복구비를 지원해야만 했다.

업무연속성 계획은 기업 자체만의 재난관리대책이 아니다. 동일본 대지진과 구미 불산유출 사고에서 명확히 알 수 있듯이 재난은 기업을 넘어 지역사회 및 국가 수준의 피해로 이어지기 때문이다. 만일 구미 지역의 해당기업에서 업무연속성 계획을 수립하고 구미시 차원에서 미국의 모건스탠리사 사례처럼 실제 상황에 대비하여 재난관리 계획 및 훈련 활동 등을 강화하고 지속적으로 민·관이 협력하였다면 지역사회에 중대한 영향을 미치는 사소한 실수는 발생하지 않았을 수 있고 또는 사고가 발생했더라도 그 피해를 최소화할 수 있었을 것이다.

우리나라 재난 및 사회안전 분야 특성상 공공 분야에서의 재난 및 위기관리 체계와 규정 등 일정 부분 민간 분야와의 협업이 필요한 상황에서 일부 IT 및 금융기업, 그리고 대기업을 중심으로 국제흐름에 빠르게 대응하고자 재난·위기관리 국제표준 체계도입 및 인증을 추진하고 있는 반면 정부차원의 제도적 마련이 미흡한 실정이다. 따라서 국가 차원의 통합적·효율적 재난관리와 관련 산업육성을 위하여 정부에서 보다 적극적인 정책 마련 및 지원책이 필요하다.

4) 안전관리 정책의 레질리언스 적용 시 고려 사항

지금 우리 사회 재난안전 분야에서의 레질리언스는 아직 논의의 시작이며 보다 신뢰할 수 있는 정책 개념으로 발전하고 있는 단계에 있다. 안전관리 정책 개념으로 발전하기 위한 레질리언스 체계 유지와 적용을 위해서는 다음 네 가지 정도의 과제가 포함되어야 한다.

첫째, 안전으로부터 우리 사회가 갖는 정상적 수준의 성능 수준 설정이 필요하다.

둘째, 복구 불가능한 피해를 피할 수 있는 레질리언스 체계 유지를 위한 한계점(threshold)에 대한 수준 설정이 필요하다.

셋째, 비용적 관점에서의 논의가 필요하다. 비용적 관점에서 현실적으로 합의될 수 없는 대체자원은 실천적 의미를 갖지 않기 때문이다. 비용적 관점에서의 해석은 실현 가능한 레질리언스 수준 및 회복하고자 하는 지향점 설정을 가능하게 하며, 레질리언스 강화 전략도 설정된 수준에 맞추어서 고려될 수 있기 때문이다.

넷째, 레질리언스 정량화기법 개발이 필요하다. 견해의 차이가 있겠지만, 실천적 측면에서 본다면 아직 레질리언스에 대해 알아야 할 것이 많다고 생각된다. 앞서 기술하였듯이 레질리언스 개념에 기반을 둔 안전관리정책은 기존의 이론 또는 개념으로부터의 정책들과 차별성을 가져야 한다.

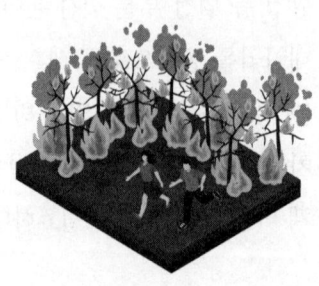

04 Chapter 안전관리의 변천

4.1 안전관리의 지구촌 변화

1) 안전관리와 사고과정의 이해

20세기 이후 안전관리와 사고에 대한 이해방식이 특징상 대략 3시대, 즉 기술 위주의 시대, 인간 요소의 시대, 안전관리의 시대로 나누어진다는 것은 1998년 Andrew Hale과 Jan Hovdend에 의해 제시되었다.[25] 이후 이 구분은 대부분 연구자에게 이의 없이 받아들여진다. 그만큼 그 세대 간 차이는 분명한데, 그 이유는 안전 연구의 대상이 되는 시스템에 대한 경험, 특히 사고에 대한 경험이 그때마다 그 이전의 생각 방식을 바꾸지 않을 수 없게 했으므로 자연스레 외부 요인에 의해 단층이 생긴 것이다. 결국은 시스템의 발전에 따라 안전에 대한 생각도 필연적인 진화를 해 온 셈이 된다. 안전관리의 전환은 세계관적 변화를 수반하는 것이며, 현재도 진행형인 의미가 부여된다. 이 장에서는 세계관적 시대론보다 실천적으로 안전관리 실무에 사용되고 있는 체계와 도구 측면의 발전에 근거를 두고 안전관리의 전환에 관련된 세대 발전을 다루고자 한다.

2) 제1세대(산업혁명 1769~)

안전관리의 제1세대에서, 안전사고의 대부분은 사용된 기술로부터 유래되었다. 이때는 기술 그 자체가 신뢰성이 없었으며, 그리고 사람들이 어떻게 체계적으로 위험을 분석하고 예방하는지를 배우지 못했다. 주된 관심사는 기계를 보호하고, 폭발을 멈추고, 붕괴

---

25) Hale A. R. and Hovden, J. (1998), Management and Culture: the third age of safety. A review of approaches to organizational aspects of safety, health and environment. Occupational Injury: Risk, Prevention And Intervention 1998, 129-227

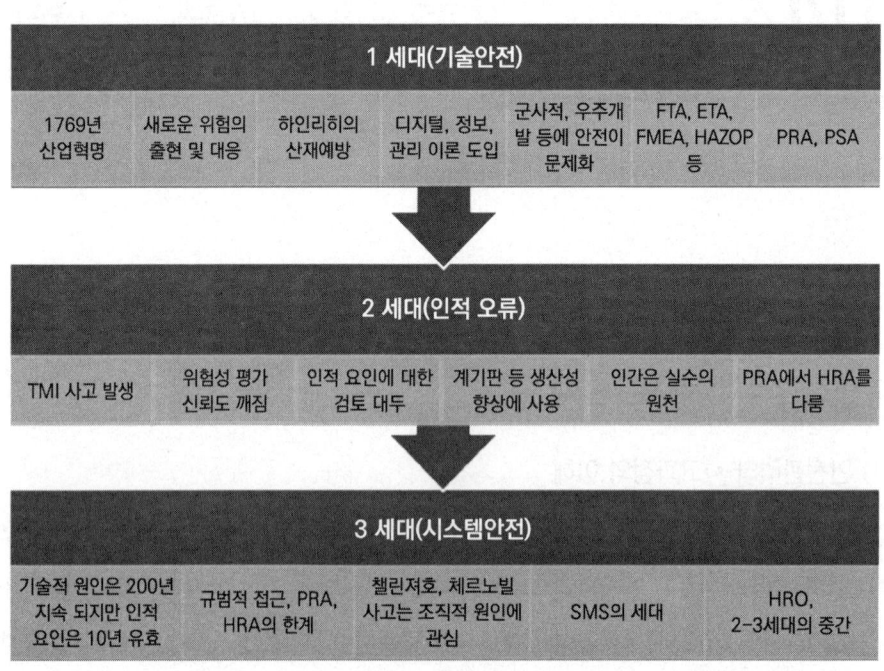

그림 2-15 안전관리의 변천

자료: 한국산업안전보건공단(2016)

로부터 구조물을 보호하는 기술적인 방법을 찾는 것이었다. 이런 안전사고에 대한 관심은 산업혁명(통상 1769년)이 시작되면서 새로운 위험, 그리고 안전관리에 대한 새로운 이해가 시작되었다는 것이 일반적인 인식이다.

안전사고에 대한 유명한 관심 사례는 1931년 Heinrich가 저술한 『산업재해 예방: 과학적 접근(industrial accident prevention: a scientific approach)』이다. 모든 산업에

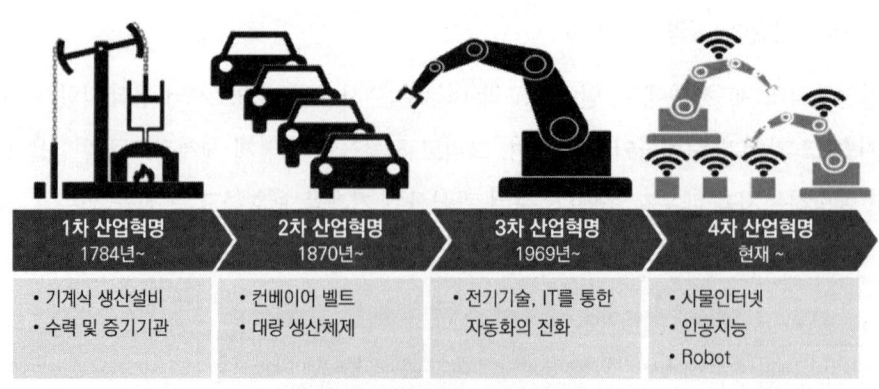

그림 2-16 산업혁명의 역사적 흐름

자료: 박정현(2017)

존재하는 신뢰성 분석의 필요성은 2차 세계 대전 말미에 인식되었다. 2차 대전 중 사용하던 군사장비의 유지, 보수 그리고 야전에서의 고장문제들이 너무 심각해서 그것들에 대한 무엇인가 관리해야 할 필요성 때문이었다. 다른 이유는 새로운 과학적·기술적 발전이 대규모 자동화를 가능하게 하였고, 이는 필수적으로 복잡한 시스템으로 이어졌다. 이 중 최고는 디지털 컴퓨터, 제어 이론, 정보 이론, 그리고 트랜지스터와 IC(integrated circuit)의 발견이었다. 이러한 발전에 따라 개선된 생산성은 '더 빠르게, 더 좋게, 더 싸게'에 집착하게 되었다. 그러나 복잡한 시스템은 종종 이해하기 너무 어려워 그 안에서 어떤 일이 벌어지는지 설명하고 관리하려는 인간의 능력에 도전했다. 시민사회 영역에서는 장비 제조업자가 전자공학과 제어 시스템의 신기술을 적용하여 통신과 교통 분야에서 빠른 성장이 증명되었다. 군사영역에서는 냉전 중 미사일 방어 시스템과 우주 프로그램 개발 등 복잡한 시스템에 의존했다. 이것은 위험과 안전사고의 문제를 다루는 안전관리 방법의 필요성을 초래하였다.

복잡한 시스템이 정상적으로 작동하는 동안 예상하지 못한 사건이 일어나면 사고는 시작된다. 예상하지 못했던 사건은 스스로가 외부적 사건 또는 잠재적 조건으로 인해서 갑자기 나타나게 된다. 만약 예상하지 못했던 사건이 즉각 중립화되지 않는다면 이것은 시스템을 정상에서 비정상상태로 움직일 것이다. 비정상상태에서 이를 제어하기 위한 시도들이 실패하면 시스템은 제어 불능상태가 되며, 이러한 장애물이 없어지거나 작동하지 않을 때 부정적인 결과가 발생하는 데 이는 사건이 발생한 것을 의미한다.

3) 제2세대(인적 요소 공학 1940~)

위험의 근원을 미리 차단하여 산업 시스템의 안전을 효과적으로 관리할 수 있다는 이론은 1979년 3월 28일 미국에 있는 TMI(Three Mile Island) 발전소의 원전사고[26]에 의해 산산이 부서졌다. 이 사고 전에는 기존 수립된 시스템이 핵설치의 안전을 보장하는 데 충분하다는 공감대가 형성되어 있었다. 미국원자력규제위원회는 TMI 핵발전소가 안

---

26) 1979.3.28. 발생한 미국 펜실베이니아주 스리마일 아일랜드(Three Mile Island/ TMI-2 발전소) 원전사고는 정격출력 97%로 운전 중 2차 측의 주 급수펌프 정지-급수 상실, 터빈 및 원자로 정지-급수상실로 인해 증기발생기를 통한 열 제거가 이루어지지 않고 원자로 냉각재 계통의 온도와 압력이 상승하여 원자로 냉각재가 단시간에 대량 상실된 사고로 이어졌다. 사고기간 중 발전소 주변지역의 공중 피폭선량은 미량으로 소외피해는 무시할 수 있는 사고였기에 주민 일부가 섬 밖으로 대피하는 비상발령이 있었고, 사고 종료 후 TMI-2원전은 영구 폐쇄하였다(한국원자력문화재단/www.knea.or.kr).

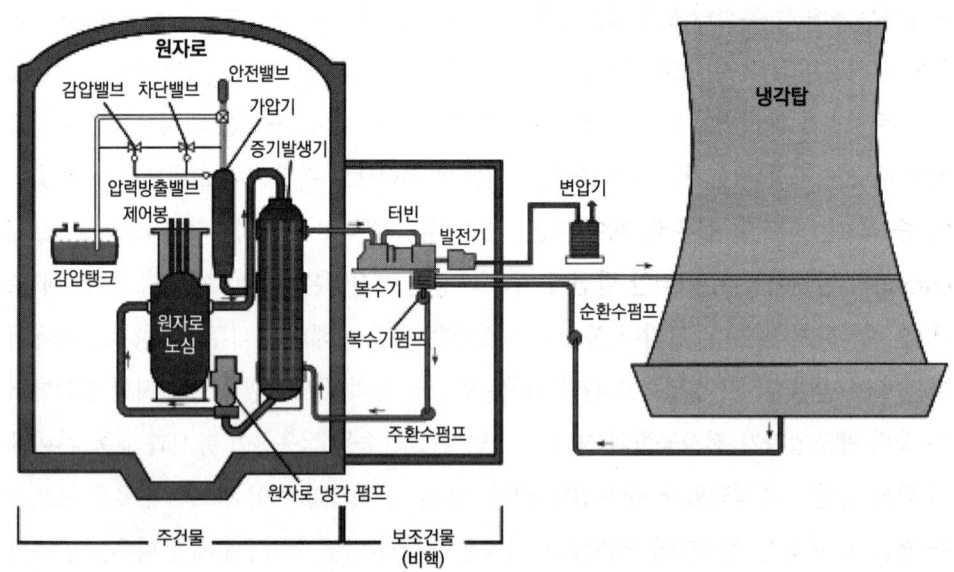

그림 2-17 스리마일 아일랜드(Three Mile Island/ TMI-2) 발전소 원전사고

자료: 위키백과(2022)

전하다고 승인하였다. 이 사고 이후 안전관리에 문제가 있다는 것이 분명하게 되었으며, 그것은 인적 요인이었다. 인적 요소 공학이 1940년대 미국에서 산업심리학의 특수 분야로 시작한 이후 인적 요소는 인간-기계 시스템 디자인과 운영 분야에서 고려되었다. 인적 요소는 일반적으로 산업에 대해 안전의 중요한 요소로 받아들이지 않았다. 대신 인적 요소 공학은 주로 시스템의 효율성과 생산성에 집중했다. 기술적 능력이 매우 향상된 1940년대의 산업현장이 과학적으로 대전환 이후, 1960년대와 1970년대에는 공학적 혁신이 기술을 더 강력하고 신뢰성 있게 만들었지만, 사고는 수적으로나 규모면에서 계속 증가하여 TMI 사고로 정점에 도달하였다.

일반적인 견해로, 인간은 실패하기 쉬운, 그리고 신뢰할 수 없는 존재로 보였고, 따라서 시스템 안전은 취약한 것으로 보였다. 이를 해결하기 위해서는 자동화로 인간의 역할을 줄이고 또는 엄격한 규정 준수를 요구함으로써 인간 수행의 변동성을 제한하는 것이었다. 핵심은 인간 신뢰성이 시스템 신뢰성에 불가피한 보완책으로 받아들여졌다는 것이며, 또는 신뢰성에 대한 기술기반의 사고가 기술적 요소와 인적 요소를 다루기 위해 확대되었다. 핵발전소 안전의 표준 분석기법은 빠르게 수립되었으나, 많은 노력에도 불구하고 완전히 표준화된 방법은 없었다.

기술적 위험 분석의 발전은 또한 반응적 안전(사고 조사)과 예방적 안전(위험 평가) 사이의 점진적인 지적 분리를 이끌었다. 후자의 경우 위험은 개연성의 문제, 가능성 또는 무엇인가 일어나는 것을 당연하게 여겼다. 따라서 초점은 미래 사건의 개연성, 특히 특정한 실패 또는 고장이 어떻게 유사하게 일어나는지에 집중되어 있다. 사고 조사에 있어서 개연성은 문제가 아니었다. 무엇인가 일어났다면 일어난 것이다. 따라서 주된 관심사는 원인을 확고히 하고 인과관계에 초점을 두는 것이었다. 원인은 확률적이기보다는 확정적이기 때문이다.

4) 제3세대(테네리페 여객기 충돌 1977~)

안전사고의 원인으로서 기술적 오류에 대한 신념은 오랫동안 이어졌지만, 인적 오류에 대한 신념은 겨우 10년 지속되었다. 여기에는 2가지 주된 이유가 있다. 첫 번째, 건강과 안전이 규범적 접근에 의해 보장될 수 있다는 생각에 의심이 커지는 것이었다. 두 번째로 여러 사고는 수많은 '인적 오류' 방법을 포함하여 기존의 여러 시도가 한계점을 갖고 있다는 것을 분명히 했다. 1977년 Tenerife Norte 공항의 활주로에서 발생한 두 보잉 747 여객기 충돌사고[27]와 1986년에 발생한 우주왕복선 Challenger 사고 및 Chernobyl 핵발전소의 폭발사고는 인적 요소에 덧붙여 조직을 고려해야 한다는 것을 분명히 했다. 결과적으로 안전관리 시스템의 발전을 위해 연구에 집중하였으며, '안전관리 3세대'로 만들었다.

그러나 위험과 안전에 대하여 기존의 규범적 접근에서 인적 오류까지 확대하는 문제는, 즉 조직적인 문제를 다루기 위한 인적 요소를 포함하려는 시도가 복잡하다. 어떤 의미에서 인간이 기계로 보여질 수 있는 반면, 프랑스의 물리학자이며 철학자인 라 메트리[28] (Julien Offray de la Mettrie, 1709~1751)가 주창한 인간 정신과 컴퓨터 사이의 일반적 유사점은 조직에서는 그렇지 않다. 고 신뢰성 조직(HRO) 학파는 비-선형 기능으로 밀착 결합된 기술적 조직들을 운용하기 위하여 요구되는 조직적 과정을 이해하는 것이

---

27) 스페인의 테네리페 섬 북부에 있는 국제공항, 1977.3.27. 583명이 사망한 세계 역사상 최악의 항공 참사
28) 프랑스의 의사, 철학자. 18세기 유물론의 대표자. 1748년에 『인간 기계론(L'homme-machine)』을 저술, 유물론적·무신론적 견해를 피력하였다. 그는 '인간은, 즉 기계이며 일체의 정신현상은 뇌의 분비작용에 기인한다'고 하고, 또 '일체의 사상이나 감정은 물질적 기능인 감각에서 발생한다. 소위 도덕적인 선·악은 신체 발달의 완전·불완전에 의하여 정해진다'고 하였다.

그림 2-18 테네리페 여객기 충돌사고

필요하다고 주장하였다. 다른 연구자들은 조직문화가 조직적 안전과 배움의 가능성에 대해 중대한 영향을 주며, 안전에 대한 한계는 기술과 인적 요소와 마찬가지로 정치적 과정들로부터 유래될 수 있다고 지적했다.

 현재 위험 평가와 안전관리의 실행은 아직도 제2세대에서 제3세대로의 이동단계에 있다고 여겨진다. 한편 위험 평가와 안전관리는 조직을, 특정요소로서, 안전문화로서, 현장요소로서 반드시 고려해야 한다고 대부분 인식되고 있다. 더욱이 안전사고가 조직 요소들에 기인할 때, 이러한 요소들을 개선하기 위해 제안된 조정은 어떤 조정도 '가치중립'이 아니기 때문에 위험 평가의 대상이 되어야 한다. 한편 공학기술 위험분석에 의해 실행된 기존의 시도들은 직접적으로 채택되거나 또는 조직적 요소들과 문제를 포함하도록 확대될 수 있다고 지금까지도 널리 추정한다. 즉 인적 실패가 TMI 재난의 후유증에서 그랬던 것처럼 조직적인 '사고'와 조직적인 실패는 오늘날 기술적인 실패와 유사해 보이지만 실제는 그렇지 않다. 인적 요소는 일반적으로 통용되었던 가정을 수정하거나 심지어 포기할 필요가 있고, 대신에 위험과 안전이 조직에 관하여 무엇을 의미하는지 새로운 시각으로 보아야 한다.

4.2 한국의 안전관리

우리나라의 재난관리 역사를 되돌아보면 해방과 한국전쟁을 거친 1940년대에서 60년대까지의 대한민국 정부는 혼란스럽고 불안정한 사회와 더불어 극심했던 식량난, 누적된 적자재정에 의한 악성 인플레이, 허약한 생산 기반을 가진 세계 최빈국에 속하는 암흑기라 할 수 있으며, 1959년 추석에 들이닥친 태풍 '사라(SARAH)'는 초A급 태풍으로 금세기 최고의 피해를 가져왔으며, 1963년의 제4호 태풍 '샤리(SHIRLEY)', 1964년 집중호우 등이 있었고, 1965년에는 기록적인 대한발과 40년 만에 처음 보는 대홍수 및 태풍 등이 연이어 발생하였으며, 1969년에는 47년 만에 처음 보는 대설로 인해 큰 피해를 입기도 하였다. 이처럼 정부수립 이후 1960년대까지는 자연재해 업무가 태동한 시기라 할 수 있으나, 안전관리에는 신경 쓸 여력이 없었던 시기였다.

1980년대와 90년대는 세계에서 그 유례를 찾아볼 수 없을 정도의 빠른 경제성장기로 '한강의 기적'을 만들어냈으며, 민주화운동과 지방화 시대 등 2000년대에 접어들면서 국민의 국정 참여가 폭발적으로 증가하게 되었다. 그러나 안전문제를 소홀히 한 채 성장에 치중한 나머지 안전 관련 법령과 각종 시설물의 안전기준이 미비하였으며, 그나마 마련되어 있는 안전 관련 규정도 제대로 지키지 않았으며, 안전에 대한 투자와 관심 소홀, 국민 각자의 안전불감증으로 인한 부작용이 나타나기 시작했다. 1994년 성수대교 붕괴사고, 1995년 삼풍백화점 붕괴사고 등 잇따라 발생한 대형 안전사고들은 기본이 부실하면 더 많은 대가와 희생이 반드시 따른다는 교훈과 함께 지금까지 우리나라 재난관리 상의 문제점을 일시에 드러내는 계기가 되었으며, 이를 계기로 안전관리 법령과 조직 등이 신설되고 한국의 안전관리가 시작되었다고 볼 수 있다.

1) 안전관리 법령 제정과 조직 신설

국가재난관리 조직은 1990년 이전에는 주로 자연재해대책에 국한되었고, 안전사고에 대한 중앙조직은 소관 각 부처의 팀 단위 조직에서 담당하다가, 1994~5년의 성수대교 붕괴, 대구 지하철공사장 폭발, 삼풍백화점 붕괴 등 각종 대형 안전사고가 빈발하여, 더 이상 안전사고를 방치할 수 없다는 국민적 공감대가 형성되어 1995년 7월 18일 안전관리 전담 법률인 「재난관리법」을 제정하고, 10월 19일 「정부조직법」을 개정하여 국가재난관리 조직에 안전관리 조직을 보강하였는데, 그 주요 내용을 보면 첫째, 국무총리실에 국가재난관리업무를 총괄·조정하는 '안전관리심의관실' 설치, 둘째, 내무부 민방위본부를 '민방위재난통제본부'로 개편하고, 본부 밑에 '재난관리국' 신설, 셋째, 통상산업부에는 가스안전관리업무를 체계적으로 수행하기 위해 '가스안전심의관실' 설치, 넷째, 건설교통부에는 건축물·교량 등 시설물의 안전관리를 위하여 '건설안전심의관실' 설치, 다섯째, 노동부의 산업안전국, 해양수산부의 안전관리관, 과학기술부의 안전심의관실 설치 등 안전사고 예방에 대한 높은 관심은 관련 기구 확장 및 인력보강을 가져왔다.

중앙부처의 재난관리조직 확장 및 인력보강에 이어 1995년 12월에는 지방자치단체의 안전관리 조직을 보강하였으며, 주요 내용을 보면 첫째, 시·도에는 민방위국을 민방위재난관리국으로 확대 개편하고 안전관리를 전담하는 '재난관리과' 신설, 둘째, 시·군·구에는 민방위과를 '민방위재난관리과'로 확대 개편하고 '재난관리계'와 '안전지도계'를 신설하여 안전관리 전담 팀(계)을 설치, 셋째, 시·도단위의 효율적이고 기동성 있는 안전점검을 위하여 모든 시·도에 '안전점검기동반'을 설치하였다.

2) 내무부 재난관리국 신설

1994년과 1995년 2년 동안 성수대교 붕괴, 대구 지하철공사장 폭발, 삼풍백화점 붕괴 등 각종 대형 안전사고가 빈발하여 막대한 인명 및 재산피해가 발생함에 따라 국민의 안전에 대한 욕구가 증대되었다.

표 2-5 1995년 정부의 안전관리조직 신설 현황

구분	부처별	신설조직	비고(주요임무)
중앙정부	국무총리실	안전관리심의관	국가안전관리업무 총괄 조정
	내무부	재난관리국	인적 재난 총괄
	통상산업부	가스안전심의관	가스안전관리업무 총괄
	건설교통부	건설안전심의관	건축물·교량 등 시설물 안전관리
	노동부	산업안전국	산업 안전관리 총괄
	해양수산부	안전관리관	해양 안전관리 총괄
	과학기술부	안전심의관	안전관리 연구개발 등
지방정부	시·도	재난관리과	안전관리 전담
		안전점검기동반	안전점검 전담
	시·군·구	안전지도계	안전관리 전담

자료: 홍성호(2019)

그동안 자연재해 위주의 재난관리정책에서 더 이상 안전사고를 방치할 수 없다는 국민적 공감대가 형성되었고, 이에 재난 및 안전관리 주무부처인 내무부에서 1995년 7월 18일 안전관리 전문법률인 재난관리법을 제정·공포하고 이어 10월 19일 대통령령 제4791호로 내무부 및 그 소속기관 직제를 개정하여 재난에 대처할 수 있는 종합적이고 체계적인 재난관리체제를 강화하기 위하여 안전관리 전담조직인 재난관리국을 신설하였다.

또한 대형 및 특수재난 안전사고 발생 시의 긴급구조활동을 위한 중앙119구조대를 설치하고, 재난대책 관련 일부 기구와 인력을 보강하고자 민방위본부를 민방위재난통제본부로 확대 개편하였으며, 그 밑에 재난관리국을 신설, 재난관리국에 재난총괄과·재난관리과 및 안전지도과를 두어 안전관리업무를 전담하게 하였다. 또한 중앙소방학교에 대형 및 특수재난 발생 시에 긴급구조구난활동을 수행하게 하기 위하여 중앙119구조대를 신설하는 것을 주요골자로 하는 내무부 직제를 개정함으로써 처음으로 안전관리에 대한 조직이 신설되었으며, 이때 신설된 재난관리 조직으로 기존의 자연재해와 안전사고 및 민방위, 그리고 소방조직은 현재의 국가재난관리 조직의 근간을 이루게 되었다.

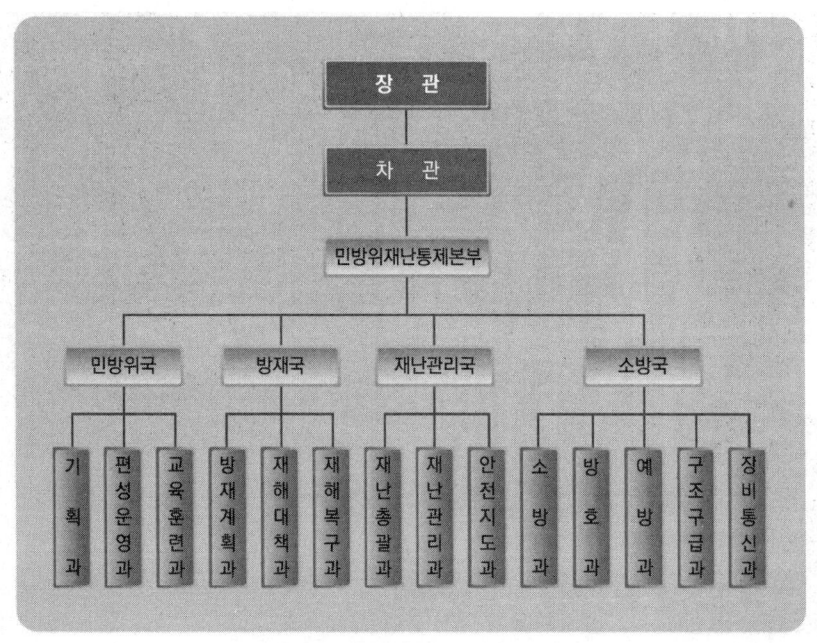

그림 2-19 내무부 재난관리국 신설 시 조직도

자료: 재난관리 60년사(2009)

3) 국가재난관리 전담기구 설치

① 대구 지하철 방화사고와 소방방재청

2000년대에 접어들어 삼풍백화점 붕괴사고 이후 최대의 인명피해를 발생시킨 2003년 대구 지하철 방화사건이 발생하였고, 2006년 서해안 고속도로 서해대교 자동차 추돌사고, 2007년 태안 앞바다 유조선 유류 유출사고, 2008년에는 우리나라의 국보 제1호인 숭례문이 사회에 불만을 품고 저지른 방화에 의하여 소실되는 실로 어처구니 없는 사고도 발생하였다.

특히 2003년 2월 18일 발생한 대구 지하철 방화사건은 대구 지하철 1호선 중앙로역 지하 3층 승강장에 정차한 안심방향 1079열차 내부에서 50대 남자승객에 의한 방화사건이 발생하였다. 열차 내부로 확산된 불은 당시 맞은편 승강장에 진입한 대곡방향 1080열차는 물론 지하 1~2층 대합실과 역사 전체로 번지면서 대규모 인명피해로 이어졌다. 이 사고로 1079열차와 1080열차 등 2대의 총 12량 객차가 모두 전소되었고, 343명의 사상자(사망 192 · 부상 151)와 614억 7,700만 원의 재산피해가 발생하였다. 당시

그림 2-20 대구 지하철 방화사고

자료: 대구광역시(2003)

전동차 내부의 바닥, 좌석 시트, 벽면, 광고판 등 내장재가 전부 난연재로 제작되어 인체에 유해한 유독성 가스와 매연을 다량 생성해 질식사를 유발한 것으로 알려졌다. 또 대피로 확보를 위한 시야가 제한되면서 2차 사고도 속출했다. 특히 종합사령실에서 중앙로역 화재경보를 미리 확인하지 못한 데다가 다른 전동차의 중앙로역 진입금지 등의 적절한 안전조치가 실시되지 못하였다는 점에서, 지하철공사측의 미흡한 대처로 인한 인재(人災)라고 할 수 있다.

같은 해 2월 25일 취임한 제16대 (故)노무현 대통령은 첫 국무회의 시 "국가재난관리 시스템을 개선하기 위하여 미국의 재난관리청(FAMA) 같은 국가재난관리 전담기구를 신설하라"라는 지시가 있었고, 이에 따라 2003년 3월 국가재난관리 시스템 기획단이 발족되었으며, 2004년 6월 자연재해와 안전사고 및 사회적 재난을 총망라하는 국가재난관리 전담기구로서 소방방재청이 탄생하였다. 소방방재청은 미국의 재난관리청(FAMA)과 비슷한 조직으로 우리나라 최초의 국가재난관리 전담기구이다.

② 세월호 참사와 국민안전처

2014년 4월 16일 인천에서 제주로 향하던 여객선 세월호가 진도 인근 해상에서 침몰하면서 승객 304명(전체 탑승자 476명)이 사망·실종된 대형 참사가 발생했다. 검경합동수사본부는 2014년 10월 세월호의 침몰 원인에 대해 ▷화물 과적, 고박 불량 ▷무리한 선체 증축 ▷조타수의 운전미숙 등이라고 발표했다. 이후 2017년 3월 '세월호 선체조사위원회 특별법'이 합의되면서 세월호 선조위가 출범하여 세월호 인양과 미수습자 수습·수색 등이 이뤄졌으며, 2019년 11월 11일에는 세월호 참사 특별수사단이 공식 출범하면서 세월호 사고에 대한 재수사가 실시되는 등 그동안 제기된 의혹을 조사하였지만, 세월호 8주기를 맞이한 2022년 7월 현재도 침몰 원인 등을 명확히 밝혀내지 못했다. 또한 20여 건의 미해결 관련 소송사건이 진행되는 등 아직도 진행 중이다.

세월호 사고를 계기로 박근혜 정부는 대형재난에 대한 국가위기에 소방방재청과 같이 차관급 기관이 대응하기에는 한계가 있다고 보고 국무총리 소속 국민안전처를 신설하여 장관급 기관으로 격상하였다. 국민안전처는 재난과 안전, 소방, 해경까지 총 망라하는 명실상부한 국가재난관리 전담기구가 탄생하게 되었다.

그림 2-21 여객선 세월호 침몰사고

자료: 연합뉴스

4) 행정안전부

① 재난안전관리본부

국정농단 사건 등으로 2016년 12월 9일 박근혜 대통령에 대한 탄핵소추안이 국회에서 가결되고, 2017년 3월 10일 헌법재판소가 대통령 파면을 결정하였다. 이에 정권을 잡은 문재인 정부는 정부조직 개편을 통해 소방과 해경을 각각 차관급 기관으로 독립시키고 재난안전 조직은 행정자치부와 통합하여 행정안전부를 신설하고 그 하부조직으로 재난안전본부(차관급)를 두었다. 이는 과거 행정자치부 민방위재난통제본부와 비슷한 형태의 조직으로 회귀하였다. 제21대 대통령으로 선출된 이재명 정부는 재난안전의 조직을 어떻게 이끌어 갈지 주목된다.

재난안전 조직의 변화는 그 시대의 사회변화와 정치환경에 따라 변하지만, 지구의 재난안전 환경은 온난화에 따른 기후변화와 문명사회 발달에 따른 사회환경 변화 등 우리가 예측하는 것 이상으로 빠르게 변하고 고위험사회로 가고 있으며, 단편적인 대응만으로 재난안전관리에 안전한 시간과 공간은 없다는 사실이다. 따라서 국가와 국민의 안전을 지키는 우리는 '가장 위험하게 보였던 순간이 오히려 기회가 될 수 있고, 가장 안전하다고 생각하는 순간이 대형재난의 순간일 수도 있다.'는 것을 잊지 말아야 할 것이다.

② 중대재해처벌 등에 관한 법률

◇ 제정 이유

국회에서 2022년 1월 26일 중대재해처벌 등에 관한 법률을 제정한 이유는 현대중공업 아르곤 가스 질식 사망사고, 태안화력발전소 압사사고, 물류창고 건설현장 화재사고와 같은 안전사고로 인한 사망사고와 함께 가습기 살균제 사건 및 4·16 세월호 사건과 같은 시민 재해로 인한 사망사고 발생 등이 사회적 문제로 국민적 관심이 집중되고 있음에 고조되어 왔다.

이에 사업주, 법인 또는 기관 등이 운영하는 사업장 등에서 발생한 중대산업재해와 공중이용시설 또는 공중교통수단을 운영하거나 위험한 원료 및 제조물을 취급하면서 안전조치 의무를 위반하여 인명사고가 발생한 중대시민재해의 경우, 사업주와 경영책임자 및 법인 등을 처벌함으로써 근로자를 포함한 종사자와 일반 시민의 안전권을 확보하고, 기업의 조직문화 또는 안전관리 시스템 미비로 인해 일어나는 중대재해사고를 사전에 방지하려는 목적으로 중대재해처벌 등에 관한 법률을 제정한 것이다.

◇ 주요 내용

가. 사업주 또는 경영책임자 등은 사업주나 법인 또는 기관이 실질적으로 지배·운영·관리하는 사업 또는 사업장에서 종사자의 안전·보건상 유해 또는 위험을 방지할 의무가 있고, 사업주나 법인 또는 기관이 제3자에게 도급, 용역, 위탁 등을 행한 경우, 제3자의 종사자에 대한 안전 확보 의무를 부담함(제4조 및 제5조).

나. 사업주 또는 경영책임자 등이 안전 및 보건 확보의무를 위반하여 중대산업재해에 이르게 한 경우 사업주와 경영책임자 등을 처벌하고, 법인 또는 기관의 경영책임자 등이 처벌 대상이 되는 위반행위를 하면 그 행위자를 벌하는 외에 그 법인 또는 기관에 대해서도 벌금형을 부과함(제6조 및 제7조).

다. 사업주 또는 경영책임자 등은 생산·제조·판매·유통 중인 원료나 제조물의 설계, 제조, 관리상의 결함이나 공중이용시설 또는 공중교통수단의 설계, 설치, 관리상의 결함으로 인한 그 이용자 등의 생명, 신체의 안전을 위하여 안전보건관리체계 구축 조치를 하는 등 안전 및 보건 확보 의무를 부담함(제9조).

표 2-6 중대재해처벌법 vs 산업안전보건법

			중대재해처벌법	산업안전보건법
책임주체	자연인		○ (경영책임자 등)	○ (안전보건관리 책임자)
	법인		○	○
처벌내용	자연인	사망	1년 이상 징역 또는 10억원 이하 벌금	7년 이하 징역 또는 1억원 이하 벌금
		안전보건조치 위반	7년 이하 징역 또는 1억원 이하 벌금	5년 이하 징역 또는 5,000만원 이하 벌금
	법인	사망	50억원 이하 벌금	10억원 이하 벌금
		부상 또는 질병	10억원 이하 벌금	5,000만원이하 벌금

라. 사업주 또는 경영책임자 등이 고의 또는 중대한 과실로 이 법에서 정한 의무를 위반하여 중대재해를 발생하게 한 경우 해당 사업주, 법인 또는 기관은 중대재해로 손해를 입은 사람에 대하여 그 손해액의 5배를 넘지 않는 범위에서 배상책임을 짐(제15조).

마. 정부는 중대재해 예방을 위한 대책을 수립·시행하도록 하고, 사업주, 법인 및 기관에 대하여 중대재해 예방사업에 소요되는 비용을 지원할 수 있도록 하며, 그 상황을 반기별로 국회 소관 상임위원회에 보고하도록 함(제16조).

◇ 안전관리의 제도적 이행

국회에서 전면 제정한 중대재해처벌법은, 특히 안전관리 예방시스템을 작업장 단위가 아닌 기업 수준의 계획에 의하도록 하고, 사업주의 책임과 도급관계에서 도급인의 책임을 강화하는 것을 골자로 하고 있다. 이는 안전에 대한 접근을 시스템화하여야 한다는

표 2-7 중대재해처벌법 주요 내용

중대재해 중 중대산업재해 정의	1. 사망자 1명 이상 발생. 2. 동일한 사고로 6개월 이상 치료가 필요한 부상자 2명 이상 발생 3. 동일한 유해요인으로 급성중독 등 대통령령으로 정하는 작업성 질병자가 1년 이내에 3명 이상 발생
처벌 대상	사업주, 경영책임자 등 공무원 및 법인
처벌 범위	경영책임자 1년 이상 징역 또는 10억원 이하 벌금 등

출처: 국가법령정보센터(2022); The Bell(2021)

방향으로 판단되며, 이에 발맞추어 산업안전을 근로자의 주의나 안전시설 등의 요소로 환원하여 보던 과거 관행을 벗어나 시스템적 안전 분석과 평가, 개선의 실제적 방법론을 개발·적용할 필요가 대두되었다.

 한국의 사회재난 사례

5.1 1970년 남영호 여객선 침몰

1) 사건 개요

1970.12.15. 서귀포항에서 출항한 부산~제주 간 정기여객선 남영호가 침몰한 사건으로 사건을 요약하면 다음과 같다.

표 2-8 남영호 여객선 침몰사건 개요

재원	중량 362톤, 길이 43m, 폭 7.2m, 시속 15노트, 정원 302명, 용적량 130톤
취항	1968.3.5. 서귀포~성산포~부산 간 첫 취항(매달 10회 왕복운항 정기여객선)
항해	1970.12.14.17:00 서귀항 → 20:00 성산항 → 12.15.01:25경 반전복, 02:05 완전침몰
탑승적재	승선 338명(서귀항 승객 222명+선원 16 + 성산 승객 100), 화물 209톤 구조 15명(선원 2, 승객 13), 사망/실종 323명(선원 14, 승객 309), 시신 18구 수습
위치	전라남도 여수시 상백도 동남쪽 28마일(대마도 서쪽 1000km) 해상
인명피해	탑승 338명, 사망 326, 구조 12(한국어선1, 일본어선8, 한국해경대3), 시신18구 수습 사망 323명(선원14, 선객 309/재판기록), 326명, 329명(위령탑 표지석)
재산피해	현금 1억, 화주와 선박 1억(대책본부), 화물 8천3백(검찰)

① 출항

남영호는 1970.12.14. 17:00 서귀항에서 승객 222명과 연말 성수기용 감귤 등 209톤의 화물을 싣고 출항하여 성산항에서 승객 100명과 화물을 더 싣고 밤 8시경 부산을 향해 출항했다. 선박회사측은 3개의 화물창고가 모두 감귤 상자로 채워지자 선적이 금지된 앞 하창(荷倉) 덮개 위에 감귤 400여 상자를 더 쌓아 실었고, 중간 갑판 위에도 감귤 500여 상자를 실어 서귀항을 출항할 때부터 이미 선체 중심이 15도쯤 기울었으며, 만재 흘수선(滿載吃水線)이 물속에 잠겨 복원력을 잃고 있었다. 이런 상태에서 성산항에 도착하자 다시 화물을 더 실었다.

선장 강○수는 출항 당일 가득 쌓인 짐을 보고 사무장과 항해사에게 "(이러면) 배가 갈 수 없다. 너희들이 책임감이 있는 놈들이냐. 빨리 짐을 내려라."며 화를 냈다고, 훗날 법정에서 주장했다. 그런데 항해사 등이 "누구 짐은 싣고 누구 짐은 안 실었다간 우리가 맞아 죽는다.", "날씨가 좋으니 문제없을 것이다."라며 출항을 고집했다는 것이다.

② 침몰

남영호가 성산항을 떠난 지 5시간 25분이 지난 새벽 01:20경 전남 상일도 동남 28마일 해상(쓰시마섬 서쪽 1백km 해상)에 이르렀을 때 갑자기 심한 바람이 남영호 우현 선체에 몰아치더니 갑판 위에 쌓아 놓은 감귤 상자가 갑판 좌현측으로 허물어졌다. 순간 중심을 잃은 선체가 기울면서 중심을 잃고 침몰하기 시작했다. 이에 정상 속도인 15마일을 10마일로 줄여 계속 항진하려 했으나, 01:25경 여수시 소리도 인근에서 반전복되고, 02:05경 완전히 침몰하고 말았다.

자료: 경향신문 　　　　　　　　　　　　　　　　　　　　　　자료: 시사IN

그림 2-22 　남영호 여객선 침몰사고 자료

2) 구조 활동

① 구조신호(SOS) 타전

남영호는 15일 01:15에 왼쪽으로 기울었고, 10분 만에 반전복되었다. 남영호에서 침몰 당시인 01:20~25분 사이에 비상주파수로 수차례 구조신호(SOS)를 타전하였으나 전달되지 않았다. 생존자들은 겨울 바다 위에서 뒤집힌 배에 매달렸고, 배가 가라앉자 귤 상자 등을 붙들었다. 생존자는 서로 흩어졌고, 05:20에 1명이 한국 어선인 희○호에 구조되었다. 희○호는 남영호가 침몰하고 생존자들이 표류중임을 알았으나 구조작업도, 사고 사실을 알리지도 않았다.

② 일본측의 구조 및 무선 연락

08:45, 일본 순시선 구사가끼는 고겡마루(興源丸)와 고아마루(興亞丸)의 두 어선으로부터 한국 선박이 침몰했고 4명을 구조했다는 무전을 받았다. 구사가끼에서는 9시에 한국 해경대에 무선으로 연락하였다. 응답이 없자 큐슈의 해상보안본부에 한국 해경대에 연락할 것을 요청하였고, 해상보안본부에서는 12:30까지 부산과 제주의 한국 해경대에 무선으로 연락했으나 응답이 없었다. 14시에 구사가끼 순시선은 한국 승객 8명을 구출했음을 해상보안본부에 연락하였고, 14:15에 한국 해경대의 연락을 받았다. 일본어선은 승객 최○화(당시 55세, 구좌읍) 등 모두 8명을 구조하였다.

③ 한국측의 구조

12시 일본 교토통신의 특보가 있었지만, 한국 해경은 '연락을 받은 바 없다'는 입장을 되풀이했고, 일본 순시선 출동보다 네 시간 늦은 오후 1시경 출동했다. 당시 치안국은 처음에는 남영호 침몰사고에 대한 방송특보가 어선 조난 사실을 오보한 것이라고 부인했으며, 국내통신은 이날 오전 11시 40분에도 침몰 여객선의 이름을 월미호(月尾號)로 타전해 혼선을 빚게 하기도 했다.

13:50경 항공기를 선두로 16시에 현장에 도착한 해경 경비정과 해군 함정에 의해 강○수 등 3명을 구조하였다. 일본어선으로부터 인계된 8명과 한국 어선에 구조된 1명을 포함하여 생존자는 모두 12명이었다. 남영호 침몰 사건 재결서에는 338명이 탑승하여 15명이 구조되고, 시신 18구를 수습하였으며, 305명이 실종되었다고 기록되어 있다(재결서 1971-042, 1971.9.6. 부산지방해난심판원).

3) 침몰 원인

① 정원 초과와 과적

남영호의 선령은 2년으로 선체도 큰 편이었지만, 사고 당시 정원인 302명보다 36명 초과한 338명이 탑승하고 있었고, 교통부에 신고한 용적량은 130톤이었으나, 본격적인 감귤 수확철로 밀감, 배추 등 화물도 540t에 달했다. 이는 적재정량의 4배 가까이 되는 양이다. 남영호의 과적을 좀 더 알아보면, 짐을 싣는 창고(하창)를 1개 설치하는 것으로 허가를 받았으나, 선실 2개를 하창으로 불법개조해 사실상 반화물선이나 다름없이 많은 짐을 싣고 다녔다. 심지어 조금이라도 짐을 더 싣기 위해 배 밑바닥에 넣고 다니던 평형수(平衡水) 돌멩이 중 한 트럭분을 빼버리기도 했다.

② 해경 부실대응

당시 근무 요원들은 해경대 근무를 좌천으로 여기고 사명감 없이 근무하는 고질적인 풍조가 지적되기도 하였다.

4) 피해보상 및 관련자 처벌

① 유가족에 대한 보상과 사회적 분위기

정부는 사망자 유가족들에게 1인당 40만 원씩 보상금을 주어 회유하려 했지만, 보상금 지급을 전제로 소송을 취하하는 조건 때문에 유족들은 격노했다. 12월 28일 서귀포에서 정부가 주최한 합동위령제에서는 유족들이 "시신도 없는데 무슨 위령제냐"라며 제단을 뒤엎는 사태가 벌어졌다. 그러자 경찰은 '이들이 정확한 유족명부 작성 등을 반대하고 있는 점을 중시, 사이비 유족이 끼어 있지 않나 보고 조사 중이다.'라고 밝혔다. 들끓는 여론에 대해 국회에서 특별진상조사위원회까지 꾸려졌지만 흐지부지되었다. 당시엔 군사정권 시절인 데다 먹고 사는데 급했기에 더 이상의 투쟁은 불가능했고, 세월이 흘러도 이에 대한 공식 사과나 재조사는 이루어지지 않았다.

12.28.「남영호조난수습대책본부」는 사망자에 대한 보상금을 1인당 69만원을 유족들에 지급하였다. 일부 유족은 보상금이 적어 수령을 거부하였다.

1970.12.30. 제주도 출신 서울대 학생들이 법대 교정에 모여 관계 당국의 철저한 책임 규명과 유족 보상을 요구하는 성명서를 발표하였다. 당시 법대 3년생이었던 장○봉(교수)·강○일(전 국회의원)·박○환(국민대 교수)·양○수(전 대법관)·현○철(기업인) 등이 참여한 성명서에서 '남영호 사건은 단순한 과실이 아니고 근대화 과정에서 빚어진 인명 경시 풍조에서 유래한 것'이라고 주장했다.

1971.1.8. 박정희 대통령은 국무회의에서 "남영호 사건은 관계 공무원의 기강 해이로 일어났다. 공무원의 부정부패보다 기강해이가 더 나쁘다. 기강을 바로잡아 제3차 경제개

발 5개년 계획을 준비하는 데 차질이 없게 하라."고 지시했다.

② 관련자 재판 등 후속 동향

1971.6.8. 부산지방법원에서 열린 재판에서 선장은 금고 3년, 선주는 금고 6개월·벌금 3만원, 통신장은 벌금 1만원이 선고되었고, 삼우운수 영업과장과 직원, 부산지방해운국 부두관리사무소 직원, 해경 통신과 직원은 무죄가 선고되었다.

1972.2.16. 대법원에서 열린 상고심에서는 선장 강○수에게 항소심에서 선고된 금고 2년 6개월의 형을 확정하였다. 미필적 고의에 의한 살인죄로 기소돼 사형이 구형됐던 선장은 금고형을 살고 풀려났다.

선주 강○진에게 1심 재판부는 과적을 지휘한 책임을 인정해 과실치사죄를 적용했는데, 대법원은 강씨가 과적을 직접 지시했다는 증거가 없다고 판단했다.

법원은 직무유기로 기소된 해운국 공무원과 해경 등에 대해서는 무죄를 선고했다. 이들이 과적을 제대로 단속하지 않고 무선연락을 못받은 것은 인정되지만, 고의로 직무를 유기했다고 볼 증거가 없다는 이유에서였다. 사고 직후 검찰이 고위 공무원과 해운회사 간의 유착 고리, 정부의 늑장 대응 사유 등을 제대로 밝혀내지 못한 채 이들 말단 공무원만 기소했을 때 언론들은 '송사리만 잡고 수사 매듭'이라며 비판했다.

선주 강○진은 1975년 제주도를 상대로 소송을 제기하였다. 사고 후 보험금만으로 유족 배상금 1억여 원을 마련하기 어렵게 되자 강씨는 자기가 소유한 땅 7,000평(2만 3,000㎡)을 제주도에 배상금으로 써달라며 기부했다. 그런데 출소 이후 이 땅을 되돌려 달라고 소송을 제기한 것이다.

5) 추모 사업

사고 후 1971.3.30. 남영호가 떠났던 서귀포항에 그날의 원혼을 달래기 위한 위령탑이 세워졌다. 당시 이○택 도지사는 위령탑 제막식에서 "슬픈 탑으로 남기지 말고 슬픔을 극복하고 지성으로 바다를 다스려 힘차게 전진하는 탑으로 남겨야 한다."고 밝힌 바 있다.

1982년 서귀포항 임항도로 건설과 미관상 문제 등으로 상효동 돈내코 중산간으로 옮겨졌고, 지자체조차 한동안 관리에 손을 놓아 수풀만 무성해져 알아보기 힘들었다. 설상가상으로 2003년 이후 유족단위 위령제가 중단되고 2006년부터 근처에 골프장을 조성

① 남영호 조난자 위령탑(2014. 동홍동 264 정방폭포에 건립) ⇐ 1982. 서귀포항 임항도로 개설로 돈내코 법성사 인근 이전
⇐ 1971.3.30. 서귀포항 위령탑 건립

출처: 블로그 사랑해(2020)

② 희생자 명단 (위령탑 뒷면)

③ 우 - 좌측 표지석 (위령탑 앞면)

그림 2-23 남영호 조난자 위령탑

하면서 공동묘지 진입로를 폐쇄해 버렸고, 새로운 진입로는 물론 안내 표지판도 설치하지 않았다. 입구에는 '남영호 조난자 공동묘지'라는 녹슨 간판이 있다. 이곳에는 무연분묘 14기를 포함한 무덤 17기, 비석 3기가 안치됐다. 꽃다운 나이에 숨져 '영혼결혼식'을 올린다는 내용의 비석도 있다.

2008년 「제주불교신문」에 수필을 싣고 난 후 도내에 파장이 일었다. 이에 제주도는 민관합동위원회를 구성하고 위령탑 이전 및 합동위령제 개최를 추진했고, 유족들의 연락처 등 명단 작성에 착수했다. 2013년 유족들을 중심으로 「남영호유족회」가 결성되어 12월에 처음으로 「민관합동위령제」를 지냈고, 2014년 동홍동 정방폭포에 신축 이전되어 현재에 이르고 있다.

5.2 1994년 성수대교 붕괴

1) 사고 개요

1994년 10월 21일 07시 40분경 성수대교 북단으로부터 10번째와 11번째 교각 사이 120m 중 중앙 48m의 현수 트러스 중간 부분이 갑자기 푹 꺼지면서 한강으로 내려앉았다. 이 사고로 한강에 추락된 사람은 총 49명이었으며, 이중 필리핀인 1명을 포함한 32명이 사망하였고, 17명은 구조되었으며, 그중에 중상자는 3명이고 나머지 14명은 경상이었다.

성수대교는 서울에서 10번째로 건설된 서울시 성동구 성수동과 압구정동을 연결하는 폭 19.4m, 길이 1,160m의 4차선 교량으로서, 2등교인 DB-18(건설 당시는 1등교)로 설계된 교량이다. 1977년 4월에 착공에 들어간 이 다리는 대한콘설턴트가 설계하고, 동아건설이 시공을 맡아 2년 6개월만인 1979년 10월에 완공되었다.

표 2-9 성수대교 일반현황

[교량명 : 성수대교]	[시공자 : 동아건설(주)]

• 위 치 : 성동구 성수동 ~ 강남구 압구정동
• 제 원 : B=19.4m(4차선), L=1,160m
• 공사기간 : 1977.4.9.~1979.10.15.
• 설계하중 : DB-18(2등교), (건설 당시는 1등교임)
• 공 사 비 : 11,580백만원
	• 설계자 : 대한콘설턴트
	• 구조형식
	  – 상 부 : Gerber Truss672 (5경간)
	              단순합성 Plate Girder 488m
	  – 하 부 : 교각 22기(구주식), 교대2기(중력식)
	  – 기 초 : 우물통 17기, 파일 기초 7기

2) 사고원인

성수대교 붕괴의 직접적인 원인은 유효단면적의 감소와 응력집중을 유발하게 한 용접시공의 결함과 제작오차 검사 미흡, 피로균열의 진전을 예방하지 못한 점검 및 유지관리 미비, 그리고 피로균열을 가속화시킨 규정 이상 중차량 통행 규제 소홀인 것으로 판단된다.

그림 2-24 성수대교 붕괴사고 현장

3) 사고구조 · 수습현황

성수대교 붕괴 사고는 10월 21일 07시 46분경 소방본부 및 성동 · 강남소방서 등에 119로 신고되었고, 소방본부에서는 즉시 동대문 · 중부 · 강남소방서의 3개 119구조대 30명과 동대문 · 중부 · 성동소방서의 구급차 13대 및 강남소방서의 지휘차 1대와 소방대원 77명을 출동시켜 07시 56분에 사고현장에 도착하여 구조활동을 시작하였고, 07시 56분경에는 영등포 · 종로의 2개 119구조대를 추가로 출동시켰으며, 이어 08시 04분경에는 구급차 13대가 추가로 현장에 투입되었다. 08시 05분에 소방헬기에 대한 출동지시를 내려 08시 18분에 김포공항 헬기장에서 2대의 헬기가 이륙하였으며, 08시 31분에 현장에 도착하여 구조활동에 임하였다. 09시 30분경에는 특전사와 해난구조대의 잠수요원들이 현장에 도착하여 물속에 있는 시체의 인양작업을 시작하였다.

① 구조 활동 1   ② 구조 활동 2

그림 2-25 성수대교 붕괴사고 현장수습

본 구조작업에 동원된 연인원은 총 4,100명으로 경찰 2,169, 군인 1,363, 소방 373, 기타 195명이었으며, 동원 장비는 총 733대로, 헬기 36, 선박 98, 고무보트 147, 구조차 81, 스쿠버 368, 기타 3대이다.

4) 피해보상

① 사상자 보상

성수대교 붕괴 사고 발생 후 서울시에서는 사망자에게는 1인당 400만원의 장례금을 지급하였고, 부상자에 대하여는 완치까지 치료비를 부담키로 하고 배상금 및 위로금은 유족과 협의하여 조속히 결정토록 하였다. 또한 공무원 184명, 군인 143명 등 총 327명이 헌혈을 실시하여 부상자의 치료에 사용토록 하였으며, 사망자 1인당 30만원씩, 부상자 1인당 20만원씩의 위문금을 전달하였다.

표 2-10 손해 배상금 및 보상금 지급 현황

구 분	총 계	사망자(32명)	부상자(6명)	비 고
계	7,107,918,820원	6,129,431,990원	978,486,830원	
손해배상금	4,687,918,820원	3,889,431,990원	798,486,830원	
보상금	2,420,000,000원	2,240,000,000원	180,000,000원	

※ 손해배상금은 필리핀인 사망자 1명과 서울경찰청 소속 의경 1명을 제외한 37명에게 지급되었고, 보상금은 의경 11명을 제외한 38명에게 지급되었음.

또한 성수대교 붕괴 사고 사상자 보상심의위원회를 구성하여 사망자의 유족과는 1994년 10월 23일부터 10차례의 협의를 거쳐 1994년 11월 18일에, 부상자 가족과는 1994년 12월 21일에 손해배상금 및 특별위로금의 지급에 관한 합의를 완료하였다.

서울시에서 사망자의 유족 및 부상자에게 지급한 손해배상금 및 보상금은 총 71억8백만원이었다. 한편 동아건설산업(주)에서는 성수대교의 시공자로서, 이번 사고에 대한 도의적 책임으로 사망자 1인당 8천만원의 특별위로금을 지급하였다.

② 사망자 장례

서울시에서는 보사환경국장으로 하여금 사상자 처리업무를 총괄 지휘하도록 하고, 사망자가 안치된 17개 병원에 해당 구청의 국·과장을 배치하여 분향소를 설치하고 사망자 1인당 4백만원의 장례비를 지급하고 내국인 31명의 장례는 10월 23~27일에 걸쳐 장례를 치루고, 외국인 사망자인 아델○이다 여사의 시신이 11월 2일에 본국인 필리핀으로 운구됨으로써 성수대교 붕괴 사고의 사망자에 대한 장의 절차를 모두 마쳤다.

5.3 1995년 삼풍백화점 붕괴

1) 사고 개요

1995년 6월 29일, 하루가 저물어 가던 17시 55분경, 분진과 석면 가루를 동반한 폭풍과 함께 서초동 삼풍백화점이 무너져 내려앉는 참사가 발생하였다. 이 붕괴사고로 사망자 502명, 부상자 937명 등 사상자만 1,439명이 발생하였다.

2) 삼풍백화점 현황

사고가 난 삼풍백화점은 삼풍건설산업(회장 이○)이 30억원의 자본금을 들여 1987년 9월 착공, 89년 11월 완공한 뒤 12월 1일 개장했다. 삼풍백화점은 규모는 지상 5층(지하 4층)에 연면적 2만2천3백86평(매장 면적 9천3백87평)의 크기로 연매출액은 94년 1천6백46억원으로 전국백화점 랭킹 7위에 올라 있었다. 단일 매장 규모는 서울 롯데 본점에 이어 전국 2위의 매머드급이었다. 백화점 내에는 5백56개의 점포(직영 438, 임대 118)가 있었으며, 평소 직영 종업원 7백여 명과 입주업체 판촉사원 3백여 명 등 모두 1천여 명이 근무해왔다.

백화점 건물은 같은 크기의 2개 동으로 나누어져 북쪽의 건물은 매장으로, 남쪽의 스포츠센터는 매장(1~3층)과 함께 레포츠시설(4~5층)을 만들어 놓았었다. 두 건물은 가운데에 유리로 만든 개선문 모양의 외벽을 한 연결 건물을 통해 이어져 있었다. 설계와 감리는 서초동의 우원종합건축(대표 임○○)이 했다. 90년 7월 준공검사를 받은 다음, 94년 10월 지하매장을 2백4평 가량 더 늘리면서 동시에 매장 붕괴 당시의 규모로 확장하는 공사허가도 받아냈다.

3) 사고 원인

삼풍백화점 붕괴사고는 부실시공 외에도 건축허가, 감리, 준공검사, 무리한 매장증설과 증축 허가 등 총체적 부실로 인해 발생했다는 지적이다.

표 2-11 삼풍백화점 현황

[건물 현황]	[운영현황]

• 규모 : 지상 5층, 지하 4층, 철근콘크리트조
  · 대지 : 15,395㎡, 연건평 73,877㎡
    A동 판매, B동 운동·판매
• 건축기간 : 1987.8.~1989.11.
  · 시공업체 : 삼풍건설주, 우성건설주
  · 설계감리 : 우원종합건축사사무소
	• 개설자 : 삼풍건설산업(주)
	• 매장면적 : 29,068㎡
	  · 입주점포 : 556개소(직영38, 임대18)
	  · 종업원 : 681명
	• 매상실적 : 연1천5백억원
	  · 고객 : 1만2만명/일
	  · 매출 : 3~4억원/일

① 부실 설계·감리

대형건물을 지을 때는 적재하중과 안전율을 고려한 구조계산이 치밀하게 이뤄져야 하는데, 국내의 민간 건설현장에서는 건설비를 줄이기 위해 싼값에 구조계산을 맡기는 것이 관례화되어 있었다. 게다가 건축허가 과정도 기둥과 기둥 간격이 16m 이상일 경우에만 전문구조기술사의 확인을 받도록 의무화했으나 이것마저도 형식적으로 넘어가고 있다는 것이 전문가들의 지적이다.

② 엉성한 준공검사

삼풍백화점 붕괴사고에서도 드러나듯 각종 부실이 있었음에도 관할구청의 준공검사 과정에서 부실을 체크할 수 없는 것도 커다란 문제다. 민간공사에 대한 준공검사는 공무원이 조경시설·건물·용도·주차장확보·조경·단열상태·설비 상황 등에 대해 설계도면과 시공의 일치 여부만을 확인하며, 이 같은 준공검사도 외장공사까지 끝난 상황에서 이루어지다 보니 구조안전에 결정적 영향을 주는 철근배근 및 슬래브 두께 등은 검사조차 할 수 없는 상황이다.

③ 무리한 허가

서울시와 서초구청이 삼풍백화점의 무리한 매장 면적 증설 및 증축을 허가해 붕괴사고를 부추겼다는 지적을 받고 있다. 서울시는 전년도 10월 21일 서울시 도·소매진흥심의위원회를 열어 당초 13,732㎡이던 삼풍백화점의 매장 면적을 무려 125%나 늘린 3,978㎡로 증설해 주었으며, 서초구청은 지상 백화점을 떠받치고 있는 지하 1층에 672㎡의 증축을 허가해 주었다.

④ 안전진단 미비

민간 건설 부문의 대형 사고가 잇따르고 있으나 건설관리법은 공사비 100억원 이상 건물 신축현장의 지하 굴착공사에 대해서만 1년 단위로 전문기관의 안전진단을 받도록 의무화했을 뿐이다.

4) 사고구조·수습 현황

1995년 6월 29일 17시 56분 삼풍백화점 붕괴에 대한 시민의 제보가 서울경찰청 상황실에 접수된 후 서울시 도시방재종합상황실의 핫라인으로 서울시 전직원에게 비상대기를 발령하였다. 이후 소방본부 산하 전 공무원 비상소집이 발령되고 당일 18시에 서울시에서 내무부, 총리실, 청와대 등 상황보고를 하였고 재난구조 8개 유관기관(소방본부, 경찰청, 수방사, 한국통신, 한국전력, 가스안전공사, 적십자사, 교통방송)에 핫라인으로 상황전파와 지원을 요청하였다.

① 사고현장 1
출처: 한국민족문화대백과

② 사고현장 1
출처: 재난관리60년사

③ 구조·복구작업 1

④ 구조·복구작업 2

그림 2-26 삼풍백화점 붕괴사고 현장

서울시 사고대책본부가 29일 18시에 설치된 것을 비롯하여 현장 사고대책본부, 서초구 사고대책본부가 설치되고, 중앙사고대책협의회가 국무총리 주관으로 내무부, 건교부, 보건복지부 등 관계 장관이 참여하여 운영되었다. 그리고 7월 22일 09시에는 사고수습대책위원회가 서울시 행정 제1부시장을 위원장으로 하여 설치되어 사망·부상자 물품 등 피해보상, 삼풍 재산관리 및 처분, 대내·외 기관 협조 및 홍보의 임무를 수행하였다.

5) 피해 보상

① 사상자 및 재산피해 보상

삼풍백화점 붕괴사고 사상자 조치로써 진료비 중 본인부담금은 시에서 우선 지급하고, 진료비 지급과 시신에 대한 신원 확인을 통해 1인당 300만원(사망 확인 즉시 전달 가능토록 24시간 기능 유지)을 장례비로 시에서 우선 지급하였다.

② 특별재해지역 선포

삼풍백화점 붕괴사고 이후 정부는 7월 19일 삼풍백화점 부지와 그 주변 지역을 포함한 67,100㎡에 대하여 특별재해지역으로 선포하였다.

- 특별재해지역의 범위 : 삼풍백화점 부지와 그 주변 지역을 포함한 67,100㎡
- 특별지원에 관한 사항 : 지원 대상
- 특별재해지역의 재난으로 피해를 본 피해자 및 업체 등 : 금융지원

표 2-12 피해보상 현황(1997.12.31. 기준)

구 분	보상금(백만원)	보 상 기 준
총 계	372,503	
사망자 보상(502명)	187,451	• 손해사정인의 사정 검증 • 손해배상금+특별위로금 : 1억7천만원/인
부상자 보상(714명)	100,468	• 장애와 상해 정도에 따라 14등급으로 구분, • 특별위로금 : 최고 1억7천만원, 최저 170만원 + 손해배상금(손해사정 결과)
물품 보상(840업체)	60,746	• 손해사정인의 사정 및 검증 판결에 따라 지급 • 보험가입 차량은 해당보험회사에서 보상 • 무보험·미보상 차량만 보상
차량 파손(249대)	1,175	
스포츠회원권(823구좌)	16,729	
주변 피해(149건)	288	
기타 피해(4건)	5,646	

- 재난으로 피해를 입은 사업자 및 관련 업체 등 : 자금지원
- 서울시의 기채가 필요한 경우 정부의 공공자금관리기금 등에서 인수
- 긴급구조 · 구난 활동의 소요 경비 등 「재난관리법 시행령」에 규정된 경비의 일부 보조 : 세제지원 등
- 개인 및 법인의 소득세, 부가세 등 납부 기한 연장 및 징수유예
- 보상금 · 위로금 등에 상속 · 증여세 비과세
- 취득세, 등록세, 재산세 등 지방세 감면, 납부 기한 연기, 징수유예
- 성금 구호 물품의 지정기부금 인정 및 손비처리 연기, 징수유예

5.4 1996년 태백 탄광 매몰

1) 사건 개요

1996년 12월 11일 11시 40분경 강원도 태백시 연화동 산 67-1번지에 위치한 통보광업소의 북부사갱 좌운반갱 2크로스 우연층 케빙 막장에서 발생하였다. 사고내용은 케빙 막장에서 케빙 작업 중 갱구 3,010m, 수직고 330m 지점에서 돌출수로 갱도 40m가 붕락되어 현장에서 채탄작업을 하던 광부들이 매몰되어 15명이 사망하였다.

2) 사고원인

사고원인은 시공 부문에서, 붕락식 채탄법 및 연층 채탄시 습탄 돌출상태임에도 지시자의 무리한 채탄작업 실시와 작업 시공시 안전도의 확인과 위험 요소의 사전 제거가 이루어지지 않았다. 또한 고갱도 근접에서의 출수 위험이 판단되면 생산보안권고서를 발부받아 채탄하여야 함에도 이를 준수하지 않았다. 유지관리 부문에서, 갱목 등 시설 안전관리와 안전 수칙을 준수하여 지하 탐지를 하여야 함에도 이를 소홀히 하였으며, 탄층 내에 지하수가 고여 있는 물통이 형성될 가능성이 높았음에도 채광전 사전 탐지작업을 실시하지 않았다.

그 밖의 원인 측면에서의 문제점으로는 체계적인 상황관리 및 보고체계의 분산, 탄광의 특수성으로 구조체계의 통제권 분리, 과열 취재 경쟁 등으로 인한 구조작업 및 후송조치 지연, 관계기관의 인력 부족으로 인한 점검 소홀 등이 나타났다.

① 탄광촌　　　　　　　　　　　　② 탄광내부

그림 2-27　태백 탄광 매몰 사고

자료: 태백석탄박물관

3) 사고구조 · 수습 현황

1996년 12월 11일 13시 55분에 태백시 재난상황실에서 사고를 인지하여 태백시, 강원도 재난상황실, 내무부 재난종합상황실의 순으로 상황보고가 이루어졌으며, 4개 반 15명으로 구성된 태백시 사고대책본부가 설치되었다. 매몰된 광부들을 구조하기 위하여 자체구조대 180명, 특수구조대 20명, 지휘 8명 등 208명의 인력이 투입되었으며, 산소구급기 28대, 가스검정기 28대, 음파탐지기 7대, 산소측정기 7대, 인공소생기 14대, 착암기 14대, 장공착암기 7대 등 구조장비 7종 105대와 구급차 84대가 투입되었다.

수습 측면의 문제점은 탄광 지하 막장인 지하 3,000m에서 지하수가 터져 죽탄과 암석이 뒤섞여 구조 지난, 구조장비의 노후 및 부족으로 구조 지난, 갱도 단면이 좁고 운탄용 벨트컨베이어의 설치로 죽탄 제거작업이 어려워 구조 지난 등으로 나타났다. 태백 탄광 매몰사고에서 제시된 대책을 원인 측면과 수습 측면으로 구분하여 살펴보면 다음과 같다. 원인 측면에서 제시된 대책으로는 탄층 상부 하천 등 지표수 유입 방지 조치 강화, 채탄시 유출수 유도조치 강화, 정기적인 출수량 측정, 배수시설의 철저한 점검(주기적인 펌프효율 검사), 상하부 연결 채탄도면 현장에 비치, 출수위협탄광은 상부갱도 유지 의무화 등을 들 수 있다.

수습 측면에서 제시된 대책으로는 체계적인 상황관리 및 보고체제의 일원화, 구조체계의 통제권 일원화로 원활한 인명구조 체계 확립, 과열 취재 경쟁 등으로 인한 구조작업 지연에 따라 경계구역을 설정하여 원활한 구조 및 후송 조치 등을 들 수 있다.

이 외의 대책으로 폐광 후 광산지역의 광해 방지를 위한 대책 수립, 광산장비의 현대화, 광산지역 광해 방지를 위한 환경관리 개선, 광산 보안관리 인원 증원으로 점검강화, 채탄법 개선 등이 제시되었다.

4) 피해 보상

사망자 총 15명에 대한 유가족 보상으로 1인당 평균 77.6백만원 총 1,164백만원이 지급되었는데, 그 중 보상금이 1,055백만원, 위로금 12백만원, 장례비 97백만원이었다. 보상금의 재원은 사고회사 보험금과 성금 등으로 이뤄졌으며, 현장위로로 강원도지사, 국회의원 3인 등이 방문하여 위로하였다.

5.5 1997년 대한항공 801편 추락

1) 사건 개요

1997년 8월 6일 01시 55경(한국시간 0시 55분)에 미국령 괌 아가나 공항 인근 5km 산 중턱에서 대한항공 801편(B-747) 여객기가 착륙하고자 했으나 추락하여 발생한 사고였다. KAL기 추락사고로 총 254명의 인명피해가 발생하였으며, 그중 사망 229명(한국인 213, 외국인 16), 부상 25명(중상)이었다.

2) 사고 원인

한·미 합동조사반 및 전문가 등 조사활동을 통해 사고원인을 분석한 결과 접근관제소의 MSAW가 사고 당시 소프트웨어 장애로 작동하지 않았고 최초 좌측 날개가 나무(해발 672피트)를 치고 도로변 송유관에 좌측 날개 밑 바퀴(Left Wing Landing Gear)가

그림 2-28 추락 후 잔해의 모습

부딪쳤으며, 도로변 663피트 언덕에 1번 엔진이 충돌되어 조종력을 상실하였음을 밝혀 냈다. 운항 및 인적 요소 및 정비·점검기록에는 특별한 문제점이 없는 것으로 나타났다.

3) 배상 및 보상

당초 생존자 29명 중 22명을 3회에 걸쳐 한국으로 후송하였으며, 4개 병원(한강성심 병원(9), 국립의료원(6), 인하대병원(3), 삼성의료원(4))에 분산 치료하였다. 중화상 환자 4명(내국인 3, 외국인 1)은 미국 샌안토니오 소재 Brooks 육군 화상전문병원으로 이송하여(8. 9.) 치료하였으며, 외국인 부상자 3명은 현지에서 치료하였다.

현지에서 사망한 225명 시신을 수습하였고, 미 해군병원 냉동보관소에 안치하였으며, 1인당 275백만원(배상금 250, 장례·위로금 25)을 지급하였으며, 대한항공이 유가족에 장례비 등을 우선 지급(45억 9천만원, 1997. 10. 7.) 하였다. 위령탑은 실무협의를 통하여 3년 이내 설립(괌, 서울)하기로 하였으며, 현지 추모제 거행을 위한 괌 현지 방문 지원(2000년까지)을 하기로 하였다.

4) 후속 조치

대한항공은 2000. 8월, 괌 노선 여객기를 KE801편에서 KE805편으로 바꾸었다가, 2019년에는 KE111(저녁 출발)편과 KE113(오전 출발)편으로 운항하고 있다.

5.6 2003년 대구 지하철 방화

1) 사고 개요

2003년 2월 18일 09시 53분경 대구광역시 중구 남일동 143-90, 대구 지하철 1호선 중앙로역에서 방화로 인한 지하철 전동차 화재가 발생하였다.

① 사고원인

사고 당일 반월당역을 출발한 전동차(1079호)가 9시 52분경 중앙로역에 들어설 무렵, 6량의 객차 중 2호 객차 안에서 정신질환자인 김모(57, 무직)씨가 휘발유가 든 페트병에 라이터로 불을 붙이려 하였고, 주변의 승객들과 실랑이를 하던 중 페트병 속의 휘발유에 불이 붙자 김모가 이 불붙은 페트병을 집어던짐으로써 휘발유가 주변으로 튀고 쏟아져 삽시간에 큰 불길로 번지는 화재가 발생하였다.

그림 2-29 대구 지하철 방화사건 언론보도

자료: 동아일보(2003.2.19.)

② 피해상황

인적 피해는 340명으로 사망 192명 부상 148명이며, 물적 피해는 615억원으로 지하철 및 중앙로역 피해 570억원(지하철 324, 중앙로역 246), 인근상가 물품피해 45억원이다.

2) 사고수습 현황

화재 초기 대구 및 인근 지역 소방대와 중앙구조대 등 총 150여 대의 소방차 및 구조차량 등이 출동하여 진화와 구조활동을 벌였으며, 발화 후 3시간 50여 분만에 소방대의 진화작업에 의해 주된 불길이 잡혔다.

① 배상 및 보상

중앙지원에서 1,147억원(국비 780, 특별교부세 167, 증액교부금 200), 대구시에서 458억원을 지원하였다.

표 2-13 보상비 내역

구 분	최 고	최 저	평 균	비 고
사망자 (1인당)	662 백만원	100 백만원	251 백만원	법정 보상금
부상자 (1인당)	341 백만원	6 백만원	99 백만원	법정 보상금
물적피해(1건당)	432 백만원	8 백만원	27 백만원	법정 보상금

- 1차분 전동차 관련 경비 : 430.8억원(국비 301.6, 특교 64.6, 대구시 64.6)
- 2차분 참사 수습비 재원

② 후속 조치사항

도시철도 효율성 증대를 위한 대책으로 첫째, 의식 제고를 통한 이용문화 정착이 필요하다. 도시철도 이용객들의 안전불감증이나 질서 의식 결여와 같이 이러한 현상은 사회적 태만(social loafing)으로 가는 단계에서 나타나는 사회적 현상으로 사회의 구성원들이 준수해야 하는 규칙이나 규범에 대하여 적극적으로 책임(liability)을 지거나 반응성(responsibility)을 보이지 않는다. 이것은 공공 선택론에서 말하는 도덕적 위해(moral hazard)나 무임승차(free rider)와 같은 것이다. 이를 적극적 책임 의식과 도덕적 사회를 위해 노력해야 한다.

둘째, 도시철도 시스템에 대한 재검토이다. 도시철도 건설 시 지금까지는 운영기관 내에서 자체 협의로 설계하였으나 이제는 설계단계에서부터 도시철도 운영전문가와 방재전문가 등이 동참하여야 한다. 셋째, 인재에 대한 예방시스템 구축이다. 초기대응에 대한

① 당시 유일한 현장 사진

② 불에 탄 전동차 (1080호)

그림 2-30 대구 지하철 방화사건

유효성이 가장 먼저 지적되어야 하며, 초기대응만 신속하고 적절하게 이루어졌더라면 대형참사는 막을 수 있었을 것이다. 이에 각 기관의 교육훈련에 대한 체계를 재검토하여 핵심역량 증대와 문제해결 중심의 교육 훈련체계를 구축하여야 할 것이다.

또한, 화재 안전 기술 측면에서 대책을 거론해 보면, 지하철, 기차 등 대중이용 차량과 다중이용시설에 대해서는 내장재에 대한 불연화 조치는 물론 독성가스의 영향까지 고려할 필요가 있다. 또한 화재에 취약한 대형 지하공간과 다중이용시설에 대해서는 시뮬레이션을 통한 피난 안전성 평가와 현장 중심의 피난·대피훈련을 실시하여 인명 안전대책을 한층 강화해야 한다. 대형건물·시설 및 사회 주요시설 등에 있어서는 화재 등 재난 시에 대비한 상세하고도 구체적인 비상대응체계를 구축해야 하고, 아울러 사후 충분한 보상 조치가 강구될 수 있도록 보험 대책도 마련해 둘 필요가 있다.

5.7 2007년 허베이 스피리트호 유류오염

1) 사건 개요

2007년 12월 7일 07시 06분경 충남 태안 만리포 북서방 5마일 해상에서 예인선 삼성 T-5가 예인중이던 부선이 12월 6일 19시 18분부터 정박중이던 허베이 스피리트호 유조선과 충돌하여 유조선 화물창이 파공되어 유류 유출사고가 발생하였다. 본 사고로 인한 직접적인 인명피해는 없었지만, 재산피해의 경우 잠정 집계로 어장 39,131㏊, 만리포 등 해수욕장 55개소 등에서 오염피해가 발생하였고, 충남에서 14,950㏊(양식 9,336, 마을어장 5,614), 전남에서 22,261㏊(김양식 7,905, 마을어장 14,356), 전북에서 1,830ha 등의 피해가 발생하였고, 충남 만대~파도리 해안 등 유류오염이 70㎞에 걸쳐 발생하였다.

표 2-14 충돌 선박 현황

선박명	HEBEI SPIRIT	삼성 1호
국 적	홍콩	한국
출항지	페르시아	인천
목적지	대산항	거제도
총톤수	146,848	11,800
선 종	유조선	부선

사고의 공식 명칭은 「예인선 삼성T-5호, 예인선 삼호T-3호의 피예인부선 삼성1호와 유조선 허베이 스피리트 충돌로 인한 해양오염사건」이나 이를 줄여 '허베이 스피리트호 유류오염 사고'라고 했다(허베이 스피리트호 유류오염사고 피해 주민의 지원 및 해양환경의 복원 등에 관한 특별법 제2조 제2호).

2) 사고 원인

유조선은 「허베이 스피리트호(146,848톤 홍콩선적)」, 예인선은 「삼성T-5호(292톤)」, 부선은 「삼성1호(11,800톤)」로 3,000톤급 해상크레인을 적재한 상황에서 충남 태안 해상에서 예인 중이던 크레인 부선이 유조선과 충돌, 유조선에 적재된 원유 12,547㎘ (10,915톤)가 해상에 유출되었다.

3) 사고구조 · 수습 현황

① 관련기관의 조치 상황

사고 발생 직후 해수부 등 5개 관련 부처가 합동으로 중앙재난안전대책본부를 구성 (12.7.)하고 충남 피해지역에 현장상황관리관을 긴급 파견함은 물론 서울 등 15개 시 · 도에 방재물자 · 장비를 지원하도록 협조 요청하였다 또한 주무부처인 해수부에서는 중앙사고수습대책본부를 구성 · 운영하였다 이후 중앙안전관리위원회를 개최하여 특별재난

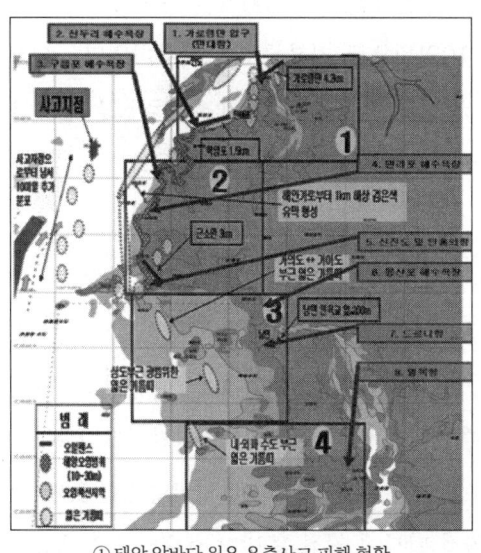
① 태안 앞바다 원유 유출사고 피해 현황

② 태안 앞바다 원유 유출사고 위치

그림 2-31 허베이 스피리트호 유류오염 사고

그림 2-32 태안반도 기름제거 작업

지역 선포 심의 2회(12.10., 1.15.) 및 사고수습 지휘체계에 대한 정비방안을 논의 (12.12.)한 결과, 해안 방재는 지자체, 해상방재는 해경청이 대응하기로 하였다.

12월 8일에는 충남 태안, 서산, 보령, 홍성, 서천, 당진 등 6개 시·군 등의 충남 유류 피해지역에 대한 재난 사태를 선포하였다. 12월 13일에는 특별재난지역 선포 관련 재난 수습 및 복구대책을 논의하였으며, 충남 [태안·서산·보령·서천 등 6개 시·군(12.11.)]과 전남 [영광·신안·무안 등 3개 군(2008.1.18.)]에 대하여 특별재난지역으로 선포 및 지원을 수행하였다. 특히 특별재난지역에 특별교부세 70억원을 지원(충남 60, 전남 10)하였으며, 전북(군산)의 경우 특별재난지역 선포 없이 특별교부세 5억원을 지원하였다. 또한 「재해구호협회」에 기부금품 모집을 승인하였으며, 100억원 목표로 모집금액 20억원을 모집하였으며, 충남 10억원, 전남 10억원으로 기부금품을 사용하였다. 2008년 3월 14일에 '보상금 선지급' 등 피해지역 지원과 관련한 「허베이 스피리트호 유류오염사고 피해 주민의 지원 및 해양환경복원 등에 관한 특별법」을 공포하였다.

② 민간(자원봉사자) 활동

태안군민들은 절망에 빠지고 국가도, 삼성도 감당하기 힘든 대형 재난에 난감해하고 있을 때, 전국 각지에서 몰려온 연인원 100만여 명의 자원봉사자들이 수작업으로 일일이 기름때를 제거하기 시작했다. 주말마다 동호회원, 대학생, 수능 끝난 고3, 군인, 부녀회 등은 물론, 태안 지역 중·고등학생들도 수학여행·졸업여행 등을 반납하고 기름 닦기에 나섰다. 보호복이 없어서 이전 봉사자가 입었던 보호복을 다시 입거나 흡착포가 없어서 헌옷으로 기름을 닦았다. 이들이 쏟은 열정 덕분에 최소 10년이 소요된다고 예상한 방재작업이 2달만인 2008년 2월에 작업이 어느 정도 성과를 이루었다.

다만 자원봉사자들에게 제대로 된 보호장비 없이 유독한 원유를 닦도록 만들었다는 사실은 비판받아 마땅하다. 자원봉사자들은 보호장구를 돌려쓰거나 헌옷으로 기름을 닦는 등 장비 부족 상황을 겪어야 했다. 필자도 당시 재난관리 전담 조직인 소방방재청의 일원으로 현지 기름제거 작업에 참여하였는데, 2~3시간 정도 작업을 하니 기름 냄새와 유증기 때문에 속이 메스껍고 어지러워 작업하는 데 어려움이 많았다.

특히, 이 사고를 극복하는 과정에서 정부와 지방자치단체, 민간단체, 개인들이 기록·생산한 22만 2129건의 기록물이 유네스코 세계기록유산(Memory of the World)에 최종 등재됐다(2022.11.26.). 등재된 기록물에는 전국에서 몰려온 자원봉사자들의 활동 관련 자료, 피해지역 경제 활성화 사업 관련 자료, 생태계에 끼친 영향에 대한 모니터링 자료, 주민들의 건강에 미친 영향 관련 자료 등이 포함돼 있다. 유네스코는 대규모 환경재난을 민·관이 협동해 극복한 사례를 담고 있다는 점을 높이 평가하였다.

4) 피해 보상

방재 비용 및 어민 등 피해액은 총 960억원(방재 비용 224, 어민 등 피해 735)으로 어민 등 피해액 735억 중 실제 보상액 154억원은 보험에서 보상하는 것으로 논의되었다.

5.8 2008년 서울 숭례문 화재

1) 사건 개요

① 사고 일시 및 장소

화재는 2008년 2월 10일 20시 40분쯤, 방화범이 시너를 부은 다음 라이터로 불을 붙여서 일어난 불이 흰 연기와 함께 숭례문 2층에서 발생하였다. 화재가 발생한 숭례문은 1962년 12월 20일 국보 제1호로 지정된 정면 5칸, 측면 2칸, 중층(中層)의 우진각지붕 다포(多包)집이다.

② 사고 원인

합동수사본부는 동년 2월 11일 인천 강화군 하점면에서 69세의 방화 용의자를 붙잡아 수사하였고, 2월 12일 범행을 시인했다. 자신이 소유하고 있던 토지 보상문제에 불만

① 화재 후 숭례문 1　　　　　　② 화재 후 숭례문 2

그림 2-33 숭례문 화재사고

을 품어 방화를 자행했으며, 2006년 창경궁 방화 때와 같은 동기로 밝혀졌다.

　소방당국은 신고를 받고 소방차 32대, 소방관 128명을 현장에 출동시켜 불씨를 제거하고자 건물 일부를 잘라내고 물과 소화약제를 뿌리며 화재 진압에 총력을 기울였으나, 2월 11일 00시 25분경, 2층 누각 전체가 불에 휩싸이고 화재 4시간만에 00시 58분경 지붕 뒷면이 붕괴하기 시작했고 곧 2층이 붕괴하였다. 이어 바로 1층에 불이 붙어 새벽 1시 55분경에는 누각을 받치는 석축만을 남긴 채 모두 붕괴하여 발화 5시간만에 결국 전소되었다.

③ 피해 상황

2008년 2월 11일, 01시 55분경쯤 누각을 받치는 석반과 1층 누각 일부를 제외하고 1, 2층이 모두 붕괴하였다. 인명피해는 없었다.

2) 사고수습 현황

① 응급조치

　신고를 받고 약 3분 뒤 현장에 도착한 소방당국은 고가 사다리차와 소방 호스를 이용해 물을 뿌리며 진화를 시도했다. 그러나 훈소 상태(연기만 나는 상태)였던 것으로 보이는 지붕 속 적심은 기와에 싸여 있고 방수처리까지 되어 있어 소화를 위해 뿌린 물이 쉽게 스며들지 못했다. 이때까지만 해도 큰 불길은 보이지 않은 채 연기만 새나와 화재가 진압되는 상황으로 보였다. 하지만 소방당국은 09시 55분께 화재비상 2호를 발령했고 40여분 뒤 서울시 소방재난본부장을 지휘관으로 하는 화재비상 3호를 내렸다. 잡힌 것처럼 숭례문 속 깊이 웅크리고 있었던 불은 바람을 타고 맹렬한 기세로 타오르기 시작했다. 뒤늦게 사태의 심각성을 깨달은 소방당국은 11시 20분께 냉각수 대신 거품식 소화약제인 산소 질식제를 진화에 투입했으나 불길은 커져만 갔다.

문화재청과 소방당국은 진화를 위해 오후 11시 50분부터 지붕 해체작업을 전격 감행했지만 뿌린 물이 얼어붙어 지붕에 접근하는 것이 쉽지 않았다. 누각 위쪽에서 일기 시작한 불길은 주위를 훤히 밝힐 정도로 숭례문 전체를 휘감았다. 불은 11일 00시 25분께 누각 2층을 완전히 뒤덮었으며 00시 58분께 지붕 뒷면이 붕괴되기 시작했다. 이어 누각 1층으로 번진 불은 맹렬한 기세로 타오르다 01시 54분께 누각 2층과 1층 대부분이 무너져 버렸다.

② 제도 개선

숭례문 화재를 계기로 소방·문화재청·산림청·외부전문가로 이루어진 TF팀이 구성되었으며 2개월간(2.29~4.30)의 노력을 기울여 문화재청 선정 주요 목조문화재 145개소를 대상으로 화재예방 표준매뉴얼이 개발되었다.

국보 1호인 숭례문이 전소되자 초기에는 소방의 대응이 미흡하였다는 인식이 대부분이었으나, 숭례문의 구성요소인 적심은 진압하기 매우 어려운 구조이며, 시너 4.5ℓ를 이용한 방화는 연소가 급격히 이루어져 적심에 전이되면 진압방법이 거의 없다는 것이 전문가와 관계 교수들의 지배적 의견이었다. 1층의 경우 기둥, 보, 창방과 평방 등 뼈대는 모두 살아 있으며, 2층은 많이 훼손되었지만 1층은 진화작업 덕분인지 거의 훼손되지 않았다는 의견 또한 제기되었다.

그림 2-34 복원된 숭례문

자료: 네이버; 연합뉴스

5.9 2014년 여객선 세월호 전복사고

2014년 4월 16일 진도군 병풍도 인근 해상에서 발생한 여객선 세월호 사고에 대하여 중앙해양안전심판원은 '해양사고의 조사 및 심판에 관한 법률'에 따라 세월호 사고의 명확한 사고원인 규명을 위하여 특별조사부를 구성하고, 8개월 동안 조사를 하여 사고원인, 의문사항 조사결과 및 제도 개선사항 등을 수록한 특별조사보고서[29]를 공표하였다.

> ※ 세월호 사고 진상규명을 위한 특별법이 2회에 걸쳐 제정["4·16 세월호 참사 진상규명 및 안전사회 건설 등을 위한 특별법(2014.11.19.)", "사회적 참사의 진상규명 및 안전사회 건설 등을 위한 특별법(2017.7.17.)"] 되었으나 진상규명조사보고서는 공표되지 않아 본 내용에는 수록하지 않았다.

1) 사건 개요

① 사고 요지

> o 인천에서 출항('14.4.15, 21:05경)하여 제주로 항해하던 여객선 세월호가 4.16. 진도군 병풍도 북방 3.1마일 해상에서 전복 후 침몰
> - 제주 해상교통관제센터에 사고접수(4.16, 08:55), 4.16, 10:31분경 선체 전복되어 선미부 침몰(4.18. 12:57경 선수부 침몰)
> o 이 사고로 인하여 승선원 476명 중 172명 구조, 304명(학생 248명, 교사 10명, 일반인·승무원 41명)이 희생(5명 실종 포함)

여객선 세월호는 인천항과 제주항을 왕복 운항하는 내항 정기여객선으로서 농무로 인하여 정상적인 운항계획보다 약 2시간 30분 늦은 2014년 4월 15일 21시 05분경 선원 및 승무원 33명, 여객 443명, 화물 2,142.7톤 등을 적재하고 인천항 연안여객부두를 출항하여 제주항으로 항해하였다.

당직 항해사인 3등 항해사는 맹골수도를 통과한 후 2014년 4월 16일 08시 46분경 전남 진도군 병풍도 동쪽 해상을 약 18노트로 통과하면서 당직 조타수에게 침로를 135도에서 140도로 1차 변침토록 지시하였다. 1차 변침이 완료된 후 3등 항해사는 08시

---

29) 특별조사보고서는 중앙해양안전심판원 홈페이지(www.kmst.go.kr)를 통하여 전문을 확인할 수 있다.

49분경 침로를 145도로 2차 변침을 지시한 후 당직 조타수의 조타 미숙으로 선수가 정침되지 않고 우현으로 급속히 회두하자 타를 좌현으로 사용할 것을 지시하였다.

그러나, 세월호는 계속 빠르게 우선회하면서 좌현으로 과도한 외방 경사가 발생하였고, 이로 인하여 고박상태가 불량한 화물 등이 쏠리게 되면서 선체는 좌현으로 더 경사되었다. 세월호는 좌현으로 계속 기울어지면서 선체 현측 개구부 틈 등을 통하여 바닷물이 선내로 유입되었고, 결국 2014년 4월 16일 10시 25분경 전복(선체 횡경사 약 108도)된 후 같은 날 10시 31분경 전남 진도군 병풍도 북방 약 3.5마일 해상(북위 34도 12분 33초, 동경 12도 57분 24초)에서 선수 구상선수(Bulbous Bow)만 남긴 채 선체가 수면 밑으로 가라앉았다. 선수 선저부만 수면 위로 드러낸 채 조류에 따라 표류하던 세월호는 2014년 4월 18일 12시 57분경 전남 진도군 병풍도 북동방 약 3.1마일 해상에서 완전히 침몰하였다. 이 사고로 여객을 포함한 승선원 476명 중 172명이 구조되었으나, 299명(학생 248명, 교사 10명, 일반인·승무원 41명)이 희생되었고, 2025년 8월 현재 5명[30]이 실종된 상태이다.

이들 중 학생 및 교사는 안산시 소재 단원고등학교 소속으로 수학여행을 가는 중이었으며, 일반승객 중에는 화물차량의 운전기사 32명과 그 배우자, 초등학교 동창생 모임 등이 포함되어 있었다.

표 2-15 세월호 승선자의 직업별 분류 등

구분	합계	학생	교사	일반승객	선원	기타 승무원
승선자	476	325	14	104	23	10
구조	172	75	3	71	18	5
희생	299	248	10	31	5	5
실종	5	2	1	2	-	-

---

30) 단원고 학생 2명, 교사 1명, 일반인 2명. 이들 모두 한겨레(2018.10.19.) 등 언론에서 이름이 공개되었다. 단원고 학생은 2학년 6반 남현철·박영인 군, 교사는 양승진 교사, 일반 승객이었던 권재근·권혁규 부자 2명.

그림 2-35 세월호 접안 모습(2014.4.15 인천항)

그림 2-36 사고 당시 세월호 모습

2) 사고선박 이력 및 적재화물 현황

1994년 진수된 세월호(당시 선명 나미노우에호)는 일본 해운회사인 마루에이페리에 의해 일본 큐슈와 오키나와 항로 등을 운항하는 여객 및 화물운송 선박으로 사용되다가, 2012년 10월 8일 ㈜청해진해운이 일본으로부터 도입하였고, 같은 해 10월 22일 인천지방해양항만청에 인천광역시를 선적항으로 신규 등록하였다. 세월호는 일본에서 도입된 이후 2012년 10월 12일부터 2013년 2월 12일까지 전남 영암 소재 ㈜C.C조선에서 개조 작업을 하였다.

- '12.10.22. 국내도입 등록, '13. 2.12. 증축 등 개조·도입에 따른 1회 정기검사 완료, '14. 2.19. 중간검사 및 선령연장 검사 실시, 인천항만청으로부터 주2회 왕복 운항 승인('13. 2.19.)
- 차량 185대, 일반화물 및 컨테이너(105개) 등 총 2,143톤 선적, 출항당시 만재흘수선(6.264m)을 초과하지는 않았으나, 선박 평형수*를 기준보다 적게 싣는 대신에 화물은 규정량보다 많이 적재

  *화물 최대적재한도는 987톤이나 실제 2,143톤을 적재하여 1,156톤을 과적하였고, 선박평형수는 1,703톤을 적재하여야 하나 761.2톤을 적재하여 941.8톤 부족

3) 사고 원인

이 사고는 도입 후 선박 증축 등 개조에 따라 복원성이 약화된 세월호가 선박검사기관의 복원성 승인조건보다 선박평형수를 대폭 적게 실은 대신에 화물을 과다하게 적재

하고, 적재된 화물을 적절하게 고박하지 않아 대각도 급변침시 복원력이 상실될 수 있는 상태로 출항하여 항해 중, 조타수의 부적절한 조타에 의하여 급격한 우현 선회와 함께 발생한 과도한 좌현 선체 횡경사로 인하여 화물이 한쪽으로 쏠리면서 복원력이 상실된 후 계속된 침수로 전복되어 침몰한 것으로 조사되었다.

① 안전하게 운항할 수 있는 선박복원성 기준 미달
- 개조에 따른 복원성 약화(무게중심 51cm 증가)로 화물 적재량은 대폭 감소(최대 2,437톤 → 987톤), 평형수 적재량은 대폭 증가(최소 307톤 → 1,703톤)

② 부적절한 조타에 의한 급선회 및 과도한 선체 횡경사 발생
- 사고 당시 필요 이상의 대각도 타를 사용하였거나 타각을 장시간 유지하여 선체의 급격한 우회두가 발생함에 따라 원심력에 의해 15~20도 가량 좌현 횡경사 발생

③ 고박불량에 의한 화물의 이동·전도(顚倒)
- 원심력에 의한 좌현 횡경사(15~20도)가 발생한 후 연이어 화물고박 불량으로 마찰계수가 작은 컨테이너부터 이동하기 시작하여, 횡경사가 더 심해지면서 대부분의 화물이 좌현으로 쏠리거나 넘어짐

④ 선체 횡경사 심화에 따른 복원력 부족으로 침수·전복
- 선회에 의한 횡경사와 화물의 이동에 따른 무게중심의 횡방향 이동이 연이어 일어나면서 복원력을 상실, 이후 현측의 개구부 틈 등을 통하여 해수가 선내로 지속적인 유입으로 더 침하되면서 계속 기울어져 결국 좌현으로 전복되어 침몰

⑤ 선원의 승객대피 조치 미이행 등에 따른 대규모 인명피해 발생
- 선원들이 여객을 대피 장소로 유도하거나 퇴선조치 미이행

4) 여객선관련 제도 개선사항(해양수산부)

① 내항여객선 안전관리체제 개선
- 내항여객선에도 선박안전관리체제 도입을 검토하는 등 사업자의 안전관리에 대한 관심과 투자를 유도

② 화물적재 완료시간 준수 및 출항 전 화물고박상태 확인 강화
- 여객선 안전관리지침상 출항 전 적재화물 고박상태를 확인 등을 위한 충분한 시간이 보장되도록 관련기준 보완

③ 차량 및 화물고박 배치도에 대한 선원과 하역작업자 교육
- 카페리선박에 승선하는 선원과 하역작업자들에게 해당 선박의 차량 및 화물고박 배치도에 대한 교육 필요

④ 카페리선 조종특성 및 여객대피에 대한 선원교육 실시
- 카페리선박은 일반화물선과는 운항형태나 복원성 등이 다르므로 항해사 등 선원들에 대한 맞춤형 교육을 실시하고, 여객대피, 탈출시기 및 방법 등 전문적인 교육 필요

⑤ 대형 연안선박 및 여객선의 항해사 등 자격규정 강화
- 연안항로를 운항하는 대형선박과 다수 여객이 승선하는 여객선의 선박직원 자격기준 강화

⑥ 화물고박장치의 성능기준 강화
- 연해구역 항해선박의 화물 고박장치는 선체 횡경사 20도까지 견딜 수 있도록 규정되어 있어 선체 횡경사 25도까지 견딜 수 있도록 관련규정 개정('14.9.11.)

⑦ 여객선 선박복원성 확보를 위한 관련 규정 강화
- 여객선에 대해서는 선박복원성 약화를 초래하는 개조시 정부의 허가제도 도입
- 선박복원성 자료에 안전항해를 위한 최소 선박평형수 적재량을 명시하여 관계자들이 쉽게 인지할 수 있도록 관련규정 개정

⑦ 선박검사 점검항목표 보완 등 선박검사 강화(한국선급)
- 현장검사원에게 제공되는 선박검사 점검항목표에 화물 고박장치에 대한 점검 항목 신설
- 여객 비상소집장소를 지정할 때 비상시 여객이 강하식탑승장치에 쉽게 접근할 수 있는지를 좀 더 세부적으로 검토할 수 있도록 관련규정 보완

⑧ 구명동의를 퇴선장소(여객집합장소)에 비치
- 비상시 여객이 이용할 수 있는 충분한 수의 구명동의를 여객 집합장소 부근에 비치

⑨ VTS간 유기적인 연계체제 구축
- 사고 발생시 연안VTS와 항만VTS간 체계적인 대응을 위해 양 VTS간 연락체계 등을 정립하고, 연안VTS의 관제구역 운항 여객선에 대한 집중관제 필요

5) 정부의 재난관리 제도 개선사항(행정안전부)

① 정부조직 개편

정부조직법 개정안과 국민안전처 등 관련 부처 직제가 국무회의 의결을 거쳐 11월 19일 0시부로 공포·시행됨에 따라 국민안전처, 인사혁신처, 행정자치부가 공식 출범했다. 이번 정부조직법 개정은 ▶세월호 침몰사고를 통해 드러난 재난안전체계의 문제점을 해결하기 위해 육상과 해상, 자연재난과 사회재난으로 분산된 재난대응체계를 국민안전처로 통합하고 ▶공직사회의 개방성과 전문성 강화 등 공직 개혁을 강력하게 추진할 인사혁신처를 신설하는 것이 핵심이다.

② 재난안전 컨트롤타워 국민안전처 신설(현장대응 역량 강화에 중점)

국민안전처는 분산된 재난대응체계를 통합하고 재난현장에서의 전문성과 대응성을 강화하는데 초점을 뒀다. 재난안전·소방 및 인사·조직 분야 등의 민간 전문가들로 구성된 '직제개편위원회'의 심도 있는 논의를 통해 하부조직 설계가 이뤄졌다. 우선 육상과 해상재난을 통합 관리하기 위해 소방방재청과 해양경찰청을 통합하여 '중앙소방본부'와 '해양경비안전본부'로 개편했다. 그리고 안전행정부의 안전관리 기능과 소방방재청의 방재기능을 이관해 '안전정책실'과 '재난관리실'로 개편함으로써 각종 재난의 예방-대비-대응-복구 전 과정을 통합 관리하도록 했으며, '특수재난실'을 신설해 항공·에너지·화학·가스·통신 인프라 등 분야별 특수재난에 대응토록 했다.

③ '재난 및 안전관리기본법' 개정

재난안전 컨트롤타워의 구축을 위하여 안전행정부, 소방방재청 및 해양경찰청 등에 분산되어 있는 재난안전 기능이 국민안전처로 통합·개편됨에 따라 이에 맞추어 재난대응 체계를 정비하고, 대규모 재난 발생 시 효과적인 재난수습을 위하여 필요한 경우에는

국무총리가 중앙대책본부장의 권한을 행사할 수 있도록 하며, 신속한 긴급구조를 위하여 재난현장에 특수기동구조대의 투입과 긴급구조기관의 통합지휘권 행사 등에 관한 사항을 정하고, 국민안전처장관이 재난 및 안전관리 사업 예산의 사전협의를 하도록 하는 등 재난 및 안전 관리체계를 강화하려고 다음과 같이 개정하였다.

- 재난 및 안전관리 사업예산의 사전협의 및 사업평가 신설
- 대규모 재난의 효과적인 재난 수습을 위한 중앙대책본부장의 국무총리 격상
- 민간소유 시설 안전관리 강화
- 안전 점검 업무 수행공무원에 대한 사법경찰권 부여 신설
- 민간소유 시설 위기상황 대처 매뉴얼의 작성·훈련 신설
- 재난대비훈련 강화
- 재난현장의 지휘권 명확화
- 국민안전의날 운영 및 학생안전교육 실시 신설
- 재난 및 안전관리를 위한 특별교부세 교부 신설
- 재난원인조사 결과 및 재난백서 국회 제출·보고
- 재난 및 안전관리 조치 미이행 시 기관경고 등

국무총리 또는 국민안전처장관은 중앙행정기관의 장이나 지방자치단체의 장이 이 법에 따른 조치를 하지 아니한 경우에는 기관경고 등 필요한 조치를 할 수 있도록 하였다.

6) 추모 사업

① 추모 공원

'4·16생명안전공원(세월호 추모공원)'은 '4·16세월호 참사 피해구제 및 지원 등을 위한 특별법'에 따라 희생자들을 추모하고 세월호참사의 교훈을 성찰하고 안전한 대한민국을 만들어가는 배움의 장소가 될 것이다. 2025년 2월 13일 안산 화랑유원지에서 4·16생명안전공원 착공식이 열렸다. '세월호 참사 피해구제 및 지원 등을 위한 특별법'에 따라 정부와 안산시가 공동으로 조성하는 추모시설로, 2024년 설계변경을 마무리하고 본격적인 공사 시작을 앞두고 4·16세월호참사가족협의회와 4·16안산시민연대, 4·16연대가 공동 주최하였다.

그림 2-37 4.16생명안전공원 공사 현장

2025년 5월 27일 현재, 4.16생명안전공원은 토공정리와 수목정리를 마치고 땅의 지지력을 확보하기 위한 PHC 파일공사를 진행 중이다.(4.16재단)

그림 2-38 세월호 일반인 희생자 추모관과 추모탑(4.16재단)

4.16생명안전공원은 지하 2층~지상 3층 규모(연면적 7377m^2)에 봉안시설을 포함한 추모공간과 문화편의시설이 들어선다. 2026년 말 준공해 이듬해 세월호 참사 13주기 기억일에 개원할 예정이다.

② 세월호 일반인 희생자 추모관

일반인 희생자 추모관은, 정부가 세월호 희생자 가운데 단원고 학생이나 교사가 아닌 일반인 희생자들이 대부분 서울·경기·인천 등 수도권 출신이어서 인천에 추모관을 만들기로 하였다. 2016년 인천 부평구 소재 인천가족공원 만월당 북측에 개관한 추모관은 하늘에서 내려다보면 리본 모양을 형상화하여 지상 2층, 연면적 486m² 규모로 사업비 30억원은 모두 정부예산으로 충당하고 인천시 종합건설본부가 지었다.

'영원히 잊지 않겠다'는 의미를 담은 추모관은 1층에 안치단과 제례실, 화장실 등을 배치했고 2층은 유족 대기실 및 사무실로 쓰인다. 추모관에는 세월호 사고로 희생된 일반인 43명과 수색과정에서 숨진 잠수사 2명 등 45명(인천 18명, 경기 18명, 서울 4명, 제주 5명)의 영정과 위패가 안치되어 있다.

5.10 2022년 이태원 다중운집인파사고

2022월 10월 29일(토) 용산구 이태원동 173-7 해밀톤 호텔 서편 좁은 골목에 핼러윈 축제로 밀집한 인파가 넘어지면서 압박사고가 발생하였다. 이 사고로 인하여 159명이 사망자와 320여명의 부상자가 발생하였다.

서울 도심에서 벌어진 용산 이태원 사고로 인하여 2014년 세월호 참사 이후 가장 큰 규모의 인명피해가 발생하였다. 이에 참사의 발생 원인과 참사 전후의 대처 등 사고 전반에 대한 철저한 진상조사를 통하여 참사의 책임소재를 명백히 규명하고, 재발을 방지하여 국민의 안전을 담보할 필요가 있다는 의견이 다수 제기되었다.

한편, 2022년 11월 1일 경찰은 특별수사본부를 출범하여 10.29. 이태원 참사의 원인을 밝히기 위한 독립적 수사에 착수하였고, 2022년 11월 24일 국회는 참사의 책임소재

그림 2-39 사고 발생 당시 이태원 모습

를 명백히 규명하고 재발방지대책을 마련하기 위하여 「이태원 참사 진상규명과 재발 방지를 위한 국정조사계획서 승인의 건」을 의결하였다. 국회 의결에 따라 2022년 11월 24일 국정조사가 개시되었고, 2023년 1월 17일까지 55일간 국정조사가 진행하고 "용산 이태원 참사 진상규명과 재발방지를 위한 국정조사 결과보고서"를 발표하였다. 다음은 이 보고서 내용을 발췌하여 요약하였다.

1) 사건 개요

① 참사 개요

2022월 10월 29일(토) 용산구 이태원동 173-7 해밀톤 호텔 서 편 좁은 골목에 핼러윈 축제로 밀집한 인파가 넘어지면서 압박사고가 발생하였다. 참사가 발생한 골목은 약 40m이고 전면부 하단 폭은 5.5m, 후 면부 상단 폭은 3.2m로 깔때기 모양의 형태이고 골목 중간 7m 지점 부근에서 집중적으로 사망자가 발생하였다.

참사의 원인으로 정부와 지방자치단체가 규정에 따른 안전관리대책을 세우지 않은 점과 재난 상황 발생 초기 보고 및 대응 체계가 작동하지 못한 점으로 인해 여러 긴박한 위험 및 구조 신고에도 불구하고 신속하고 충실한 대처가 이루어지지 않음으로써 참사를 예방하지 못하고 피해를 증가시킨 문제가 지적되었다. 또한 대통령실 용산 이전에 따른 경호·경비 인력의 과소 배치 및 참사 당일 당국의 마약범죄 단속 계획에 따른 질서유지 업무 소홀로 인한 안전관리 부실 문제와 이를 지휘하고 집행 하는 관련자들의 책임 회피 행태가 지적되었다. 그리고 해밀톤 호텔 서편에 불법적으로 설치된 철제 가벽으로 인해 골목이 더욱 좁아진 문제도 지적되었다.

참사로 인하여 158명이 사망하였고, 이후 트라우마로 안타까운 선택을 한 사망자 1명을 포함하여 총 159명의 사망자가 발생하였다. 사망자 159명 중 내국인은 133명, 외국인은 26명이다. 참사 직후 집계된 부상자는 196명이고, 이후 추가 신고 된 부상자 124명을 포함하여 총 320명의 부상자가 발생하였다.

2) 이태원 참사의 진상규명

① 사전 안전관리대책 마련 관련 문제

사회적 거리두기 완화로 2022년 이태원 핼러윈 축제에는 10만 이상의 인파가 몰릴

표 2-16 사망자 현황(성별, 연령별, 국적별)

성별 기준		
성별	사망자 수	비율
여성	102명	64.15%
남성	57명	35.85%

연령대 기준		
연령대	사망자 수	비율
10대	13명	8.18%
20대	106명	66.67%
30대	30명	18.87%
40대	9명	5.66%
50대	1명	0.63%

국적 기준		
국적별	사망자 수	비율
대한민국	133명	83.65%
이란	5명	3.15%
러시아	4명	2.52%
중국	4명	2.52%
미국	2명	1.26%
일본	2명	1.26%
노르웨이	1명	0.63%
베트남	1명	0.63%
스리랑카	1명	0.63%
오스트리아	1명	0.63%
우즈베키스탄	1명	0.63%
카자흐스탄	1명	0.63%
태국	1명	0.63%
프랑스	1명	0.63%
호주	1명	0.63%

것이라 예상되었지만, 관련 기관들은 다중인파관리 등에 대한 안전관리대책을 수립하지 않은 것으로 확인되었다.

② 유관기관의 보고 및 협력체계 관련 문제

유관기관 간 보고와 협력체계는 재난 시 거의 기능하지 못했으며, 직접적으로는 용산구청, 용산소방서, 용산경찰서 및 서울경찰청을 포함한 지방자치단체와 경찰의 책임이 크지만, 근본적으로는 이러한 체계를 평상시에 원활히 작동하도록 구축하지 못한 행정안전부 및 재난 컨트롤타워에 책임이 있는 것으로 확인되었다.

③ 재난관리 컨트롤타워 관련 문제

재난안전 관리를 위한 강력한 컨트롤 타워 부재 및 현장을 통합적으로 지원·조정하는 재난관리시스템 미비로 참사의 규모 가커졌다는 지적이 있었으며, 대한민국의 재난 관련 컨트롤타워는 어디인지에 대한 질의에 이상민 증인(행정안전부 장관)은 '행정안전부'라고 답변하였는데, 이는 재난 관련 컨트롤타워를 대통령실로 정하고 있는 「국가위기관리 기본지침」에 위반되는 것이라는 지적이 있었다.

국가위기관리센터는 이번 참사와 관련하여 국정상황실로 상황을 전파하는 역할을 수행하였다고 보고하였는데, 이에 대해 세월호 사태 이후 재난위기 대응시스템 개선을 위해 설치된 국가위기관리센터가 단순히 국정상황실이나 국가안보실로 상황을 전파하는 역할만 담당하는 것은 본래의 역할을 수행하지 못한 것이라는 지적이 있었으며, 국가위기관리기본지침에는 '국가안보실 및 대통령비서실은 국가위기관리센터의 컨트롤타워'라고 명시되어 있고, 「재난 및 안전관리 기본법」 제34조의5에 따른 위기관리 매뉴얼에는 국가위기관리센터의 임무 및 역할이 '재난의 총괄 조정 및 초기·후속 대응반 운영'으로 되어 있어, 국가위기관리센터의 대응이 국가위기관리기본지침과 위기관리 매뉴얼을 위반했다는 지적이 있었다.

대통령이 행정안전부장관에게 참사와 관련된 지시를 하였는데 행정안전부장관이 지시사항을 확인한 경로는 언론 보도였다는 지적, 재난 대응의 컨트롤타워라고 밝힌 행정안전부장관이 1시간가량 보고를 받지 못하고 2시간 동안 현장에 가지도 못하여 대응이 지연되었다는 지적이 있었으며, 지방자치단체인 서울특별시의 재난대응 컨트롤타워인 서울시 재난안전대책본부의 구성 역시 신속하지 않았을 뿐만 아니라, 가동되었다고 서울시가 주장하는 시각 이후에도 교통 통제, 환자구조 및 이송이 적정하게 이루어지지 못하여, 서울시 재난안전대책본부의 기능이 적정하게 발휘되고 있지 않았다는 지적이 있었다.

④ 인력 배치 등 자원 동원 관련 문제
◇ 핼러윈 대비 인력 배치 및 분석보고서 관련
경찰은 축제기간(10.28.~10.30.) 범죄예방·질서유지 등을 위해 용산경찰서 가용경력을 최대 동원하고, 서울경찰청에 인력을 지원 요청하여 참사 당일 총 137명(용산서 81명, 서울청 지원 56명)을 배치하고, 이태원 관광특구 내 교통무질서 예방 및 단속을 위해 교통기동대 1대 20명 포함 26명을 배치하였으며, 음식점·유흥주점 등이 밀집된 이태원역 주변으로 합동 순찰팀을 배치하였음(경찰청, 서울경찰청, 용산경찰서 기관보고). 이와 관련하여 교통 기동대를 비롯한 교통경찰관들은 이태원로 노상에서 교통 혼잡 근무를 한 것에 불과하고, 세계음식문화거리 내부에는 2021년 핼러윈 축제와 달리 고정 근무 경찰관이 전혀 배치되지 않았다는 지적이 있었다.

◇ 참사 이전 용산경찰서의 기동대 요청 여부 및 기동대 배치 관련
2019년과 2020년 경찰의 핼러윈 데이 대책에는 '이태원 일대 다중인파 운집에 따른 안전사고 발생 우려', '이태원 일대에 대규모 인파의 운집으로 인한 안전사고 우려', '인구 밀집으로 인한 압사나 추락 등 안전사고 상황 대비' 등이 명시되어 있고, 2020년과 2021년 핼러윈 데이에는 이태원에 경비기동대가 배치되어 인파관리를 하였으나, 2022년에는 기동대를 배치하지 않고, 인파관리 대책을 수행하지 않은 서울경찰청에 책임이 있다는 지적이 있었다.

◇ 사고 직후 경력 협조 등 자원동원 관련
참사 이전 112 신고 관련, 21시 10분 '압사당할 것 같다'라는 신고에 대한 종결내용으로 '경비인력 배치 요청'이라 적혀있는데, 용산경찰서에서는 당시 왜 서울경찰청에 경비요청을 하지 않았는지, 용산서장에게 보고가 되어 조치를 취했다면 참사 발생을 막을 수 있었을 것이라는 지적이 있었다.

⑤ 현장 관리 및 구급대 이송 등 현장 대응 관련 문제
현장지휘 및 통제, 응급조치, 긴급구조, 기관 간의 협조·지원 등 현장관리에 필요한

사항에 대한 총괄적인 지휘와 유관기관 간 유기적인 소통이 이루어지지 않아 현장 대응이 적시에 효율적으로 이루어지지 못했음이 지적되었다.

⑥ 대통령실 용산 이전과의 연관성 여부

대통령실의 용산 이전에 따라 경력이 용산 대통령실과 서초동 대통령 사저 인근에 집중 배치되어 핼러윈 축제 현장에 경력이 배치되지 못하였고, 대통령실의 이전 이후 용산 경찰서장과 예하 경찰인력이 집회·시위 대응 업무와 대통령 출·퇴근 관련 경비 업무로 격무에 시달리고 있었던 만큼 대통령실 이전이 참사 발생의 원인이 되었다는 지적이 제기되었다.

⑦ 마약범죄 단속과의 연관성 여부

이태원 참사 현장에 인파가 집중될 것으로 예견되었음에도, 경찰이 현장의 인파관리가 아닌 마약 단속에 중점을 두었기 때문에 이태원 참사가 시작된 것이라는 지적이 있었다.

3) 재발방지를 위한 대책

① 다중밀집 상황에 대한 안전관리 사각지대 해소

다중밀집 인파사고의 예방-대비-대응-복구 전 과정을 범부처 차원에서 사각지대 없이 관리할 수 있도록 관련 제도를 보완 할 필요가 있다. 현행 「재난 및 안전관리 기본법」은 '사회재난'의 유형을 예시하여 열거하고 있는데, 이 중 '다중밀집인파 사고'는 명시적으로 열거되고 있지 않은 유형이므로 이를 재난의 예시로서 명시적으로 규정하는 방안을 고려할 수 있다. 또한 현행 법령상 별도의 주최자가 없는 행사라고 하더라도 「재난 및 안전관리 기본법」 및 그 시행령에 따라, 순간 최대 관람객이 1천명 이상인 경우에는 안전관리계획을 수립하고 그 밖에 안전관리에 필요한 조치를 행하여야 할 의무가 있다. 이번 참사는 20년 넘게 개최된 축제로서 개최자의 여부와 상관없이 용산구청 등에서는 대책회의를 진행하는 등 조치를 취해 왔던 사항이며, 행정에서 관련 법령에 근거해 매뉴얼을 만들고, 그 의무를 더욱 명확하게 하기 위한 개선 조치는 필요하지만, 행사 주최 여부로 행정안전부 및 지방자치단체의 책임이 면제되는 것은 아니므로 관할 문제가 발생하지 않도록 안전관리계획 수립 등의 주체는 해당 지방자치단체의 장으로 규정하되, 효과적인 안전관리를 위하여 경찰·소방 등 유관기관의 협조를 명시하는 방안을 아울러 검토할 필요가 있다.

'다중밀집인파 사고'에 대한 정립된 매뉴얼이 부재하고 개별 기관이 마련한 자체 지침도 형식적으로 관리되고 있는 실정이므로, 주최자 유무를 불문하고 다중운집 상황에 대비한 유관기관별 현장조치 등을 상세히 기술한 인파 안전관리 매뉴얼을 정립하여 국가기관, 지방자치단체 및 민간에 공유할 필요가 있으며, 매뉴얼에는 안전관리주체 측에서 숙지하여야 할 유형별·단계별 인파관리 요령 외에 국민들이 숙지하여야 할 위험 상황별로 세분화된 행동요령을 포함하고, 해당 분야에 전문성을 지닌 민간 자문단의 자문 내용을 적극적으로 반영하여야 하며, 나아가 현장에 투입되는 경찰·소방의 경우 인파관리 및 구조 방법에 대한 실전 훈련을 포함한 유효한 교육 과정을 신설하는 방안을 검토할 필요가 있다.

② 보고 및 협력체계의 신속성·정확성 개선

참사의 심각성에도 불구하고 의사결정권자에게 상황이 보고될 때까지 상당한 시간이 소요됨에 따라 대응이 지연된 점을 고려할 때, 보고체계를 단순화하여 각 단계를 거치면서 소요되는 시간을 단축할 필요성이 있다. 각 기관에서 실무자가 상황을 인지한 후 즉각 기관장에게 상황이 전달될 수 있도록 보고 체계를 개편할 필요가 있으며, 이와 함께, 직급체계를 건너 뛰어 의사결정권자에 대해 직접 보고하는 것을 부담스러워하는 공직문화를 개선함으로써 단순화된 보고체계가 원활히 작동될 수 있도록 할 필요성이 있다. 재난 발생 시 의사결정권자가 부재하거나 연락이 되지 않아 초기에 대응을 하지 못한 것이 참사의 피해를 확대하였다는 지적이 제기되고 있음을 고려할 때, 기관장이 상황을 통솔하기 어려운 경우 이를 대리·대행하여 상황을 지휘할 수 있는 사람을 명확히 지정할 필요가 있다.

반복·연속된 신고에 대한 감지 및 신속·정확한 대응시스템을 마련할 필요가 있다. 상황실 근무자의 역량 강화를 위한 재난유형별 상황관리 프로그램 개발·교육, AI 기반 신고접수·분석 시스템 구축, 112와 119의 통합 운영방안 등을 검토할 필요가 있으며, 1조 5,000억원 가량의 예산을 투입하여 재난안전통신망을 구축하고 재난 상황에서의 사용을 의무화하였음에도 재난안전통신망이 정상적으로 활용되지 못하였으므로, 평상시 재난안전통신망과 관련한 교육을 진행하고 기관 간 연계 훈련을 실시함으로써 재난 발생 시 신속하게 의사소통이 이루어질 수 있도록 할 필요가 있다.

③ 재난현장 대응 내실화

초기 대응 단계에서 참사 피해의 심각성을 제대로 파악하지 못하여 적극적인 인력 배치 및 투입이 이루어지지 못하였다는 지적이 있는 만큼, 현장 상황이 신속하게 전달·파악될 수 있도록 개선이 필요하다. 모바일 영상회의시스템을 활성화하고, 긴급신고통합시스템에 현장 정보를 공유할 수 있는 기능을 추가함으로써 경찰·소방 현장대원들이 피해 발생 상황을 신속하게 전달할 수 있도록 할 필요가 있다.

재난안전의료팀(DMAT)의 배치 및 정보 공유 강화를 통해 DMAT 출동의 신속성과 효율성을 제고할 필요가 있다. 신속한 출동을 위해 시·도 단위별로 DMAT을 소방서에 배치하거나 권역별 DMAT을 소방서와 연계하여 근무하도록 하는 등의 방안을 고려하되, 응급의학과 전문의 수가 2,468명에 불과 한 현실적인 측면을 함께 고려한 논의가 필요하며, 중앙응급의료센터의 기능 강화 및 조직개선과 함께 소방과의 정보공유 체계를 강화할 필요가 있으며, 이와 함께, DMAT 인력 확충을 위해 DMAT에 대한 법적 보호 강화 방안과 단체보험 도입 및 출동수당 현실화 등 처우 개선 방안을 마련할 필요가 있다.

재난 발생 시 부상자·희생자의 분산 이송이 원활히 이루어질 수 있도록 중앙응급의료센터(중앙응급의료상황실)·소방본부상황실·소방구급대 등 유관기관 간 여유 병상 숫자 등의 정보를 실시간으로 확인할 수 있는 시스템을 마련할 필요가 있으며, 현행 재난응급의료대응체계상 현장응급의료소장은 법률에 따라 보건소장이 맡게 되지만, 재난응급의료에 관한 학식이나 경험이 없어 출동한 DMAT 지휘와 현장응급의료소 운영에 많은 문제점이 나타난 바, 향후 응급의학과 전문의 소방기관 구급지도의사(DMAT 출동전)와 DMAT 출동 응급의학과 전문의(DMAT 출동 후)의 재난응급의료에 대한 판단과 소견에 따라 현장 재난응급의료 대응을 할 수 있도록 관련 보건복지부 매뉴얼 개선이 필요하다.

④ 국가·지방자치단체의 안전관리 기초 역량 강화

재난관리를 담당하는 기관을 명확히 하고, 위상을 강화함으로써 재난 대응 역량을 제고하는 방안에 대한 논의가 필요하다. 재난관리 담당 기관과 관련하여 재난관리 관련 업무를 독립부처로 분리하는 방안, 대통령실에 재난관리업무 전담 비서관 내지 조직을 신설하는 방안 등이 제시되었으며, 재난관리 담당 기관의 위상과 관련하여 재난관리 담당 부처를 부총리로 격상하는 방안, 재난안전관리본부의 인력과 역할을 강화하는 방안 등이 제시되었다.

4) 피해자 및 유가족 등에 대한 후속대책 마련

① 시신·유류품 확인 표준처리절차 마련

참사 발생 이후 시신확인 과정에서 피해자의 옷가지가 모두 탈의된 채로 유가족에게 인도되었는데, 이는 각 병원의 검시 과정에서 외상 여부를 확인하는 목적으로 옷이 모두 탈의되었고, 이후 시신에 천을 덮어 유가족에게 인도된 것으로 확인되었다. 다만, 검시 절차에 따라 옷이 모두 탈의되는 경우에도 유가족에게 이를 사전에 고지하거나 피해자 및 유가족의 존엄성과 프라이버시를 존중하는 방식으로 시신이 인도될 필요성이 있다. 또한, 유가족이 자신의 가족을 확인할 목적으로 임시 안치소 등에 찾아 갔으나 통제를 받아 확인하지 못하는 사례가 있었고, 피해자 휴대폰의 주인 및 유가족이 확인된 상황에서 휴대폰을 유가족에게 즉각 전달하지 않고 발인일이 되어서 전달한 사례도 있는 것으로 확인되었다. 따라서, 피해자 사망 이후 시신확인 과정에서 동일한 사례가 재발하지 않도록 시신·유류품 확인 표준처리절차를 마련하고 담당자 교육이 이루어질 필요성이 있다.

② 지속적인 심리상담 지원 및 2차 가해 방지

이태원 참사로 절친한 친구를 잃은 10대 고등학생이 극단적 선택을 하는 등 생존자 및 유가족의 정신적 고통은 현재 진행 중인 문제이다. 따라서, 생존자·유가족이 외상 후 스트레스 장애 또는 우울증을 치유할 수 있도록 지속적인 심리상담 제공 등 대응방안 마련이 이루어질 필요성이 있다. 또한, 분향소 인근에서 집회의 자유를 빌미로 유가족을 향한 모욕, 명예훼손 등 2차 가해 성격의 발언이나 현수막을 게재 하는 사례가 있음에도 관할 경찰서 또는 지자체에서 적극적으로 대처하지 않는다는 유가족들의 지적이 있다.

③ 유가족 의사 적극 반영한 정부의 사고수습 필요

참사 발생 이후 사고경위, 피해자 명단, 병원 이송 및 분향소 등 유가족 관심사항 정보가 유가족에게 사전적이고 적극적으로 제공되지 않아 신원확인 전·후 과정에서 유가족의 육체적·정신적 고통이 더욱 가중되고 있다. 향후 정부, 지방자치단체, 유가족협의회 간 지속적인 소통을 통해 유가족이 원하는 정보에 대해서는 관련 법률이 허용하는 범위 내에서 사전적·적극적으로 제공할 필요가 있다.

5) 시정·처리 요구 사항

① 이태원 참사의 진상규명 관련

각 기관장들은 참사의 정무적·도의적 책임을 지고 자진 사퇴하고, 대통령은 책임자에 대한 인사조치(기관장 해 임 등)를 할 것을 촉구하며, 각 기관은 이번 참사의 예방 및 대응 과정에 대한 면밀한 조사 및 감사 등을 통해 관련자들에 대한 징계절차에 착수하고 그 결과를 국회에 보고할 것이며, 특히 이상민 행정안전부 장관은 재난 안전 관리 주무 부처 장임에도 불구하고 재난관리주관기관임에도 법령에 따라 중앙사고수습 본부 설치 운영, 상황판단회의를 통한 중앙재난안전대책본부 설치 요청 및 건의 등을 이행하지 않았다, 이에 윤석열 대통령에게 이상민 행정안전부 장관을 그 직에서 즉각 파면할 것을 촉구한다.

특히 대통령실 용산 이전에 따른 경호·경비 인력의 과소 배치 및 참사 당일 당국의 마약범죄 단속 계획에 따른 질서유지 업무 소홀로 인한 안전관리가 부실했다. 무엇보다 전 기관에 걸쳐 지휘하고 집행하는 관련자들의 책임 회피 행태가 심각한 바, 윤석열 대통령은 희생자 유가족 및 생존자 등과 직접 만나 진심 어린 사과를 하고 책임자 처벌, 재발 방지 대책, 희생자 추모에 대한 구체적인 방안을 마련할 것을 촉구한다.

② 재발방지대책 관련

각 기관은 향후 유사 참사의 재발을 방지하기 위하여 본 국정조사에서 밝혀진 문제점에 대한 보완 등 구체적인 개선 방안 및 이행계획을 3개월 내에 마련하고, 그 결과를 국회에 보고한다.

③ 피해자 및 유가족에 대한 후속대책 관련

정부와 관계 지방자치단체는 피해자 및 유가족에 대한 지속적인 심리 상담 지원계획 및 2차 피해 방지 방안을 조속히 마련하여 시행하고, 이행 경과를 국회에 보고한다.

④ 긴급구조대응평가보고서 작성 관련

소방청 및 관계기관은 특수본 수사 등을 이유로 법령상 기한을 넘긴 채 작성되지 못하고 있는 긴급구조대응평가보고서를 작성해 국회에 보고한다.

6) 정부 후속조치 및 제도 개선사항

① 후속 조치

◇ 2022.11.7. 국가안전시스템 점검 회의(대통령 주재)
- 안전관리 관련 제도 전반을 재검토하여 개선방안을 마련할 것(대통령 지시)

◇ 2022.11.18. 범정부 안전시스템 개편 TF 발족
- 새로운 위험을 예측하고 현장에서 작동하는 국가안전시스템으로 개편을 위하여「범정부 국가안전시스템 개편 종합대책」수립 → VIP 보고

◇ 2024.1.19.「범정부 국가안전시스템 개편 종합대책」대국민보고회
- 인파사고 예방을 위한 제도적 사각지대 보완
  - ㄱ. 주최자 없는 지역축제 등에 대해 지자체장의 안전관리 책임 강화
  - ㄴ. 다중운집인파사고를 재난안전법상 사회재난 유형으로 추가
- ICT 기반 현장인파관리시스템 구축 : 전국 100개소 시범적용 → 확대시행
- 112 반복신고 감지시스템 도입 및 신속한 상황 보고·전파
  - ㄱ.「112 반복신고 감지시스템」: 발생지점 반경 50m 이내, 3건/시간 이상 접수 시 현장출동
  - ㄴ. 재난 발생(징후) 발견 시 : 경찰은 시군구 및 긴급구조기관 통보
- 모든 지자체 24시간 재난상황실 운영 및 CCTV 스마트관제
  - ㄱ. 시군구 상시 재난상황실 운영 : 49('23.1.) → 228('27년 말까지)
  - ㄴ. CCTV 스마트관제 : 4만 개(23.1) → 12만 개(23.12.) → 40만 개(의무화)
- 신속하고 체계적인 구조·구급 및 의료활동
  - ㄱ. 구급지휘팀(응급의료소) 및 재난의료지원팀(병원 인력 현장 출동) 운영
  - ㄴ.「응급의료법」법적 근거 마련 (법사위 계류 중)

② 제도 개선 사항(재난 및 안전관리 기본법 개정)

◇ 1차 개정(2023.12.26. 개정, 2024.3.27. 시행) 주요 내용
- 행정안전부 장관이 재난 및 사고로 인한 피해의 심각성, 사회적 파급효과 등을 고려하여 필요하다고 인정하는 경우 재난관리주관기관의 장에게 중앙사고수습본부의 설치·운영을 요청할 수 있도록 하고, 재난관리주관기관의 장이 위기관리 표준매뉴얼 등의 점검을 위하여 필요한 경우 관계 전문가의 의

견을 들을 수 있도록 하며, 경찰관서의 장이 업무수행 중 재난의 발생이나 재난이 발생할 징후를 발견하였을 때 즉시 관할 시장·군수·구청장과 긴급구조기관의 장에게 알리도록 하는 한편, 다중의 참여가 예상되는 지역축제로서 개최자가 없거나 불분명한 경우 관할 지방자치단체의 장이 지역축제 안전관리계획 수립 및 필요한 조치를 하도록 하는 규정을 신설하는 등 현행 제도의 운용상 나타난 미비점을 개선·보완하였다.

◇ 2차 개정(2024.1.16. 개정·시행) 주요 내용
- 다중운집인파사고 및 인공우주물체의 추락·충돌을 사회재난의 원인 유형으로 명시하고, 재난이나 각종 사고를 수습하는 과정에서 피해자의 인권이 침해되지 않도록 노력할 것을 국가 등의 책무로 규정하며, 시·도지사에게 재난 사태 선포 권한을 부여하고, 중앙 및 시·도 재난방송협의회 설치를 의무화하며, 국가안전관리기본계획 등의 작성 주기를 명시하고, 집행계획 등의 추진실적 제출·보고 의무를 신설하는 등 현행 제도의 운용상 나타난 미비점을 개선·보완하였다.

7) 피해자 지원 및 추모 사업

① 이태원참사 피해자를 위한 생활지원금 지급

생활지원금은 희생자 또는 「이태원참사진상규명법」에 따른 피해자가 속한 가구 구성원 수를 기준으로 산정하였다.

생활지원금 개요

> ○ (지급근거) 「10.29이태원참사 피해자 권리보장과 진상규명 및 재발방지를 위한 특별법」(이하 「이태원참사진상규명법」) 제57조 및 같은 법 시행령 제22조
>
> ○ (지급목적) 10.29이태원참사로 인한 피해자의 생활 보조
>
> ○ (지급대상) ▲희생자가 속한 가구 구성원 ▲「이태원참사진상규명법」 제2조제3호 나목에 따른 피해자가 속한 가구 구성원
> *희생자 또는 피해자의 부모·자녀·형제자매(부모·자녀가 없는 경우 4촌 이내)가 가구 구성원은 아니지만 생활지원을 받을 필요가 있다고 인정되는 경우, '10.29이태원참사피해구제심의위원회' 의결을 거쳐 가구원 수에 포함

표 2-17 생활지원금 지급액
(단위 : 원)

구 분	1인 가구	2인 가구	3인 가구	4인 가구	5인 가구	6인 가구	7인 이상 가구
피해자	730,500	1,205,000	1,541,700	1,872,700	2,186,500	2,485,400	2,775,100
희생자	1,461,000	2,410,000	3,083,400	3,745,400	4,373,000	4,970,800	5,550,200

② 추모사업

이태원 참사 추모시설 사업은 현재 진행 중으로 아직 구체적인 계획이 확정되지 않았으나, 유가족과 시민들의 의견을 수렴하여 추모 공간 마련을 위한 노력이 진행되고 있다. 이태원 참사 추모공원 조성은 단순한 공간 마련을 넘어, 희생자들을 추모하고 공동체 회복을 위한 중요한 의미를 지니고 있다. 관련하여 다음과 같은 내용들이 논의되고 있다.

◇ 추모 공원 조성 논의
- 희생자추모위원회는 국무총리가 위원장으로 관계 공무원, 유가족단체의 추천을 받은 전문가와 유가족 등으로 구성하며, 추모공원·기념관 등 추모시설 조성과 추모재단 설립 등 추모 사업을 추진한다. 또한, 피해자 지원 정책을 행정적으로 지원하고 심의위원회와 추모위원회의 사무를 돕는 '10.29 이태원 참사 피해구제추모지원단(3과 20명)'도 운영하고 있다.

◇ 추모 공간 마련
- 유가족 및 시민들의 의견을 수렴하여 추모 공간을 마련하고, 4.16 생명안전공원과 같은 사례를 참고하여 추모공원 건립을 추진할 계획이다.

◇ 추모 사업 비용
- 특별재난지역으로 선포된 이태원 참사 추모 사업 비용은 국고로 지원됩니다.

③ 유가족 협의회가 운영하는 기억관(별들의 집)

'별들의 집'은 2022년 10월 29일 이후, 이태원에서 집으로 돌아오지 못하고 별이 된 희생자들을 기억하는 곳입니다. 이곳에서 유가족협의회와 시민대책회의는 시민들을 만나며 참사의 아픔과 희생자들을 기억하고 참사의 진상규명 활동을 하고 있습니다. 별들의 집은 소통공간, 기억공간, 진실의 홀로 구성되어 있습니다.

소통공간은 시민들과 함께 10.29 이태원 참사를 상징하는 보라리본도 만들고 다양한 소통을 하기 위해 조성된 공간입니다. 이곳에서 시민들과 함께 10.29 이태원 참사가 남긴 사회적 과제들을 연구하고 토론하고자 합니다.

그림 2-40 서울시 종로구 적선현대빌딩에 있는 기억관(별들의 집)

　기억공간은 10.29 이태원 참사로 별이 된 희생자들과 참사 당일의 기록들이 전시되어 있습니다. 연락이 닿지 않거나 가족이 동의하지 않는 경우 희생자들의 액자에는 별이 놓여있습니다. 이태원 참사 현장에서 최초의 신고가 접수된 후, 참사 당일 무엇이 문제였는지를 함께 생각해보고자 합니다.

　진실의 홀은 10.29 이태원 참사 이후, 유가족협의회와 시민대책회의가 어떻게 진실을 위해 활동해왔는지를 기록한 공간입니다. 10.29 이태원 참사는 제대로된 진상조사를 해오지 못하고 있습니다. 진실을 밝히는 일은 다시는 이러한 참사가 일어나지 않게 하기 위한 첫걸음입니다.

제Ⅲ편 레질리언스

1. 레질리언스 소개
    1.1 레질리언스의 개념 | 1.2 레질리언스의 정책적 의미

2. 레질리언스 주요 이론
    2.1 레질리언스의 다양한 관점 | 2.2 분야별 레질리언스의 연구 영역

3. 휴먼 레질리언스
    3.1 휴먼 레질리언스의 관점 | 3.2 휴먼 레질리언스의 주요 내용

4. 커뮤니티 레질리언스
    4.1 커뮤니티 레질리언스의 개념 | 4.2 커뮤니티 레질리언스의 주요 내용

5. 시스템 레질리언스
    5.1 시스템 레질리언스의 개념 | 5.2 시스템 레질리언스의 주요 내용

6. 상징적 레질리언스
    6.1 상징적 레질리언스의 개념 | 6.2 상징적 레질리언스의 주요 내용

7. 분야별 레질리언스 연구 및 적용 사례
    7.1 휴먼 레질리언스 | 7.2 커뮤니티 레질리언스 | 7.3 시스템 레질리언스 | 7.4 상징적 레질리언스

제Ⅱ편
강풍 피해조사

1. 강풍피해 조계

1.1 일반사항

2. 풍하중과 주요 강풍피해

2.1 바람하중의 영향 파악

3. 풍해 예측피해

3.1 풍향 바람하중 영향

4. 카나다 예측피해

4.1 카나다 바람하중 예측피해 영향

5. 시드니 예측피해

5.1 시드니 예측피해의 상세 사례 영향 지역

6. 상정지역 예측피해

6.1 주요 대상지역의 영향 평가 방법 방향

7. 포함된 대상지역 평가 결과

7.1 주요 예측피해 포함대상지역 영향

7.2 상정결과 예측피해

01 레질리언스 소개

1.1 레질리언스의 개념[31]

사전적 의미로 '회복력, 탄력성'을 뜻하는 레질리언스(resilience) 용어는 국내·외 학자들의 연구 분야에 따라 각기 다른 개념으로 쓰이고 있으며, 여러 학문 분야에서 연구되고 있다.

레질리언스는 되돌아 가려는 것이라는 의미를 지닌 라틴어인 'resi-lire'에 어원이 있다. 물리학자들에 의해 처음 사용된 레질리언스의 개념은 물질이 지닌 탄성의 특성을 설명하는 것이었으며, 외생적 충격으로부터 물질의 안정성을 기술하는 데 이용되었다(Davoudi, 2012). 최근 레질리언스는 자연과학뿐만 아니라 심리학과 정신질환, 사회와 커뮤니티 개발, 재난 대응에 이르기까지 다양하게 사용되고 있다(White and O'Hare, 2014).

레질리언스의 일반적인 기원은 생태학적 레질리언스를 언급한 Holling(1973)에서 찾지만 심리학, 교육학, 정신의학 등에서는 하와이의 Kauai섬의 가난한 환경에서 성장한 아이들을 연구한 Werner(1971)의 연구에서 그 개념적 기원을 찾는다. 실제로 공학적 레질리언스(engineeing resilience)와 생태학적 레질리언스, 이들의 한계에서 나타난 사회-생태학적 레질리언스(social ecological resilience)와는 다르게 심리학적 레질리언스는 개인을 대상으로 성장과 적응에 초점을 두고 많은 연구들이 진행되었다.

미국에서는 2001년 발생한 911사태를 계기로 방재 분야에 레질리언스 개념 및 정책이 도입되었다. 레질리언스 개념이 도입된 초창기는 911사태와 같은 테러 등의 인적 재

---

31) 홍성호(2019) 재구성

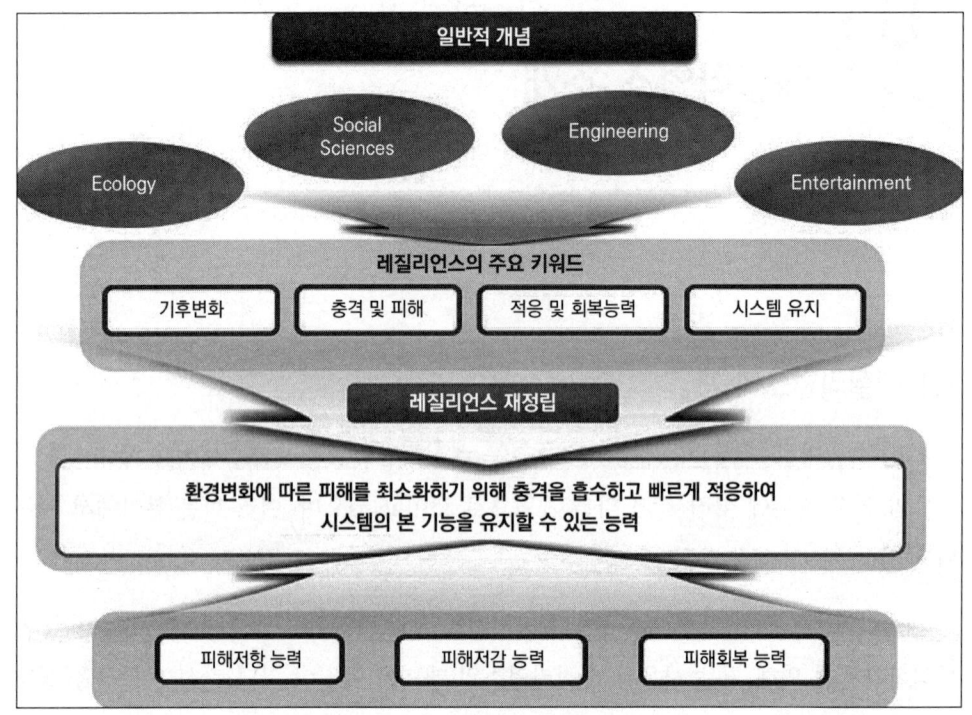

그림 3-1 레질리언스 개념 재정립

자료: 한우석 외 (2015)

난에 초점이 맞추어져 있었으나, 2005년 허리케인 '카트리나'에 의한 뉴올리언스 피해를 계기로 레질리언스 개념이 자연재해 분야에 적용되기 시작하였다. 2012년 미국 동부지역을 강타한 허리케인 '샌디'는 자연재해와 관련하여 레질리언스 개념이 방재정책에 활발하게 도입된 대표 사례이다(한우석, 2017).

한국에서는 레질리언스 용어에 대해 합의된 개념 정의가 없는 상태에서 새로운 개념으로 적용하여 여러 분야에서 연구가 활발히 이루어지고 있다.

정주철·배경완(2017)은 '레질리언스란 무엇인가?'라는 연구 질문을 통하여 레질리언스는 다양한 분야에서 각각 비슷하지만 서로 다른 의미로 사용되는 용어이고, 사전적 의미는 회복력, 탄력성을 뜻한다고 설명하였다. 레질리언스라는 용어는 공학적 측면에서 압력이 가해진 뒤 이전의 상태로 되돌아가는 물질의 특성을 설명하기 위해 사용되었는데, 현재는 생태학, 심리학, 방재, 도시 등 다양한 분야에서 그 개념을 적용하여 관련 연구를 진행하고 있다.

안재현·김태웅·강두선(2017)은 레질리언스는 합의에 의해 정립된 개념과 정의가 없으며, 분야마다 다양한 관점에서 정의되고 있다면서 레질리언스에 상응하는 한글 용어의 사용빈도를 문헌 조사한 결과, 가장 높은 빈도로 사용된 총 5개의 단어는 복원력, 회복력, 레질리언스, 탄력성, 도시방재력 순이었다.

이와 같이 레질리언스는 전체 학문 분야에 적용할 수 있는 보편타당한 용어는 없지만, 현재까지 연구자들이 개념상 내포하고 있는 공통적 의미는 '원 위치로 돌아오는(bounce back) 능력'이라고 볼 수 있다(정지범·이재열, 2009).

1.2 레질리언스의 정책적 의미

레질리언스의 문제에 대해 정부 차원의 정책적 개입이 필요한 이유는 시스템 실패에 의해 초래되는 취약성에 대한 책임을 아무도 지지 않으려 하기 때문이다. 특히 시스템의 복잡성 증가로 발생하는 다차원적인 위험(multiple risk)은 인과관계가 불분명하다. 이에 특정 한 사람, 조직, 국가에 책임을 물을 수 없다는 점은 국가와 정부의 역할을 더욱 중요하게 만든다.

시스템이 회복력을 갖기 위해서는 시스템의 취약성을 파악하는 것이 우선이다. 취약성은 일반적으로 특정 계층을 대상으로 한 개념이 아니라 특정 위험으로 인한 피해를 잠재적으로 가장 많이 입을 수 있는 인적·물적 요소를 모두 포함하는 개념이다.

기후변화가 불러올 수 있는 재난에 민감한 계층으로 노인, 어린이, 도서산간 지역의 주민들이 있겠고, 구조가 튼튼하지 못한 건물이나 부실한 제방 등이 될 수 있다. 그러나 무엇을 시스템의 취약성으로 보아야 할지는 처음부터 결정되어 있지 않다. 시스템 내 개별 구성 요소들의 대응능력에 차이가 있을 수 있고, 그 능력이 시스템 내의 다른 구성 요소에게 '취약한' 것으로 인식되어야 한다. 사회적 자원의 이동은 사회적 합의로 허용되기 때문이다. 자연재해와 같이 눈에 보이는 물리적 피해와 달리 인구구조 변화와 같은 장기간에 걸쳐 서서히 진행되는 변화가 불러올 재난은 무엇을 재난으로 인식해야 하는지부터 하나의 정치적 의사결정의 대상이 된다.

회복력 향상을 위해 취약한 부분에 자원을 투입하고, 새로운 규범을 제정하는 것은 그 사회시스템 구성원 모두에게 장기적으로는 이로운 결정이지만, 단기적으로는 누군가가 가지고 있던 권력, 돈, 지식을 다른 곳으로 이동하면서 생기는 이해관계의 대립을 가져온다. 다시 말해, 회복력이 있는 시스템을 만들기 위해서는 취약성을 유발하고, 유지해오던 기존 시스템의 해체 또는 수정이 필요하다. 회복력 향상을 위한 정책은 이러한 문제들을 해결해 가기 위한 장·단기적 전략을 동시에 필요로 한다.

또한 회복력 향상을 위한 정책을 기획할 때, 취약성에 대한 보완이 이루어지는 과정에서 일부 기능이 저하되거나, 시간이 소요되며 재정적 부담이 늘어날 수 있는 문제에 대해 어떻게 대응해야 하는지에 대한 계획이 필요한 것이다. 회복력의 정책을 입안 시, 무엇보다 중요하게 고려되어야 할 것은 회복력이 누구를 위한, 무엇에 대한 회복력인지 충분한 합의가 있어야 한다(Leach, 2008).

정책적으로 중요한 것은 이러한 논의와 합의의 과정에서 회복력의 경로와 기간, 지향점에 대해 어느 특정 그룹의 권력이 지나치게 개입하는 것에 대한 견제가 이루어져야 한다는 점이다. Cannon & Muller-Mahn(2010)은 회복력의 정치성에 대해 다음과 같이 경고하고 있다. '레질리언스는 위험하다. 왜냐하면 이는 본질적으로 권력에 기반한 취약성의 의미를 간과하기 때문이다.'(Cannon & Muller-Mahn, 2010)

Chapter 02 레질리언스 주요 이론

레질리언스의 일반적인 개념은 1973년 생태학적 레질리언스를 언급한 Holling에 의해 제시되었으며, 생태계의 시스템이 현 상태에 고착하여 안정적이기만 해서는 외부의 교란에 장기간 견딜 수 없다는 점을 들어 안정성과 탄력성을 비교한 데서 비롯한다. 그 후 이 포괄적인 개념은 정신과 몸의 건강에서 노화나 충격을 이겨낼 수 있는 휴먼 레질리언스(human resilience), 도시나 공동체가 재난으로부터 회복할 수 있는 커뮤니티 레질리언스(community resilience) 등에 사용되었으며, 안전관리에서 시스템은 항상 회복력이 유지되어야 하며, 이를 위해서는 기존의 취약한 부분이 있는 시스템을 수정하여 항상 회복력 있는 시스템을 만들어야 한다는 새로운 레질리언스 공학(resilience engineering)으로 발전하였다.

안전 분야 레질리언스의 대표적인 이론은 Hollnagel이 주창한 시스템 분야의 레질리언스 공학 이론이다. 이 이론은 의도된 결과를 이끌어 내기 위한 조정 능력과 수행 능력을 필요로 한다. 인과관계를 근거하여 예방과 복구에 지나치게 집중하는 기존의 개념과는 차원이 다른 대안을 제시하였다.

레질리언스 공학에 의하면 안전을 위해서는 평소에 시스템이 어떻게 사고의 위험을 회피하며 시스템이 움직이고 있는지를 이해하여야 한다. 이러한 능력을 안전 탄력성이라 하며, 이를 위해 4가지 기본적 능력인 사전예측-사전감시-사전대응-안전학습의 능력이 발휘되어야 한다. 사고분석과 위험성 평가에서도 이전의 모형과 다른 시스템 공학적 특성을 갖춘 모형인 Accimap, FRAM, STAMP 등을 사용한다. 이는 아직 도구적으로 실무에 정착되고 있지는 않으나 현대의 안전관리에 개념적으로 많은 영향을 끼치고 있다. 또한 사고의 원인을 개인의 실수나 판단 착오보다는 조직이나 기술의 특성과 같은 구조적 요인에서 찾고자 하였으며, 민주적인 조직과 적합한 기술의 선택이 재난을 예방하는

데 매우 중요하다고 강조한다.

2.1 레질리언스의 다양한 관점[32]

1) 공학적 레질리언스

물리학에서 레질리언스는 본래 성질에 가해진 부분적인 손상을 대체하는 데 소요되는 복구시간으로 정의된다. 이와 같이 회복속도에 초점을 두어 레질리언스를 정의하는 접근의 경우 공학적 레질리언스(engineering resilience)로 정의되는데(Folke, 2006), 이는 초기 생태학자들의 정의(Holling, 1973)에 그 기원을 두고 있다. 초기 생태학자들의 경우 레질리언스를 균형상태(equilibrium or steady state)에 있던 시스템이 외부교란(disturbances)에 의해 균형이 일시적으로 깨질 때 이에 대한 회복시간으로 정의하였다. 이러한 개념의 레질리언스는 시스템 구성요소들이 오로지 하나의 기능수행만을 위해 연계된 경우에 해당한다. 공학적 레질리언스는 시스템 기능의 효율성, 시스템의 불변성, 단일의 안정상태 유지에 초점을 두어 시스템 차원의 레질리언스를 이해하는 데 범위가 좁아 한계가 있다(Pisano, 2012). 즉 공학적 레질리언스는 오직 시스템의 보존을 위한 동요 및 변화에 대한 저항으로 설명된다(Folke, 2006; 서지영, 2014).

2) 생태적 레질리언스

생태학에서 레질리언스는 이전 상태로 되돌아오는 능력 그 이상의 의미를 지니게 되는데, 시스템 차원에서 발생하는 변화로서 이해되어진다(서지영, 2014). 레질리언스 개념을 주창한 Holling(1996) 또한 레질리언스를 재정의함으로써 공학적 레질리언스에서 벗어나 생태적 레질리언스(ecological resilience) 개념으로 확장하는데, 이에 따르면 레질리언스는 혼란을 흡수하는 체제의 완충장치 또는 능력이거나, 변수를 변화시킴으로써 체제가 구조를 변화하기 전에 흡수할 수 있는 혼란의 크기로 정의된다(Holling et al., 1995; 서지영, 2014). 즉 공학적 레질리언스는 하나의 안정된 평형상태(equilibrium)에 초점을 맞추는 전통적 개념으로서 효율성(efficiency), 항상성(constancy), 예측성

---

32) 김정곤 · 임주호 · 이성희(2015) 재구성

(predictability)에 주목하는 반면, 생태적 레질리언스는 다중의 안정상태(stable states)를 강조하며, 진화적 관점에서 지속성(persistence), 변화성(variability), 비예측성(non-predictability)에 관심을 기울인다고 할 수 있다(Holling, 1996; 최충호, 2015).

3) 사회적 레질리언스

레질리언스 개념은 또한 사회과학의 영역으로 확장되어 경제학 또는 사회적인 영역에서 발생하는 위험과 관련하여 활용되고 있다(Christmann et al. 2011). 일반적으로 사회적 레질리언스(social resilience)는 생태학적 레질리언스와 이론적 기반을 공유하고 있다(Holling, 1973). Adger(2000)에 따르면, 사회적 레질리언스는 사회 그룹들 또는 공동사회가 사회적·정치적·생태학적 변화에서 기인하는 외부 충격과 위험을 다루는 능력을 의미한다. 그리고 사회과학 분야에서 레질리언스를 '혼란 속에서도 본래의 기능과 구조, 정체성을 유지할 수 있도록 하는 능력'이라고 정의하였다(Walker et al. 2004; 서지영, 2014).

또한, Adger(2010)는 사회적 레질리언스를 환경변화, 사회적, 경제적, 정치적 변화와 같은 사회인프라에 대한 외부충격을 견뎌내는 인간사회의 역량으로 정의하였다. 즉 사회적 레질리언스는 사회시스템이 의존하는 생태적 레질리언스 시스템의 레질리언스와 관련이 깊다. 생태적 레질리언스 개념을 사회시스템에 적용하려는 시도는 사회화된 제도와 생태시스템 간 행태 및 구조면에서 근본적인 차이가 존재하지 않음을 의미한다(Adger, 2010; 서지영, 2014).

4) 사회-생태학적 레질리언스

Folke(2006)는 복잡한 사회-생태학적 시스템의 역동성과 진화를 염두에 두고 레질리언스 개념에 혼란에 대한 저항, 적응, 전환을 포함하여 그 개념을 광의의 사회-생태학적 레질리언스(social-ecological resilience)로 확장하였다(Folke et al. 2010). Carpenter et al.(2001)에 따르면, 사회-생태학적 레질리언스를 다음과 같이 해석하였다.

① the amount of disturbance a system can absorb and still remain within the same state or domain of attraction,

· 시스템이 흡수할 수 있고 여전히 동일한 상태 또는 인력 영역 내에서 유지될 수

있는 혼란의 정도,

② the degree to which the system is capable of self organization (versus lack of organization, or organization forced by external factors)

- 시스템이 자기 조직화할 수 있는 정도(조직의 결여 또는 외부 요인에 의해 강제되는 조직에 비해)

③ the degree to which the system can build and increase the capacity for learning and adaptation(Folke, 2006).

- 시스템이 학습 및 적응 능력을 구축하고 증가시킬 수 있는 정도

표 3-1 관점에 따른 레질리언스 개념 및 특징

레질리언스 종류	특성	초점	맥락
공학적 레질리언스 (engineering resilience)	· 복구기간(return time) · 효율성(efficiency)	· 복구(recovery) · 불변(constancy)	· 안정적 균형(vicinity of a stable equilibrium)
생태적 레질리언스 (ecological resilience) 사회적 레질리언스 (social resilience)	· 완충능력 (buffer capacity) · 충격 저항 (withstand shock) · 기능유지 (maintain function)	· 지속성 (persistence) · 가외성 (robustness)	· 복수 평형 (multiple equilibria) · 안정적 영역 (stability landscapes)
사회-생태학적 레질리언스 (social-ecological resilience)	· 상호작용(interplay-disturbance and reorganization) · 재조직 유지와 발전(sustaining and developing)	· 적응능력 (adaptive capacity) · 다변성 (transformability) · 학습(learning) · 혁신(innovation)	· 통합시스템 피드백 (integrated systemfeedback) · 상호작용(cross-scale dynamic interactions)

자료: Folke(2006); 김정곤·임주호·이성희(2015)

2.2 분야별 레질리언스의 연구 영역

1) 휴먼 분야

사람 중심의 휴먼 레질리언스(human resilience)는 사람이 비극, 트라우마, 스트레스로부터 극복하거나 회복하는 과정이라고 미국의 심리학회에서 주장하였다(Hollnagel,

2011; 홍성현, 2016).

의학 분야에서는 가족이 직면한 스트레스와 관련하여 관심을 끌고 있는 개념이다. 가족탄력성은 가족이 어려운 상황을 극복하고 회복하는 능력을 의미하며, 가족이 하나의 기능적 단위로 적응하는 과정을 말한다(Patterson, 2002).

탄력성(resilience)이란 역경으로부터 되돌아와서 더 강해지고 자원이 풍부해지는 능력을 말하며, 위기와 도전에 반응하여 인내하고, 스스로 복원하고, 성장하는 적극적 과정을 의미한다. 또한 가치, 태도 및 행동 차원에서 볼 수 있으며, 개인, 가족, 지역사회 수준에서 각각 기술될 수 있고 이들은 상호의존적이다(Hawley, 1996).

가족학적 관점에서 탄력성을 연구한 McCubbin은 가족이 변화 앞에서 붕괴되지 않도록, 그리고 위기상황에서 적응하도록 도와주는 가족의 특성, 차원속성이라고 하였다. 역경의 상황에서 개인과 가족이 보여주는 긍정적 행동유형과 기능적 역량으로 정의될 수 있으며, 이는 가족이 가족구성원과 가족단위의 안녕을 지키면서 가족단위의 전체성을 유지하도록 가족이 회복하는 능력을 결정한다고 하였다(McCubbin, 1998).

여기서는 재난관리 관점에서 재난심리 연구 영역을 살펴보도록 하겠다. 재난 피해자뿐만 아니라 재난구조·복구 등에 참여한 현장 종사자나 자원봉사자들이 재난현장에서

재난의 경험
지진의 흔들림이나 소리, 화재의 불꽃이나 열, 폭발의 소리나 열풍 등을 경험한 경우

재난에 의한 피해
부상, 가까운 관계자의 사상, 자택손상 등의 피해

재난의 목격
시체, 화염, 가옥의 붕괴, 사람들의 혼란 등을 목격

그림 3-2 재난에 의한 심리적 트라우마
자료: 국립정신건강센터(국가트라우마센터)

경험한 사례를 잊지 못하고 공포와 슬픔에 빠져 일상생활이 불가능한 상태에 이르는 심각한 정신적 후유증에 시달리는 사례로 사회문제화되고 있다. 특히, 이러한 재난경험자들의 정신적 후유증은 최근 우리 사회가 개인주의, 핵가족화 등의 사회현상 속에서 급격하게 연대의식이 희박해지는 정신적 취약성이 증대됨에 따라 그 발생 빈도와 정도가 증가하고 있다.

이러한 정신적 후유증은 당사자뿐만 아니라 장기적으로 가족, 사회 등에까지 악영향을 줄 수 있어서 이를 방치할 경우 사회적 병리현상으로 발전하고 결국 사회비용의 증가를 초래할 수도 있으며, 이는 재난으로 인한 물질적 피해보다 더 심각한 문제가 될 수 있다. 따라서 재난관리를 함에 있어 개인 또는 집단의 심리현상을 살펴보고 재난에 대한 심리적 충격을 치유 또는 치료하는 방법으로 재난심리 회복지원 활동과 외상후 스트레스 장애의 치료 영역에 대해 살펴보기로 한다(임현우, 2019).

외상 후 스트레스 장애는 증상이 위중하고 만성적으로 가는 경향이 있어 초기 발견과 지속적인 치료가 필요하다. 사고 직후 증상이 있는 것은 당연하지만 심각한 외상 사건을 경험한 후에 증상이 악화되는 경우 정신건강 진료를 받는 것이 좋다. 치료는 어떤 경우에도 '자신이 안전하다'는 경험을 할 수 있도록 하는 안정화가 매우 중요하다.

2) 커뮤니티 분야

방재 분야는 커뮤니티 체계의 레질리언스에 관심을 기울인다. 방재 분야의 문헌들은 기본적으로 지역사회와 자연재해 복원에 기반을 두고 있다. 레질리언스 개념이 방재 분야에 처음 사용된 것은 1981년 Timmerman에 의해서이며, '재해 발생을 흡수하고 복구할 수 있는 능력'으로 정의했다. 그 이후 전 세계 많은 학자와 기관 등이 연구 목적과 대상에 따라 레질리언스를 다양하게 정의하고 있다. 각각의 레질리언스 정의가 애매한 측면도 있지만 불확실성, 재해 발생 가능성 등을 전제로 충격 흡수, 회복 등이 지역사회 및 도시의 지속가능성을 유지하는 능력이라는 내용을 공통적으로 포함하고 있다.

커뮤니티 레질리언스는 물리·생태·사회 및 도시, 지역사회(community), 개인 등 다양한 분야에서 정의된다. 이에 따라, '인간-장소 연계'(people-place connections), '가치와 믿음'(values and beliefs), '지식과 학습'(knowledge and learning), '사회적 네트워크'(social networks), '협력적 거버넌스'(collaborative governance), '경제적 다양

화'(economic diversification), '사회기반시설'(infrastructure), '리더십'(leadership), '전망'(outlook) 등에 관심을 기울인다(Berke & Ross, 2012). 이와 같은 개념들은 커뮤니티 차원의 도시 사회학적 가치들과 패러다임 전환기에 있는 오늘날은 연구자에 따라 다양하게 정의되고 있지만 대략적으로 '재난에 적응하고 회복하는 능력'으로 요약된다.

또한 강상준 외(2013)는 기존의 재난 대응에 대한 접근방법은 '재해와 그로 인한 피해'에 초점이 맞추어져 있었지만, 최근에는 '지역사회의 범주 안에서 재해를 이해'하는 것의 필요성과 중요성이 논의되고 있다고 주장하였다. 이와 같이 기존에는 재난 발생 후에 나타나는 문제점이나 인적·물적 손실에 주로 초점을 맞추었으나, 점차 회복력과 적응력을 예방적 차원의 취약성을 평가하는 것 중심으로 변화하고 있으며, 현재는 사전 조치적인 대응방식을 평가하는 패러다임으로 변화하고 있다.

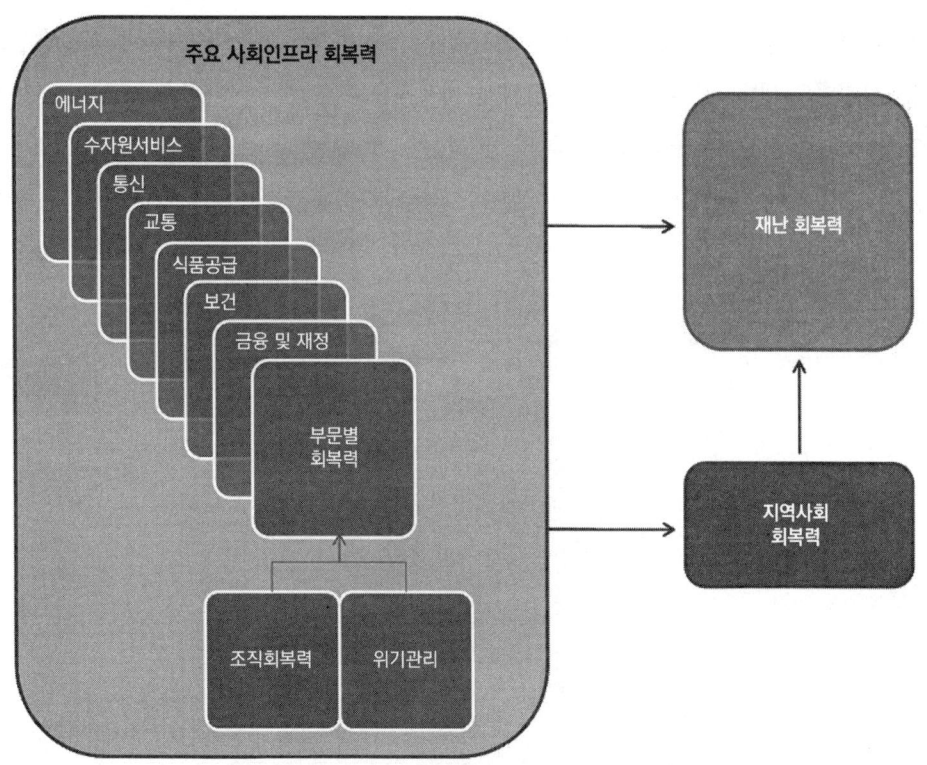

그림 3-3 **커뮤니티 레질리언스와 재난 레질리언스 관계**
자료: Australian Government(2010); 서지영 외(2014)

3) 시스템 분야

공학 분야 레질리언스는 Hollnagel이 주창한 시스템 분야의 레질리언스 공학이론이다. 이 이론은 휴먼·커뮤니티 레질리언스의 공통 개념보다 진일보된 관점과 목표를 갖고 있으며, 의도된 결과를 이끌어내기 위한 조정능력과 수행능력을 필요로 한다. 인과관계를 근거로 예방과 복구에 지나치게 집중하는 기존의 개념과는 차원이 다른 대안을 제시한다. 강상준(2017)은 레질리언스 개념에 기반을 둔 안전정책은 기존 개념 또는 지속가능 개념으로부터 차별성을 설명하였다. 그렇지 않다면 기존의 여타 개념과 차별성이 없다거나 실천성이 담보되지 않는 선언적 개념이라고 주장하였다.

윤완철·양정열(2019)은 안전 패러다임 전환의 이유와 시스템 안전 개념을 설명하고 FRAM의 장점에 대한 시스템적 사고분석을 설명하였다.

세계적으로 안전사고의 이해와 분석 방법은 1세대의 도미노 이론 모형, 2세대의 역학적 모형(스위스 치즈 모형)을 거쳐 현재 3세대인 시스템적 사고모형이 활발히 적용되고 있다. 시스템적 사고분석은 폭넓은 영향요인 발견과 시스템의 개선을 통하여 유사 사고 발생을 감소시킨다. 3세대 사고분석 방법론으로서 세계적으로 AcciMap(accident mapping)과 FRAM(functional resonance analysis method), STAMP(systems theoretic accident nodel and process) 등이 거론되고 있으나 우리나라의 사회재난이나 산업재해가 발전

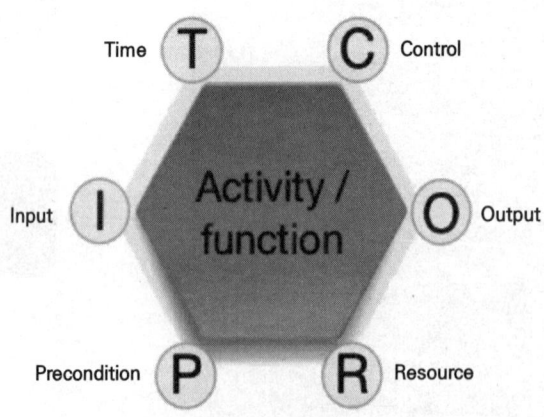

그림 3-4 Hollnagel의 시스템적 사고분석기법(FRAM)

자료: Hollnagel(2004); 양정열(2019); 서동현 외(2020)

소와 같은 대형 제어시스템 내부의 문제가 아니고 건설현장이나 일반 공장 상황 등 보다 개방시스템의 특성을 지니는 것을 고려하면, 자유로운 기능 표현과 분석을 지원하는 FRAM이 가장 합리적 사고분석 기법이라고 주장하였다.

Hollnagel은 예기치 않은 상황들이 결합되어 사고가 발생하면, 이를 기능공명분석법(functional resonance analysis method: FRAM)을 통해 분석했다. FRAM 모델은 시스템에서 작동하고 있는 기능(function)을 도출하고, 기능의 6가지 측면, 즉 입력(input), 출력(output), 선행조건(precondition), 자원(resource), 통제(control), 시간(time)을 육각형의 꼭짓점에 나타낸 후 상호관계를 선으로 연결하여 작성하였다.

4) 공동체 분야

재난이 휩쓸고 간 지역에 사람들이 돌아올 수 있도록 공동체 회복, 즉 지역문화나 축제 등의 복원을 통해 지역사회의 부활을 도모하는 휴먼과 커뮤니티 레질리언스의 혼합 형태로 일본이 주도적으로 시도하고 있다. 일본에서는 레질리언스 개념으로 '부흥'이라는 용어를 사용하고 있는데, 부흥의 국어사전적 의미는 '쇠잔하던 것이 다시 일어남'으로, '인간의 부흥'은 재해로부터 폐허가 된 지역사회에 다시 사람들이 돌아오게 하는 새로운 레질리언스 개념이다. 이 새로운 개념의 레질리언스를 '상징적 레질리언스(symbolic resilience)'로 명명하였다.

1995년 1월 17일 발생한 일본 한신·아와지 대지진은 6천명 이상의 사망자를 내는 인명피해를 입었다. 관서(칸사이)학원 대학에서도 23명의 학생 및 교직원이 사망하였다. 이에 관서학원 대학은 피해지역의 사회공헌 목적으로 지진 발생 10년 후인 2005년 1월 17일 〈재해부흥제도연구소〉를 설립하였다. 관서학원 대학은 '인간의 부흥'을 이념으로 인문 사회 계열에서 처음으로 재해 관련 연구소를 설립하고, 재해부흥학회의 사무국을 담당하고 있으며, 전국의 재해부흥 관련 연구자·연구기관·단체 등과의 네트워크를 형성하고 각종 연구회·포럼 등을 개최하고 있으며, 「재해부흥기본법(안)」을 제안하는 등 상징적 레질리언스 탄생에 주도적 활동을 하고 있다.

〈재해부흥제도연구소〉는 1995 한신·아와지 대지진의 교훈으로 재해에 강한 지역사회를 목표로, 재해에 강한 커뮤니티 만들기(재해에 강한 커뮤니티는 방재활동 이외에도 여러 면에서 커뮤니티 능력을 높일 필요가 있다)를 위하여 재해에 강한 지역사회 만들기 필요성을 강조하고 있다. '사전 부흥'이라는 생각은 재해 후의 부흥이 빠른 커뮤니티를 위하여 사전에 부흥 프로세스를 시작하고 있다.

　일본 정부는 2021 올림픽을 계기로 후쿠시마현에서 상징적 부흥을 시도하였으나, 성공적이지 못한 것으로 알려져 있다. 야구(소프트볼) 종목의 보조경기장을 후쿠시마 장소로 결정한 것은 일본 정부 입장에서 '우리가 방사능을 이렇게 많이 제거했으며 후쿠시마현도 아주 안전해졌습니다'라고 만천하에 홍보하는 행위라고 평가할 수 있다. 하지만 일본이 특정비밀보호법이라는 명목 아래 방사능 오염에 대한 자료 공개를 제한하고 있어, 여전히 세계적으로 의구심을 받는 상황이다. 실제로 후쿠시마 원전 사고가 발생한 지 10년이 지났으므로 대기 중에 흩어지면서 세슘 농도가 옅어질 수도 있으나 세슘 농도가 땅속으로 스며들면서 농축되어 쌓이는 것이 문제될 가능성이 있다.

그림 3-5　동일본 대지진 피해복구 및 부흥 노력(후쿠시마 J빌리지 건설)
자료: real Fukusima(2019); 쿨재팬리포터(2022)

2018년 10월, 일본 정부가 내린 후쿠시마 원전 사고 피난민 귀가조치에 대해 국제인권이사회가 전문가들의 보고를 근거로 아직 완전히 안전하지 않으니까 어린이와 가임기 여성은 제외해야 한다는 의견을 내놓았다.

위와 같이 분야별 레질리언스의 연구대상과 연구초점은 아래의 표 3-2와 같다.

표 3-2 분야별 레질리언스의 연구대상과 연구초점

분야별	연구 대상	연구 초점
휴먼 레질리언스	사람 중심	• 사람이 비극, 트라우마, 스트레스 등을 극복·회복하는 과정 • 재난의 경험, 목격, 피해 등에 의한 심리적 트라우마 중점
커뮤니티 레질리언스	지역 사회	• 재해 발생을 흡수하고 복구할 수 있는 능력 • 재난의 충격을 흡수하고 회복하는 과정을 통하여 지역사회 및 도시의 지속 가능성을 유지하는 능력
시스템 레질리언스	기능 유지	• 예측 불가능하고 항상 변화하는 상황에서 정상기능을 할 수 있는 대비 중심의 능력 • 사고의 가능성을 낮추고 안전상태를 최대한 지속시키기 위한 안전분야의 대표적 레질리언스 • 예상치 못한 사고가 발생한 경우에도 필요한 기능이 유지될 수 있도록 조정할 수 있는 능력
상징적 레질리언스	공동체 회복	• 휴먼과 지역사회 레질리언스 혼합형태로 지역사회 복원과 지역 문화·축제 등을 함께 복원하는 부흥 개념 • 동일본 지진 및 쓰나미로 폐허가 된 지역사회에 사람들이 돌아오게 하는 새로운 레질리언스 개념

Chapter 03 휴먼 레질리언스

3.1 휴먼 레질리언스의 관점

1) 개인·가족과 재난심리

인간은 누구나 스트레스를 받고 살아간다. 단지 정도의 차이가 있을 뿐이다. 필자도 항상 긴장 속에 살며, 주위에 있는 사회와 직장 동료로 인하여 스트레스를 받는다. 모든 사람은 살아가는 과정에서 심리적 압박으로 인해 강한 스트레스를 받는 경우가 많다. 환경적인 여러 가지 요구에 대처할 수 없다고 느끼거나 신체적으로나 심리적으로 우리에게 해를 끼칠 수 있는 상황에 직면하게 되었을 때, 우리는 긴장과 불쾌감을 느끼게 되며 바로 이러한 상황에서 인간은 '스트레스'라는 것을 경험하게 된다.

이러한 스트레스는 동일한 환경적 자극이나 사건에 대하여 모든 사람이 똑같은 정도로 느끼는 것이 아니라 각 개인이 느끼고 있는 위협의 정도나 이전의 학습 경험 등이 더 큰 영향을 주므로 사람마다 스트레스의 정도는 차이나게 마련이다. 스트레스는 반드시 부정적인 스트레스(distress)만을 의미하지 않으며, 긍정적인 스트레스(eustress)도 존재한다. 어쩌면 우리가 살아가는 삶 자체가 스트레스의 연속이라고 해도 과언이 아닐 것이다. 우리가 이렇게 많은 스트레스에 노출되어 있는 것이라면, 그것이 우리의 정신적·육체적 건강에 많은 영향을 미치는 것은 당연한 일이다.

개인·가족의 레질리언스 관점에서, 가족의 구성원은 부모와 자식 간에 연결되어 있다. 따라서 누군가가 스트레스를 표출하면 구성원 전체가 직·간접적으로 영향을 받게 되어 있다. 그러므로 한 사람의 스트레스가 원인이 되어 전체 결과로 부정적인 영향을 미치면 그만큼 구성원의 사기에 막대한 지장을 초래하게 될 것이다.

재난심리의 레질리언스 관점에서, 재난으로 피해를 당한 사람이 재난으로 인한 심리적 충격으로부터 심리적 안정을 되찾고 재난 이전의 정상적인 생활로 복귀할 수 있도록 심리적인 상담 활동을 통해 심리치료와 회복을 지원해주는 것으로, 이 장에서는 재난심리 분야를 중점으로 다룬다.

2) 재난심리의 도입 배경

2003년 대구 지하철 방화사건을 계기로 효율적인 국가재난관리시스템을 마련하고자 행정자치부에 국가재난관리시스템기획단을 설치·운영하였다. 총괄반장인 박○길 과장은 미국 FEMA에 직무교육을 받으면서 터득한 재난현장 지휘용 차량(SNG), 재난 통합망, 재난 보험 등과 더불어 재난심리 도입을 강력히 주장하여 2004.6.1. 우리나라 최초의 국가재난관리 전담기구인 소방방재청을 설립하면서 직제에 반영하였다. 그러나 재난심리는 정신의학 분야로 전문조직·인력의 부재와 보건복지부와의 업무 중복문제로 실행에 어려움이 많았다.

장기간 표류하던 재난심리 업무는 2010년 「재난 및 안전관리 기본법」을 개정하면서, 국가와 지방자치단체에서 재난피해자에 대한 재난심리회복지원제도가 반영되었다. 2011년에 시·도별로 재난피해자 심리회복지원을 위해 자체 실정에 따라 재난심리회복지원센터를 지정하였으나 그 운영주체가 정신건강증진센터, 대학, 병원, 대한적십자사 등으로 다양하여 지역별로 역량차가 존재하게 되었고, 전담인력 없이 운영되어 체계적인 심리회복지원서비스를 제공하는 데 어려움이 있었다.

이러한 문제를 개선하기 위해 2015년 대한적십자사와 실무협의를 거쳐 재난피해자 심리지원 세부 추진안을 마련하고, 이를 바탕으로 2016년 대한적십자사와 '재난심리회복지원센터 운영에 관한 협약'을 체결하고 전국 17개 시·도의 센터 운영주체를 대한적십자사로 일원화하게 되었다. 2020년에는 재해구호법을 개정하여 대규모 재난 시 다수의 재난피해자가 발생할 경우에 체계적인 심리지원을 위해 행정안전부에 관계부처 합동으로 중앙 차원의 〈중앙재난심리회복지원단〉을 설치하여 총괄 지원할 수 있도록 하였다. 2020년 기준 17개 센터를 운영하고 있으며, 지원체계는 그림 3-6과 같다.

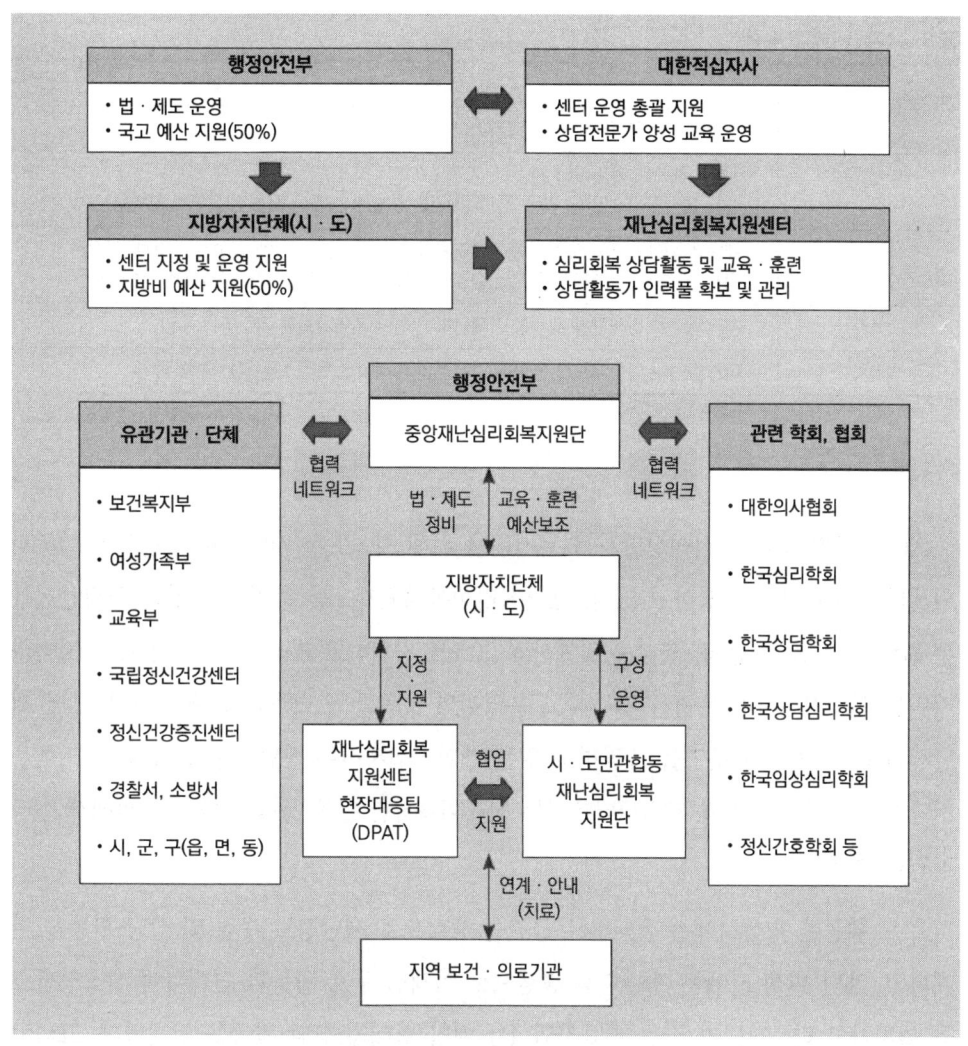

그림 3-6 재난심리 회복 지원센터 지원체계

출처 : 행정안전부(2017), 재난심리회복 지원 매뉴얼

3.2 휴먼 레질리언스의 주요 내용

재난피해자 심리회복 지원대상은 이재민 및 일시대피자, 재난을 직접 목격한 사람, 재난현장에서 구호·자원봉사 활동에 참여한 사람 등으로 재난의 유형, 피해 정도와 관계없이 당사자 또는 유관기관에서 서비스 제공을 요청하는 경우 재난심리회복 지원대상으로 인정할 수 있다. 또한 특별재난지역으로 선포된 지역과 대규모 재난피해지역 주민에 대해서 우선적으로 상담 활동 지원을 할 수 있도록 하고 있다.

표 3-3 재난 경험자 유형

유형	재난 경험자
1차	재난으로 인해 직접적으로 충격이나 손상을 받은 사람
2차	1차 피해자의 가족이나 친인척, 가까운 지인 (1차 피해자가 사망한 경우 2차 피해자는 중요한 심리적 지원 대상으로 분류됨)
3차	재난 상황에서 참여하였던 재난관리자들로 구조, 복구작업에 참여한 소방관, 경찰관, 의사, 간호사, 사회복지사, 임상심리사, 정신건강 관련 종사자, 응급요원, 성직자 등
4차	재난의 1차 피해자를 제외하고 재난이 일어난 지역사회에 거주하는 주민
5차	매스컴이나 대중매체를 통하여 간접적인 심리적 스트레스를 겪는 사람 등

자료: 국립정신건강센터(2021)

재난피해자에 대한 심리상담과 회복지원을 위해 시·도는 지역별로 재난심리 회복지원센터를 설치하여 운영하고 있다. 재난심리회복지원제도를 총괄하고 있는 행정안전부는 관련법·제도 운영 및 센터 운영예산의 50%를 지원하고 지방자치단체는 해당 지역의 지원센터를 지정하여 운영을 지원하고 운영비의 50%를 보조하고 있다. 2017년부터 재난심리회복지원센터 운영을 총괄하고 있는 대한적십자사는 상담전문가 양성 및 교육을 전담하고 지역별 설치된 지원센터에서는 심리회복상담 활동 등을 통해 재난피해자 심리지원을 하고 있다.

주요 활동은 평상시에는 센터 사무공간을 중심으로 재난정보 수집 및 상담 활동을 전개하고, 재난 발생 시에는 재난현장 중심으로 이재민 구호 활동과 연계하여 현장상담소를 설치하고 전문상담가 파견 수요자와 1:1 매칭 형태의 상담 활동을 전개한다. 그리고 2016년도에 국민안전포털(www.safekorea.go.kr)에 재난심리회복지원 정보시스템을 구축하여 증상 및 대처법 안내, 간편심리검사 서비스, 온라인 상담 등 서비스를 제공하고 있다.

Chapter 04 커뮤니티 레질리언스

4.1 커뮤니티 레질리언스의 개념

레질리언스의 개념적 정의는 다양하지만, 여기에서는 재난을 가능한 사전에 예방하고 대비하여 재난이 발생했을 때에도 신속하게 대응 복구하여 피해를 최소화하며, 더 발전된 환경으로 변화시키고 적응하는 재난관리 조직의 시스템 작동과정과 능력에 초점을 맞추어 접근한다.

재난이 발생하면 중앙정부나 상위정부의 지원과 참여가 있지만 재난이 발생하기 전에 취해져야 할 계획, 대비, 위험을 저감시키는 활동이나 재난이 발생한 후의 다양한 대응, 복구 활동이 실질적으로 지역사회의 자발적 주민조직과 자치단체에 의해서 이루어지고 있다. 특히, 중앙정부 주도의 재난관리가 한계에 도달하면서 중앙정부와 자치단체의 협력, 자치단체 간의 협력, 민-관 협력, 민-민 협력 등 재난관리를 위한 조직 간 상호협력의 필요성이 증대하고 있다. 재난의 대비단계에서 지방정부는 지역사회 조직들이 상호협력하도록 이끌어 주고 정책적 우선순위와 방법들을 제공해 줄 수 있다. 그리고 지역사회 주민조직들은 지역주민 개개인이나 지역 고유의 세부적인 특성과 정보를 제공하여 재난감소 및 대응에 크게 기여할 수 있는 것이다(Satterthwaite, 2011). 이러한 측면에서 예측 불가능하고 빈번하게 발생하는 재난환경에 효율적으로 대응하기 위해서는 재난 레질리언스를 가진 지역사회를 구축하는 것이 중요하다는 공감대가 형성되고 있다(김현주 외, 2012).

초기 연구는 레질리언스를 단순히 동요 및 교란에 대해 이전의 균형상태로 되돌아오는 협의의 개념으로 사용하였는데, 이러한 레질리언스 개념을 공학적 레질리언스(engineering resilience)라고 하며, 이는 균형상태로 복귀 혹은 회복하는 속도로 정의되기도 한다(Pimm, 1991). 레질리언스 초기연구들은 원래의 기존 상태로 되돌아오는

(bounce back) 의미를 공유하고 있다. 즉 초기 연구에서 레질리언스 개념은 변화 이전에 수용할 수 있는 혼란의 정도 혹은 혼란에서 회복되는 시간으로 정의된다고 할 수 있다. 20세기 후반 이후 학술적으로 복잡계 이론이 대두되면서 시스템 이론의 학제간 적용과 더불어 공학, 경영학, 심리학 등 다양한 분야에서 그 개념이 확산되었다(Folke et. al., 2010; Gunderson, 2000). 특히 지속가능한 사회로의 발전을 모색하는 구조적 접근을 시도하면서 레질리언스는 기존의 상태로 돌아오는 것에서 더 나은 상태로 회복하는 (building back better) 능력을 의미하는 것으로 발전하게 되었다.

즉 레질리언스는 사회-환경 시스템의 하부 체계들이 충격을 흡수하고 혼란의 상태에서도 재조직화를 통하여 기능을 유지할 수 있는 능력을 의미한다(하현상 외, 2014). 현재 레질리언스는 보다 폭넓은 개념으로 환경, 공학, 경제, 인간심리 등 모든 영역에서 적용되고 있지만, 재난, 테러, 전염병 등으로 삶의 현장이 위협받는 지역에 더욱 잘 적용될 수 있다(Cutter, et. al., 2008). 심각한 자연재난, 기후변화, 식료품 파동, 화학물질 사고 등을 경험하면서 인류 한계에 대한 인식이 높아졌고, 이로 인해 지속가능한 사회로의 발전을 위한 연구가 활발해지면서 학자들은 레질리언스에 많은 관심을 갖게 되었다(하현상·이석환, 2016).

따라서 재난 레질리언스(disaster resilence)에 대한 선행연구에서 제시하는 다양한 레질리언스 개념을 토대로 다음과 같이 재난 레질리언스를 정의한다. 재난 레질리언스는 '재난에 노출된 지역과 조직이 효율적인 방법으로 저항, 흡수, 수용 복구할 수 있는 지원과 능력으로, 주요 기반시설과 기능을 보호하고 복원하는 것을 포함하는 총체'라 정의한다.

4.2 커뮤니티 레질리언스의 주요 내용

1) 재난 레질리언스의 최근 경향

'레질리언스'의 의미는 사회학, 심리학, 생태학 및 공학과 같은 분야에 따라 다르지만 일반적으로 융통성이나 내구성과 관련이 있다. 최근 기후변화에 따른 환경의 급격한 변화, 예측할 수 없는 재난으로 인한 피해가 커지고 있으며, 2008년 글로벌 금융위기 이후 저성장, 저소비, 높은 실업률로 대표되는 소위 뉴 노멀(new normal) 시대로 접어들면서

표 3-4 재난위험 감소에 대한 인식의 변화

구분	효고 행동 강령 (Hyogo framework for action 2005-2015)	센다이 프레임워크 (Sendai framework for disaster risk reduction 2015-2030)
특징	국가와 지역사회의 재난에 대비한 레질리언스 구축	21세기 재난위험의 복잡성에 대한 이해를 반영한 정책
재난대응 인식	재난으로 인한 일상생활 및 지역사회의 경제·사회·환경적 자산 손실의 실질적 감소	재난 위험을 감소시키고, 대응과 복구를 위한 대비를 강화하며, 강한 회복력을 가지는 것

자료: 조성(2017)

경제성장 경로에 대한 불확실성이 커지고 있다. 국제적으로 기후변화에 따른 재난과 경제사회의 구조적 변화에 대응할 수 있는 레질리언스의 보유 여부의 중요성이 대두되고 있다(하수정, 2015).

사회가 가지고 있는 다양한 위해요인과 취약성 속에서 재난을 회피한다는 것은 매우 어려운 일이기 때문에 지속가능한 지역사회 구현을 위한 대안으로서 많은 학자들이 재난 레질리언스의 등장에 주목하고 있는 것이다. 특히 위험, 위해요인, 취약성을 줄이기 위해 지역사회와 국가의 회복력 증진 필요성을 강조하는 효고 프레임워크(Hyogo framework for action, 2005~2015)를 채택하여 재난정책과 전략에서 재난 취약성을 줄이기보다 재난 레질리언스를 제고하는 방향으로 변화하고 있다(Manyena, 2006; Cutter, et. al., 2008). 이후 센다이 프레임워크(Sendai framework for disaster risk reduction, 2015~2030)을 통해서 재해경감 전략 강화 및 재난대응과 복원을 위한 대비를 촉구했다. 특히, 센다이 프레임워크에서는 대비 능력을 향상시키고 재난 레질리언스를 강화할 수 있는 통합된 경제·법·사회·문화·환경적 조치가 취해지도록 강조하였다 (표 3-4).

재난 레질리언스 연구들에 따르면, 재난을 겪는 해당 조직이 재난에 잘 대비할 수 있고, 가장 잘 적응할 수 있는 능력을 가져야 한다는 주장과 함께 조직 차원에서의 레질리언스를 강조하고 있으며, 특히 지역의 재난관리를 책임성 있게 담당하고 있는 재난관리 조직의 레질리언스에 대한 강화가 요구된다.

자연재해와 관련하여 레질리언스는 '재해 스트레스에 대응하거나 적응하는 행위자의 능력'으로 정의되어, 구호와 구조가 포함된 잠재적 재해를 감안한 사전계획의 준비를 강조한다(Blaikie, et. al., 1994). 이는 레질리언스를 불확실한 상황에서의 위험 감소를 위한 전략으로 제시하는 Wildavsky(1997)의 논의와 유사한 것으로, 레질리언스는 '위험이 발생한 이후 다시 회복하는(bounce back) 방법을 학습하여 예상하지 못한 위험에 대응하는 역량(capacity)'으로 정의되며, 위험한 사건이 발생한 이후 다시 회복할 수 있는 능력으로 증명되고, 실제 위험에 유연하게 대응하는 것을 의미한다.

Horne & Orr(1998)는 레질리언스를 '사건의 예상된 패턴을 방해하는 중요한 변화에 생산적으로 대응하기 위한 전체로서 개인, 집단, 조직 체계의 근본적인 질(quality)'이라 정의하였다. Comfort(1998)는 '새로운 체계와 운영상황에 현존 자원과 기술을 적용할 수 있는 역량'을 레질리언스라고 표현하였다. Bruneau, et. al.(2003)은 재난 레질리언스를 '재해를 완화시키기 위한 시스템 구성단위의 능력'으로 정의하고, 레질리언스는 서로 연계된 네 가지 차원, 즉 기술, 조직, 사회, 예산 차원을 포함하여 개념화할 수 있으며, 이와 관련된 시스템의 성과를 측정하고 개선하는 과정을 통하여 지역의 레질리언스를 강화할 수 있다고 하였다.

이런 측면에서 재난 레질리언스(disaster resilience)는 재난으로부터 대응과 회복을 위한 역량구축에 도움을 주는 것으로 이해할 수 있다. 특히 최근에는 재난관리의 초점을 취약성의 감소로 변동시키며 의사결정의 변동성과 불확실성을 포용하고 내부화하는 것을 강조(Han, 2011)하면서, 재난위험에 대한 공공 및 민간 투자는 구조적 및 비구조적 조치를 통한 예방 · 감소가 사람, 공동체, 국가 및 자산, 환경의 경제적 · 사회적 건강 및 문화적 레질리언스 향상에 필수적이라 보는 견해로 변화하고 있다(UNISDR, 2015). 재난 레질리언스 개념의 최근 경향을 표 3-4에 요약하여 나타냈다.

2) 재난 레질리언스 구분

① 재난 레질리언스의 시간적 범위 구분

재난 레질리언스의 시간적 범위는 장기적인 시각과 단기적인 시각으로 구분이 가능하다. 이러한 분류는 재난관리단계의 구성과 특성에 중요한 영향을 미치는데(Mayunga, 2007), 장기적인 접근은 점진적 재난에 주로 적용되며, 주도적 적응력을 중요하게 여긴

표 3-5 재난 레질리언스 개념의 최근 경향

연번	개념	출처
1	지리적인 측면에서 볼 때, 재난 복구 능력은 재해 발생 시 손실에 저항하고 재난 발생 후 특정 기간 동안 재구성 및 재구성할 수 있는 위험 영향 기관(HAB)의 역량으로 정의할 수 있음. 그것은 손실 가능성 및 생물·물리학적/사회적 응답을 포괄하며, 레질리언스는 고유의 레질리언스(IR)와 적응 레질리언스(AR)로 분류함	Zhou, et. al. (2010)
2	레질리언스 접근법은 재난관리의 초점을 취약성의 감소로 변동시키며, 의사 결정의 변동성과 불확실성을 포용하고 내부화하는 것을 강조함. '레질리언스 – 재난을 통해(재난과 함께) 산다.'	Han (2011)
3	위험에 노출된 시스템, 공동체 또는 사회가 필수 기본 구조 및 기능의 보존이나 복원을 포함하여 적시에 효율적인 방법으로 위험 요소의 영향에 저항하고 이를 흡수하며 수용 및 복구할 수 있는 능력	IPCC (2012)
4	재난 복구력은 일시적이며, 재난 발생으로 영향을 받는 기관의 잠재적 손실과 잠재적 대응능력 간의 관계로 인하여 차이가 발생함	Sun, et.al. (2012)
5	재난 레질리언스는 특정 재난에 대한 대응책으로 표현됨. 재난으로 인한 충격에 저항하고, 흡수하고, 수용하고, 회복할 수 있는 능력을 시의적절하고 효율적인 방식으로 구현하는 것	Lei (2014)
6	레질리언스는 준비와 취약점 사이의 비율로 정의됨. 재난 대비차원에서는 사회적, 경제적, 지역사회의 수용력, 제도 및 기반시설을 포괄하며, 추가적인 위험요소가 있는 취약점은 지표를 설정하여 평가함	Kusumastuti (2014)
7	내재된 레질리언스와 그 원인은 공간적 가변성을 가짐. 레질리언스와 취약성은 통계적으로 관련이 있지만 서로 상충되는 것은 아님	Aldunce, et. al. (2015)
8	재난 위험에 대한 공공 및 민간 투자는 구조적 및 비구조적 조치를 통한 예방 및 감소가 사람, 공동체, 국가 및 자산, 환경의 경제적·사회적 건강 및 문화적 레질린언스 향상에 필수적임.	UNISDR (2015)

자료: 조성(2017)

다. 점진적 재난이라 함은 기후변화, 가뭄, 해수면 상승, 기근과 같이 장기적 시간 스펙트럼에서 점진적으로 진행되는 재난을 의미하며, 급진적 재난은 단기적 시간 스펙트럼에서 급속도로 진행되는 태풍, 대형산불, 화산폭발, 지진, 폭우, 인적 재난 등을 의미한다.

단기적 시각의 레질리언스는 예측이 불가능하고 급진적으로 진행되는 급진적 재난에 주로 적용되며, 발생한 재난에 대하여 손실을 최소화하기 위한 신속한 조치를 강조하게 된다. 따라서 과정보다는 결과지향적 시각에서 레질리언스 개념을 강조하며, 반응적 레질리언스에 가깝기 때문에 위해요인의 경감이 무엇보다 중요하며, 이는 재난발생 직전의 대비단계에서 취해지는 것이 가장 효과적이다. 따라서 대비 단계에서 위해요인의 경감활동이 활성화될 필요가 있으며, 급진적 재난에서는 시간적 긴급성으로 인하여 위해요인에 의한 손실과 시스템 파괴가 나타난 이후 복구단계에서부터 적응력이 인지되고 실질적으로 구현될 가능성이 높으므로 단기적 시각의 레질리언스는 복구단계에서의 반응적 적응력이 중요하게 고려되며, 재난관리 단계도 예방-대비(위해요인 경감) - 대응 - 복구(반응적 적응력)단계로 구성되어야 한다(하현상 외, 2014: 409-464).

이러한 맥락에서 재난 레질리언스를 단순히 획일화된 개념으로 볼 것이 아니라 재난의 유형 구분에 대한 새로운 접근(급진적·점진적 재난)과 레질리언스 차원의 시각(장기적·단기적)을 연계하여 재난관리단계를 구분하고 정책에 반영하여 보다 효율적인 정책 결정이 이루어져야 할 것이다.

② 사전적 측면과 사후적 측면

기존 연구들에서 레질리언스의 정의가 재난의 사후적 측면을 고려하였다면, 재난의 사전·사후적 측면을 모두 고려하는 개념 정의가 새롭게 등장하고 있다. 기존의 재난 레질리언스가 갖는 재난 발생 이후 문제점과 재해에 대한 관심은 대응과 복구단계에 주안점을 둔 것으로 재난 발생 이후 손실 또는 피해를 최소화하는 대처 능력을 의미하며(Berke & Campanella, 2006), 재난의 사전적·사후적 측면을 모두 고려하는 레질리언스는 충격이나 손실을 피하거나 예방하여 최소한의 사회적 혼란을 발생하도록 하는 능력을 포괄하는 것이다(Manyena, 2006). 이는 재난이 발생하기 이전의 예방 대비 경감 활동을 모두 포함한다.

오늘날 재난 레질리언스는 위해요인을 사전에 예방하고 대비하는 사전 처방적 조치를 포함하는 것으로 그 접근 방식을 설정하는 것이 바람직하다(Tierney & Bruneau, 2007). 재난 레질리언스에 대한 기존의 연구들은 재난 발생 후에 나타나는 문제점이나 인적·물적 손실에 주로 초점을 맞추었다. 이는 대응과 복구단계에 중심을 둔 것으로 재난 발생 이후 손실과 피해 최소화를 위한 대처를 의미한다. 그러나 재난의 사전·사후적 측면을 모두 고려하는 개념 정의에 따르면 충격이나 손실을 피하거나 예방하여 최소한

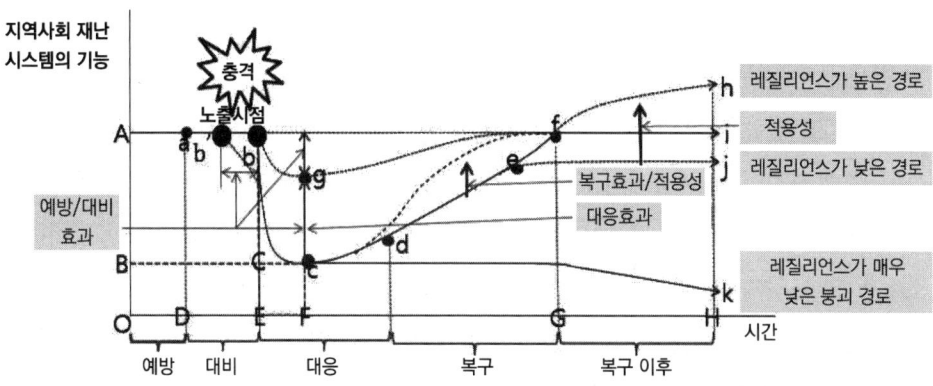

그림 3-7 재난관리 단계별 커뮤니티 레질리언스 구성 요소 영역

자료: 하현상 외(2014); 조성(2017)

의 사회적 혼란과 손실이 발생하도록 하기 위한 능력도 포괄한다. 이는 재난이 발생하기 전의 예방, 대비, 경감 활동을 포괄하는 것이다(Carlson, et. al., 2012).

따라서 레질리언스 개념은 그림 3-7과 같이 교란의 흡수를 위한 강건성(robustness)과 함께 회복을 위한 신속성(rapidity)을 포괄하는 의미를 가진다. 이러한 관점에서 불확실성 하에서 재난이 발생하여도 시스템 연속성을 최대한 유지할 수 있도록 대응 장비 및 자원을 충분히 준비(resourcefulness)하고 이들의 가외성(redundancy)/분산화(decentralization)를 통해 재난에 탄력적으로 대응할 수 있도록 하는 전략들이 포함될 수 있다(신상민·박희경, 2015).

③ 재난관리의 지역사회 지속가능성과 레질리언스 강화 원칙

지속가능성 또는 지속가능한 발전 개념은, 1987년 UNEP의 브룬트란트 보고서 '우리 공동의 미래(our common future)'에 따르면, '미래세대의 필요를 충족시킬 수 있는 가능성을 저해하지 않으면서 현 세대의 필요를 충족시키는 개발/발전'으로 정의된 바 있으며, 환경보호·보존, 사회정의 구현, 경제개발 등의 개념들이 종합적으로 포함된 개념이다(Drexhage and Murphy, 2010).

지속가능한 발전과 관련된 대표적인 전략들로 탄소배출 저감, 자원/물질 순환 및 이용효율 제고, 환경보전 등을 고려할 수 있으며, 이는 재난 및 안전관리와 관련된 전략들과 연관될 수 있다(권태정, 2013; Dovers, 2004; Cutter, 2014). 예를 들어, 지속가능한

발전을 위한 대표적인 전략인 탄소배출저감은 기후변화를 저감함으로써 기후변화로 인해 발생될 수 있는 이상기후 또는 자연재해를 완화할 수 있다. 또한 자원물질순환 및 이용효율 제고 전략은 물·에너지 관련 재난(가뭄, 정전 등), 폐기물 대란 등을 예방·대비하는 데 효과적이다. 해상에서 HNS물질이 유출될 경우 사고관리의 안전문제뿐만 아니라 해양환경 및 수생태계 보존이라는 지속가능성 전략도 함께 고려되어야 할 것이다. 저소득층 및 노약자들이 거주하고 있는 곳은 범죄, 재해 취약지역인 경우가 많기 때문에 지속가능성 및 재난안전관리의 공통적인 목표가 될 수 있다. 그래서 지속가능성 개념이 재난안전관리 측면에서는 지역사회 각 부분의 재난 취약성을 최소화하고 사회 시스템의 연속성(지속성)을 유지하는 것으로 고려되기도 한다(권태정, 2013; Dovers, 2004).

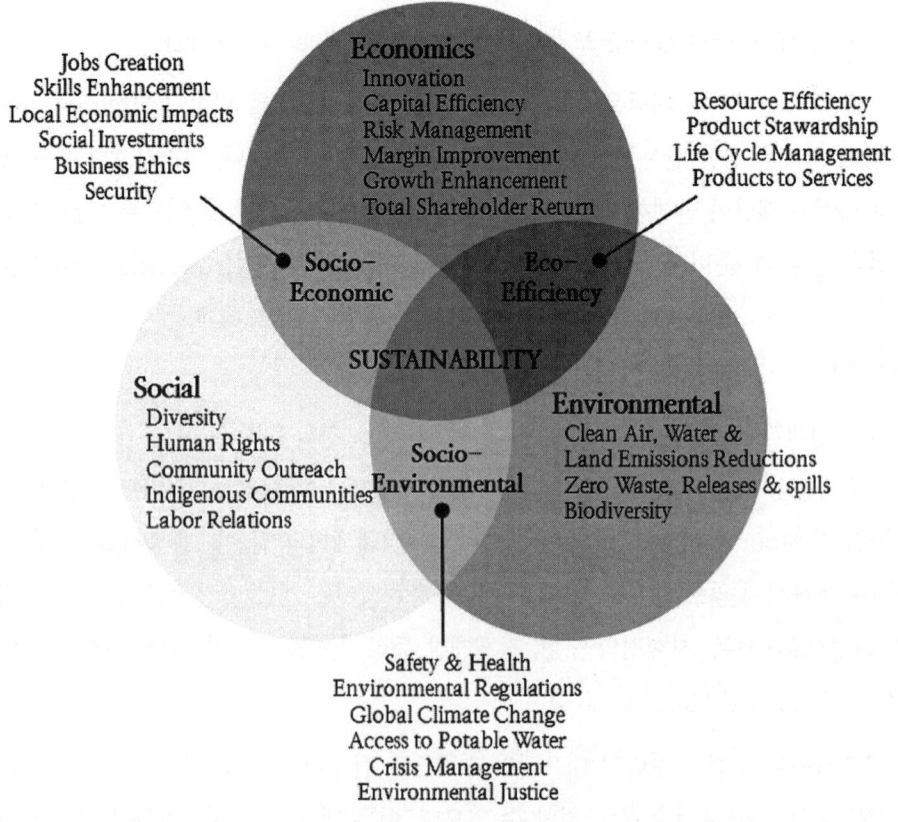

그림 3-8 지속가능성과 레질리언스 강화 3원칙

자료: Conocophillips(2006); 신상민·박희경(2015)

Chapter 05 시스템 레질리언스

5.1 시스템 레질리언스의 개념

1) 안전 레질리언스

안전 분야 레질리언스(safety resilience)는 사람 중심의 ① 인적 레질리언스(human resilience), 원상태로 되돌리는 복구 중심의 ② 커뮤니티 레질리언스(community resilience), 예측 불가능하고 항상 변화하는 상황에서 정상기능을 할 수 있는 대비 중심의 ③ 시스템 레질리언스(system resilience) 등의 세 분야로 구분한다. 인적 레질리언스는 사람이 비극, 트라우마, 스트레스로부터 극복하거나 회복하는 과정이라고 미국의 심리학회에서 주장하였다(Hollnagel, 2011; 홍성현, 2016).

커뮤니티 레질리언스는 태풍이나 호우와 같은 자연재난의 피해를 회복할 수 있는 요소 또는 사회적 기반시설, 재난관리제도, 인적·물적 자원 등을 연구하고 이에 대한 예방-대비-대응-복구의 개념을 적용하는 분야이다. 자연재난이 많은 일본에서는 커뮤니티 레질리언스를 「국토강인화 기본법」으로 제정하고 국토강인화(national resilience) 계획을 국정과제로 추진하고 있다.

여기서 인적 레질리언스 및 커뮤니티 레질리언스는 원 상태로 회복하는 복원능력과 사고나 사건의 원인을 제거하면 예방될 수 있다는 기본적인 공통 개념을 갖고 있다. 반면에 시스템 레질리언스는 Hollnagel이 주창한 안전 분야의 레질리언스 공학이론이다. 이 이론은 휴먼·커뮤니티 레질리언스의 공통 개념보다 진일보된 관점과 목표를 갖고 있으며, 의도된 결과를 이끌어내기 위한 조정 능력과 수행 능력을 필요로 한다. 인과관계에 근거하여 예방과 복구에 지나치게 집중하는 기존의 개념과는 차원이 다른 대안을 제시한다.

강상준(2017)은 레질리언스 개념에 기반을 둔 안전정책을 기존 개념 또는 지속가능 개념으로부터 차별성을 설명하였다. 그렇지 않다면 기존의 여타 개념과 차별성이 없다거나 실천성이 담보되지 않는 선언적 개념이라고 주장하였다.

한국에서 안전 분야의 '레질리언스 안전연구회'를 이끌고 있는 윤완철(2017)은 안전 분야에서의 레질리언스 공학은 사고의 가능성을 낮추고 안전상태를 최대한 지속시키기 위한 시스템 레질리언스를 설명하였다. 따라서 이는 사고나 재난이 일어나지 않도록 사전에 시스템을 조정해나간다는 뜻이며, 발생한 사고의 분석에서도 그러한 의미의 레질리언스를 그 기회에 다시 점검한다는 개념이 있다. 따라서 이 개념 속에는 레질리언스를 의역하자면 '안전탄력성'이나 그 비슷한 의미를 내포한다.

전통적인 방식으로 비유하면, 기존의 안전 관점은 '병에 걸리지 말라'고 말하는 것과 같다. 뭔가 나쁜 일을 해서 병에 걸린다면 그 말이 맞다. 그러나 아직 걸려본 적도 없는 것들을 포함해서 수백 가지의 병에 원인을 따로 정하여 그것을 모두 피하는 일은 할 수 없다. 병을 멀리한다는 말은 실제 행동을 말하는 표현이 아니고 결과적인 표현일 뿐이다. 병에 걸리지 않으려면 건강한 몸상태를 유지해야 한다. 따라서 시스템이 평소에 위험요인을 잘 알아내고 자신을 조정해 나갈 수 있다면 사고는 거의 방지될 것이라는 것이 레질리언스 관점이다.

커뮤니티 레질리언스는 도시 또는 공동체가 지진·홍수·테러·기상이변 등의 재난을 어떻게 견뎌내고 재난 후에 생명력과 활기를 어떻게 회복하는가를 말한다. 따라서 레질리언스를 '회복력·복원력 또는 회복탄력성'이라고 번역하는 것은 이 범주에서 적절한 번역이며, 이에 대응하여 시스템 안전 분야의 레질리언스 공학에 대한 한글 용어가 반드시 필요하다면 '안전탄력성'이란 표현이 적절하다. 레질리언스란 단어가 같은 개념을 가지고 여러 곳에 적용하는 것이라고 가정하고 들어가면 혼동을 피할 수 없다. 이는 마치 동명이인과 같은 관계이다. 인간과 사회의 모든 분야에서 레질리언스는 필요하고 각각의 레질리언스는 각각 뜻과 중점방향이 다를 수 있다. 당연히 같은 영어단어니까 통하는 점은 있을 것이다. 그러나 학문적 용어로서 탄생한 배경과 내포된 의미, 적용은 다 다른 것이므로 혼동해서 사용하는 것은 곤란한 일이라고 주장하였다(윤완철, 2017: 국민안전처 정책자문).

김동현(2017)은 'Hollnagel의 레질리언스 공학이론을 적용한 역량진단' 보고회에서 레질리언스에 대한 한글 용어로의 정립이 필요하다는 행정안전부의 요구에 대하여 커뮤니티 레질리언스에서는 '복원력'이란 용어가 가장 많이 쓰이고 있으나, 시스템 레질리언스에서는 한글에 맞는 용어를 찾기 어려우므로 차후 과제로 하고, 현재는 '레질리언스'라는 원어를 그대로 사용하였다.

다음 표 3-6와 같이 선행연구 논의를 종합하면, 한국에서는 아직 시스템 분야 레질리언스에 대한 합의된 용어가 없으므로 시스템 분야 레질리언스는 '레질리언스(resilience)' 원어 자체로 사용한다.

표 3-6 안전 레질리언스 등에 관한 선행연구

연구 분야	선행 연구
레질리언스 역량 개념	• Timmerman(1981). 레질리언스 개념을 방재 분야에 처음 사용, 재해 발생을 흡수하고 복구할 수 있는 능력으로 정의
	• 정지범 · 이재열(2009). '원 위치로 돌아오는(Bounce back) 능력'으로 정의
	• 정주철 · 배경완(2017). '레질리언스란 무엇인가?' 개념 정의
	• 안재현 · 김태웅 · 강두선(2017). 레질리언스 개념의 도입 필요성 주장
홀라겔의 시스템 레질리언스	• Hollnagel, E. (2011). Resilience Engineering in Practice
	• 홍성현(2016). E. Hollnagel의 Resilience Engineering 핵심요소의 상호의존성 연구
	• 윤완철 · 권혁면(2016). 특수재난관리 역량 시범진단
	• 김동현(2017). 특수재난관리 역량 진단분석 고도화 연구

자료: 홍성호(2019)

2) 시스템 레질리언스

안전 분야 레질리언스의 대표적인 이론은 Hollnagel이 주창한 시스템 분야 레질리언스 공학이론이다. 이 이론은 휴먼 레질리언스와 커뮤니티 레질리언스의 공통 개념보다 진일보된 관점과 목표를 갖고 있으며, 의도된 결과를 이끌어내기 위한 조정 능력과 수행 능력을 필요로 한다. 사람의 비극 · 트라우마 · 스트레스로부터 극복하거나 회복하는 휴먼 레질리언스나 인과관계에 근거하여 예방과 복구에 지나치게 집중하는 커뮤니티 레질리언스 등 기존의 개념과는 차원이 다른 대안을 제시한다.

안전에 대한 전통적인 기본 개념은 모든 사건 사고의 발생은 원인이 있으므로 그 원인을 제거하면, 예방이 가능하며 줄일 수 있다는 것이다. 따라서 사건 사고의 원인 파악과 대책 등에 행정력을 집중하는 등 예방 분야에 중점을 두고 있다. 반면에 레질리언스 공학은 잘된 일과 잘되지 않은 일은 서로 동일한 결과로 가정한다. 잘된 경우의 수를 증가시켜 잘되지 않는 경우의 수는 잘되는 경우의 수에 대한 반대급부로써 발생할 수 있다고 여기며, 예상하거나 예상하지 못한 사건 사고가 발생한 경우에도 필요한 기능이 유지될 수 있도록 조정할 수 있는 시스템의 능력을 중요시한다(Hollnagel, 2011).

조직과 구성원, 능력과 기술 등으로 구성된 시스템이 수없이 변하는 조건에서도 가능한 한 시스템의 기능을 지속할 수 있게 하는 방법을 탐구한다. 따라서 레질리언스 공학 이론에서 안전은 예측 불가능하고 수없이 변하는 상황에서도 정상 기능을 항상 유지할 수 있는 능력으로 정의한다. 시스템이 기능을 지속할 수 있는 대책을 찾음으로써 어떠한 상황에서도 계획한 성과를 창출할 수 있도록 시스템의 기능을 정상적으로 유지하는 능력이다(Hollnagel, 2011; 홍성현, 2016). 즉 레질리언스 공학은 사고의 가능성을 낮추고 안전상태를 최대한 지속시키기 위한 시스템이다.

5.2 시스템 레질리언스 주요 내용

1) 시스템 레질리언스 역량의 구성 요소

레질리언스 역량은 시스템이 갖고 있는 능력보다는 시스템이 무엇을 할 것인가에 대한 능력에 주목한다. 본 연구에서 다루고자 하는 레질리언스 공학은 예상하지 못한 상황이나 조건에서도 재난관리를 위한 시스템 작동이 계속 유지될 수 있으며, 그 기능의 역량이 최대한 발휘될 수 있도록 시스템 능력을 활성화하는 데 목적이 있다.

전통적인 안전에 대한 개념에서 모든 사건 사고의 발생은 원인이 있으므로 그 원인을 제거하면 예방이 가능하며 줄일 수 있다는 것이다. 그러나 현대 사회는 복잡한 조직과 사회구조 속에서 항상 변화하는 조건들과 상황들에 대해 재난관리 시스템의 수행 능력은 전통적인 개념보다 진일보한 새로운 패러다임의 적용이 필요하다. 레질리언스 공학이론은 이러한 새로운 패러다임을 제공한다. 즉 기능면에서는 장기적인 관점에서 사고 억제 및 안전 능력 향상을 위한 조직 차원의 능력, 항목에서는 안전을 유지하고 안전관리 역량 제고를 위한 기능 작동 여부, 관점으로는 무엇을 수행하고 있는지와 관련하여 조직 기능과 구성원의 수행 능력, 기준으로는 상대적인 능력으로 평가하며 미흡한 사항에 대해서는 점진적으로 개선하는 능력, 피드백에서는 조직의 장기적인 개선계획 수립과 조직 및 제도적 차원의 개선 능력 등이다.

이러한 새로운 패러다임을 기반으로 한 고 능력조직(high resilient organization)은 중대한 사고가 발생할 경우 상황을 판단할 수 있고, 대응 방법을 계획하여 그 상황에 즉각 대응하고, 평상시와 다른 비상행동으로 손실을 최소화하고, 예상하지 못한 상황에도 최적화 계획을 수립한다는 것이다. 레질리언스 요소 개념의 핵심사항은 그 기능을 조정하는 시스템의 능력이다. 이러한 각 성분에 대한 배경적 지식과 실무적 정의를 보다 구체화함으로써 Hollnagel은 레질리언스 공학의 4핵심 능력을 사전예측 능력 - 사전감시 능력 - 사전대응 능력 - 안전학습 능력으로 구성하였다(홍성현, 2016).

사전예측 능력은 감지된 내·외부 변화요인 또는 예상 가능한 사고항목들의 동향 분석 등을 통한 예측의 장기적 관점의 역량을 보유하고 있는지에 대한 능력이다. 사전감시 능력은 사고위험성 발견을 위한 현장 감지와 내·외부 환경변화 인지, 측정지표의 정의 등 상위적 감지 능력이다. 사전대응 능력은 사고 또는 재난 감소를 위한 물리적 현장대응과 내·외부 대응관련 변동사항에 대처하는 규정, 정책 등 조직적 차원의 대응 능력이다. 마지막으로 안전학습 능력은 조직적 재난안전학습 관리를 통해 경험치를 재난대응시스템 전반에 지식화하고 대응자원의 활용과 전문성을 최적화·최대화하기 위한 능력이다.

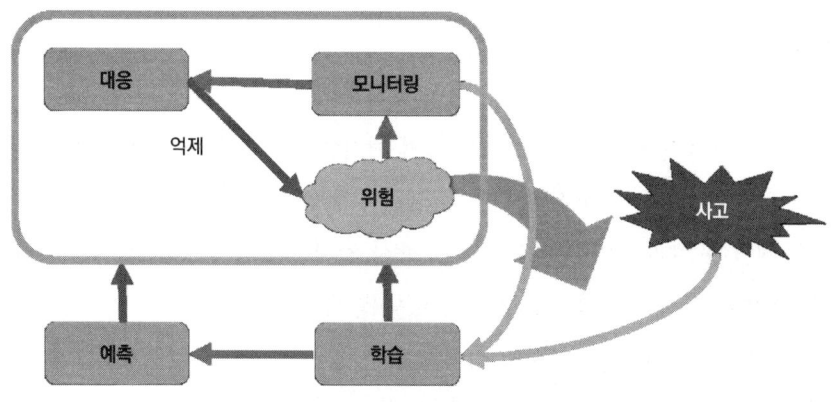

그림 3-9 시스템 레질리언스 4대 역량

자료: 윤완철 외(2020)

① 사전예측 능력

Hollnagel의 주장에 따르면, 사전예측 능력이란 무엇을 예측해야 할지를 알거나 잠재적인 위기, 위협이나 미래에 전개될 수 있는 상황의 변화 등을 예측할 수 있는 잠재적인 가능성을 관리하는 능력으로 정의한다. 예측역량은 재난관련 기관 조직이 시스템 안전과 사회위험 요소에 대한 영향 등에 대해 내·외부 환경요인과 자원의 구성 및 제도적 뒷받침 등을 진단하여 단기와 장기적인 예측을 통해 사고발생의 위험성과 사고발생 후 피해를 최소화하기 위한 사전적 대응역량을 의미한다(김동현, 2017).

사전예측 역량을 담당하는 조직은 단발적인 사후 대응 위주에서 벗어나 재난환경에 종합적으로 대응함으로써 중장기적으로 안정된 수준을 유지할 수 있는 능력이 된다. 예측할 필요 요소의 예로는 자연환경의 변화, 사회환경의 변화, 기계·전산·통신 등 시스템의 변화, 인적 요소들의 변화 등을 고려해야 한다. 사전예측 역량의 기능은 사건발생에 유발되는 업무로 구성되지 않고 정기적·주기적·지속적·상시적으로 활동이 이루어져야 하며, 예측업무 담당부서는 이와 관련된 예측항목과 분석하기 위한 새로운 기술의 활용 등으로 시스템 전반의 발전을 이끌어 역량을 강화해야 한다.

사전예측 역량을 측정하기 위한 지표는 ① 전문지식, ② 예측빈도, ③ 정보공유, ④ 예측모델, ⑤ 예측시간, ⑥ 예측신뢰성, ⑦ 의사결정, ⑧ 조직의식, ⑨ 예측자원, ⑩ 자원효율로 구성되어 있다. 김동현(2017)은 Hollnagel이 공학이론에 제시한 사전예측 분석용 지표를 한국의 특성에 맞게 13문항으로 재구성하였으며, Delphi 분석을 통하여 6항목으로 재설계하였다(표 3-7).

② 사전감시 능력

사전감시 능력이란 무엇을 사전감시해야 할지를 알거나, 상황의 변화 가능성에 대해 신속한 대응이 필요하다는 것을 사전감시하여 위기상황을 관리하는 능력으로 정의한다. 사전감시 역량은 재난관리 조직이 외부 환경인자 변수와 내부 안전유지 상태를 확인하고 임박한 재난 또는 사고의 발생 가능성을 즉시 인지하는 능력으로 정의할 수 있다. 재난은 선형적으로 발생되지 않고 다양한 경로를 통해 발생하므로 재난 가능성을 차단할 수 있는 모니터링 기능이 충분히 구비되어야 한다.

표 3-7 사전예측 능력 분석용 지표

분석 요소	분석 항목
전문지식	① 다가올 재난예측을 위해 내·외부 지식의 활용수준은 적절한가? ☞ 재난예측을 위해 관련 법·제도, 기관, 부서, 담당자 차원에서 지속적으로 외부 상황변화 관찰, 새로운 예측기법 개발, 예측진단의 신뢰도 향상을 위한 활동 등 내·외부 지식활용 수준을 진단
정보공유	② 재난의 예측결과가 조직 내 의사결정에 반영되고, 이를 토대로 시스템 전체의 재난관리 기능에 활용되고 있는가? ☞ 조직은 예측결과가 급박하거나 필수적이라고 생각하지 않기 쉬우며, 이에 대처하지 않아도 책임이 따르지 않음. 예측결과가 조직과 시스템에 반영되지 않는 프로세스라면 무용지물임. 따라서 예측결과가 의사결정에 반영되는지 또한 시스템 상에서 얼마나 활용되는지를 진단
신뢰성	③ 재난 위험에 대한 수용 여부를 판단하는 기준은 명확하게 정해져 있는가? ☞ 재난은 상시 존재하기 마련이며, 조직에서 수용 가능한지, 재난을 수용 가능하도록 자원들이 갖추어져 있는지 등 판단기준 유무를 진단
미래에 대한 가정(예측모델)	④ 미래 재난을 예측하기 위한 확실한 모델들을 조직 내에서 가지고 있는가? ☞ 조직에서 관리하고 있는 재난 사고항목(유형)에 대해 발생 가능성을 예측하기 위한 모델들을 갖추고 있는가를 진단
예측시간 (time horizon)	⑤ 조직 내 다른 업무 분야도 재난예측 결과에 따른 비상시 대응업무를 수행할 수 있도록 인력 및 임무할당이 되어 있는가? ☞ 재난예측 전파로 다른 업무 분야에서 단계별 대응업무지원 조치가 이루어질 수 있도록 인력이 구성되고 임무가 할당되어 있는지를 진단
조직의식	⑥ (조직인식) 조직 내에서 재난관련 위험요소에 대한 인식 수준은 어떠한가? ☞ 조직 내에 재난에 대한 위기의식과 함께 기관의 주요 업무내용으로 명시되어 있고, 담당부서 뿐만 아니라 기관 전체에서 위험요소의 중대성·심각성을 공감하고 있는지 재난담당자가 인식하고 있는 수준을 진단

자료: 김동현(2017); 홍성호(2019) 재구성

사전감시 역량 측정은 표 3-8과 같이 개인 차원에 초점을 두는 것이 아니라 조직적인 시스템 관점에서 고려된다. 현장에서 특정 담당자가 위험을 감지하였다 하더라도 조직적으로 이에 대한 세부 사전감시와 대응과정으로 연계되지 않는다면 재난관리 역량으로서 무의미하다. 따라서 시스템 또는 인적 자원을 통한 재난의 감지가 최종 재난관리 결정권자로 이어지는 과정에서 조치해야 하는 확인 사항들이 연계되어 작동되어야 한다.

사전감시 역량의 측정 요소는 ① 지표목록, ② 적합성, ③ 지표유형, ④ 선행평가타당성, ⑤ 시간지연, ⑥ 측정유형, ⑦ 측정빈도, ⑧ 분석적합성, ⑨ 유효성, ⑩ 조직지원으로

표 3-8 사전감시 능력 분석용 지표

분석 요소	분석 항목
측정지표목록	① 사전감시 지표항목을 결정하는 수준과 모니터링 수준은 적절한가? ☞ 사전감시 지표항목을 결정하는 근거는 무엇이며, 결정된 지표항목에 대하여 상시적으로 모니터링이 이루어지는가를 진단
지표유형	② 지표들이 경과지표·현재지표·선행지표로 구분되어 있고, 이들 조합의 수준이 적절한가? ☞ 사전감시 지표들이 재난발생 시점 기준으로 시계열적으로 경과-현재-선행지표들로 구분되어 있고, 이들의 조합 수준이 적절한지를 진단
선행평가 타당성	③ 선행지표 평가를 위해 명시된 프로세스 모델이 이용되고 있는가? ☞ 선행평가를 위해 절차와 방법들이 명확한 모델로 규정되어 이용되고 있는지 진단
분석시간	④ 측정과 분석-결과 사이 지연시간은 적절한가? ☞ 사전감시 측정항목의 측정-분석-결과도출·활용까지의 소요시간 또는 지연시간을 진단
조직지원	⑤ 지표에 의한 사전감시 결과의 검토 수준은? ☞ 지표에 의한 사전감시 결과에 대해 적정주기로 전문가 검토 등이 이루어지고 있는지(규칙성, 주기성, 전문성 등)를 진단
측정빈도	⑥ 측정빈도의 수준은? (재난사고항목〈유형〉별 측정빈도의 적절성) ☞ 사전감시 시 재난사고항목(유형)별 측정빈도의 적절성을 진단 - 실시간 가변과 준가변 항목에 대한 측정빈도의 적절성에 대한 진단

자료: 김동현(2017); 홍성호(2019) 재구성

구성되어 있다. 김동현(2017)은 Hollnagel이 공학이론에 제시한 사전감시 능력 분석용 지표를 한국의 특성에 맞게 14문항으로 재구성하였으며, Delphi 분석을 통하여 6항목으로 재설계하였다.

③ 사전대응 능력

사전대응 능력이란 무엇을 대응해야 할지를 알거나 또는 통상적이거나 이례적인 변화, 위기, 위협 등에 대하여 진행과정을 조정하거나 기존의 대응방법을 현실상황에 맞게 관리하는 능력으로 정의한다. 사전대응은 재난관리 조직이 재난사고와 피해를 줄이고 대형재난으로 확대되기 이전단계까지 조직화된 시스템으로 내부 또는 외부 연계된 대응단위 조직들의 유기적인 대응활동 능력으로 정의할 수 있다.

레질리언스 공학관점에서의 사전대응 해석은 사고발생 후 현장대응 능력에 치중하지 않고 사고발생 자체를 억제하려는 목표를 근간에 두고 정책과 조직, 자원의 역량 등의 기능을 확보하는 것이다. 따라서 사전대응 역량은 현장에서 이루어지는 현장대응과 정책상 판단 또는 관리의 관점에서 이루어지는 정책대응 두 가지 관점이 모두 고려되어야 한다.

사전대응 역량의 측정 요소는 ① 사고항목, ② 선정근거, ③ 개정 적절성, ④ 개시기준, ⑤ 행동기준, ⑥ 신속성, ⑦ 지속시간, ⑧ 자원동원, ⑨ 종료기준, ⑩ 대기기준으로 구성되어 있다. 김동현(2017)은 Hollnagel이 공학이론에 제시한 사전대응 능력 분석용 지표를 한국의 특성에 맞게 15문항으로 재구성하였으며, Delphi 분석을 통하여 6항목으로 재설계하였다(표 3-9).

표 3-9 사전대응 능력 분석용 지표

분석 요소	분석 항목
재난목록	① 대응을 위한 재난목록은 합리적이며 충분한가? ☞ 조직에서 예상하고 있는 재난발생 가능성이 있는 재난항목 설정은 합리적으로 구성되어 있으며, 예측하지 못한 재난발생 시 유연하게 대응할 수 있는 보완성에 대비하고 있는지에 대한 역량 진단, 공식적인 항목에 대해 목록화가 되어 있는가에 대해서도 확인
선정 근거	② 재난사고항목에 대한 특정 근거가 있는가? (경험, 규제, 위험성평가 등) ☞ 재난사고항목에 대한 근거 기준 유무 등을 진단
행동 기준	③ 재난목록별로 재난대응 준비의 적절성은? ☞ 각 재난사고항목(유형)별 재난대응을 위한 준비사항 및 경험적 재난대응훈련 등 실행력 진단 시 재난대응 준비가 적절한지 여부 또는 이와 관련된 재난대응 모델이 구축되어 있는지에 대한 진단
신속성	④ 대응행위가 총력대응 상태로 되기까지 시간은 적절한가? ☞ 사전예측-사전감시로 재난발생 가능성 확인 후 대응을 개시하고, 이후 중수본-중대본 단계로 확대되어 총력대응이 이루어지는 단계까지의 대응행위 시간이 적절한지를 진단
자원 동원	⑤ 대응을 위한 자원동원은 충분한가? ☞ 대응을 위한 기관차원의 자원 확보, 동원 가능한 자원 구성에 관한 역량 진단
종료 기준	⑥ 재난의 상태 판정으로 재난 종료 및 정상상태로 돌아가기 위한 기준은 있는가? ☞ 대응 이후 재난 종료를 선언하기 위한 기준이 있는가, 종료 이후 추가적인 모니터링 등에 대한 사항이 명시되고 그 내용이 적절한가?

자료: 김동현(2017); 홍성호(2019) 재구성

④ 안전학습 능력

안전학습 능력이란 무엇이 발생하였는지를 알거나 발생한 사실 상황이나 경험으로부터 배울 수 있는 능력으로 정의한다. 안전학습은 재난관리 조직이 내·외적 경험과 지식들에 대해 개인적 안전학습 역량을 강화하는 것에 목표로 두지 않고 개인의 전문성이 조직전반의 지식으로 확대·활용하기 위해 지식과 전문성에 대해 현장 활용 가능한 조직적 축적, 지식화를 확보하는 능력으로 정의할 수 있다. 재난관련 기관의 체계적인 안전학습 관리는 경험의 공유, 학습관련 제도 마련, 업무반영 피드백 등의 개인 및 조직과 연계된 안전학습 지식시스템 관리가 이루어져야 한다.

안전학습 역량의 측정요소는 ① 선택기준, ② 학습기준, ③ 학습자료, ④ 분류방법, ⑤ 학습빈도, ⑥ 학습자원, ⑦ 신속학습, ⑧ 학습목표, ⑨ 학습실행, ⑩ 검증/운영으로 구성되어 있다. 김동현(2017)은 Hollnagel의 공학이론에 제시한 안전학습 능력 분석용 지표를 한국의 특성에 맞게 14문항으로 재구성하였으며, Delphi 분석을 통하여 선택기준, 학습기준, 학습빈도, 학습검증, 신속학습, 학습운영 등 6항목으로 재설계하였다(표 3-10).

표 3-10 안전학습 능력 분석용 지표

분석 요소	분석 항목
선택 기준	① 학습항목의 선택기준의 적정성은? ☞ 학습항목 선택할 때 그 기준이 체계적인가? 임의적인가?을 진단
학습 기준	② 실패 사례와 성공 사례 또는 자주 발생하는 재난, 그렇지 않은 재난 등 모두를 학습하고 있는가? ☞ 합리적인 학습 기회는 자주 발생하지 않는 실패 사례, 공통적으로 발생하는 성공 사례도 포함하여야 함. 실패 사례만을 학습한다면 고전적인 관점으로, 레질리언스 공학적 관점을 추가 적용하여 감추어진 내면의 메커니즘을 알아내고 조직의 적응력을 키울 수 있는 학습을 하는지 진단
학습 빈도	③ 재난학습이 연속적-지속가능하게 이루어져 있는가? ☞ 재난으로 인한 학습 기회가 발생되지 않더라도 학습의 지속차원에서 발생 가능성이 있는 재난에 대한 정기적/비정기적 학습 기회(학점제, 별도의 커리큘럼)의 빈도가 충분한지 진단
학습 검증	④ 학습성과에 대한 검증(피드백)의 수준은? ☞ 안전학습의 결과가 업무에 반영되는 등 학습성과의 검증 수준을 진단
신속 학습	⑤ 재난분석 결과는 조직 내·외부에 어느 정도 신속하게 보고·활용되고 있는가? ☞ 발생재난에 대한 사후분석 결과가 조직 내·외부에 보고 및 활용시간의 신속성을 진단
학습 운영	⑥ 학습한 내용을 현장에서 활용하는 활동이 유지 및 지속되도록 규칙과 지침이 확립되어 있는가? ☞ 학습에 따른 현장 활용 유지 및 지속되기 위한 문서화 확립 수준을 진단

자료: 김동현(2017); 홍성호(2019) 재구성

안전학습 능력은 조직적 재난안전학습 관리를 통해 경험치를 재난대응시스템 전반에 지식화하고 대응자원의 활용과 전문성을 최적화·최대화하기 위한 능력이다. 특정 대상 영역이나 조직의 합리적 안전을 위하여 핵심 4요소 능력의 상대적 비중이나 중요성을 결정할 필요성이 있다. 즉 핵심 4요소 능력이 어느 정도 필요한지를 결정해야 한다. 상대적 비중이 어느 정도인지 수치적으로 정하기는 어렵지만 평가 또는 분석하여야 할 시스템에 대한 특징과 전문가들의 지식과 경험을 바탕으로 기준을 설정하여야 한다.

레질리언스 요소 개념의 핵심사항은 그 기능을 조정하는 시스템의 능력이다. 환란에 빠졌을 때 급속히 대응할 수 있으며, 손실을 최소화하며, 예상치 못했던 것에도 최적화 계획을 수립하는 것이다. 그러나 사전예측 - 사전감시 - 사전대응 - 안전학습 역량 등 레질리언스의 핵심 4요소가 고르게 향상되어야 하며, 어느 한 요소가 모자란다면 레질리언스 공학적 능력은 융화되지 못하고 시너지효과도 바랄 수 없다는 것이 Hollnagel의 주장이다. 레질리언스 핵심 4역량 40요소는 표 3-11과 같다.

표 3-11 레질리언스 핵심역량 분석요소

사전예측 역량	사전감시 역량	사전대응 역량	안전학습 역량
① 전문지식	① 지표목록	① 사고항목	① 선택기준
② 예측빈도	② 적합성	② 선정근거	② 학습기준
③ 정보공유	③ 지표유형	③ 개정적절성	③ 학습자료
④ 예측모델	④ 선행평가	④ 개시기준	④ 분류방법
⑤ 예측시간	⑤ 시간지연	⑤ 행동기준	⑤ 학습빈도
⑥ 예측신뢰성	⑥ 측정유형	⑥ 신속성	⑥ 학습자원
⑦ 의사결정	⑦ 측정빈도	⑦ 지속시간	⑦ 신속학습
⑧ 조직의식	⑧ 분석적합성	⑧ 자원동원	⑧ 학습목표
⑨ 예측자원	⑨ 유효성	⑨ 종료기준	⑨ 학습실행
⑩ 자원효율	⑩ 조직지원	⑩ 대기기준	⑩ 검증/운영

자료: 홍성호(2019) 재구성

2) 재난관리와 시스템 레질리언스 비교

① 미국의 재난관리

미국은 9.11 테러를 반영한 국가안전과 재난을 통합하여 국가대비(PPD-8)를 제정하고 통합적 재난관리를 예방-보호-경감-대응-복구 등 5요소로 정의하였다. 예방은 테러의 위협이나 실제 발생하는 위험을 회피하거나 방지 또는 중지하는 데 필요한 능력을 의미한다. 보호는 테러행위와 자연 또는 사회재난에 대해 국토를 보호하기 위해 필요한 능력과 기능을 의미한다. 보호기능은 대량살상무기 위협에 대한 방어, 농업과 식품이 보호, 중요한 인프라 보호, 주요 지도부와 행사의 보호, 국경 보안, 해상보안, 운송보안, 이민보안 및 사이버 보안까지 광의적인 기능이다.

경감은 재난의 영향을 감소시킴으로써 생명과 재산의 손실을 줄이기 위해 필요한 기능을 의미한다. 경감기능은 사회 전체 위험감소 프로젝트, 주요 인프라 및 자원의 회복력 개선, 재난이나 테러 행위에 대한 위험 경감, 미래의 위험을 줄이는 계획까지 광의적인 기능이다. 대응은 생명을 구하고 재산과 환경을 보호하고, 재난이 발생한 후 인간의 기본적으로 필요로 하는 부분을 충족시키는 데 필요한 능력과 기능을 의미한다.

복구는 효과적으로 복구할 사고에 의해 영향을 받는 지역사회를 지원하기 위해 필요한 기능을 의미하지만, 인프라 시스템을 재구축하는 정도에 국한되지 않고 생존을 위해 적합한 중·장기 하우징을 제공, 건강, 사회, 지역사회 서비스를 복원, 경제발전을 촉진, 자연과 문화 자원을 복원하는 것까지 광범위하다. 이와 같이 미 위기관리 보호-경감 단계는 한국의 재난관리 '대비' 또는 레질리언스 핵심 4역량과 유사한 개념으로 분석하였다.

② 한국의 재난관리

한국은 2003년 대구 지하철 방화사건을 계기로 「재난 및 안전관리 기본법」을 제정하고, 재난관리를 예방 - 대비 - 대응 - 복구 등 4단계로 정의하였다. 즉 각종 재난으로부터 국민의 생명과 재산을 보호할 목적으로 안보개념은 제외된 국가재난관리로 정의하였다. 따라서 한국의 재난관리 '대비'단계는 미국의 '국가대비(PPD-8)'와 비교하는 것은 적절하지 않으며, 위기관리 '보호 - 경감'단계에 해당한다.

예방단계는 재난이 실제로 발생하기 전에 재난 촉진요인을 미리 제거하거나 재난요인이 가급적 표출되지 않도록 억제 또는 예방하기 위해 위험감소계획을 집행하고 장기적인 위험의 정도를 감소시키려는 활동이다. 이 단계는 계획·규제·조세제도·재난관리정보체계 등의 도구를 활용할 수 있다(정준금, 1995).

대비는 재난발생 시 재난대응을 위한 운영능력을 향상시키려는 활동으로 필요 자원의 사전 확보와 다양한 재난대응 기관들의 협업, 재난관리자의 훈련, 재난대응계획의 사전 개발과 경보체계 및 다른 수단을 준비하는 일련의 활동이다(채경석, 2004).

대응단계는 실제로 재난이 발생한 경우 재난관리 관련 기관들이 수행하여야 할 각종 임무 및 기능을 적용하는 활동과정이다. 이 단계는 재난 예방·대비단계와 상호연계하여 또 다른 손실 발생가능성을 감소시키고 재난복구단계에서 발생할 수 있는 문제들을 최소화시키는 활동 국면을 의미한다(임현진 외, 2003).

재난관리 복구단계는 재난이 발생한 직후부터 피해지역의 재난이 발생하기 이전의 원 상태로 회복될 때까지 활동으로서 초기 회복기간으로부터 정상상태로 돌아올 때까지 원조 및 지원을 제공하는 지속적인 활동이다(이재은, 2006).

홀라젤이 주장하는 레질리언스 공학이론의 핵심 4역량은 한국의 재난관리대비단계와 거의 유사한 개념이다.

③ 시스템 레질리언스 핵심역량

레질리언스 공학의 핵심 4역량은 홀라젤 교수가 주장하는 안전공학 이론으로, 사전예측 능력은 감지된 내·외부 변화요인 또는 예상 가능한 사고항목들의 동향분석 등을 통한 예측의 장기적인 관점의 역량을 보유하고 있는지에 대한 능력이다. 사전감시 능력은 사고 위험성 발견을 위한 현장 감지와 내·외부 환경변화 인지, 측정지표의 정의 등 상위적 감지능력이다. 사전대응 능력은 사고 또는 재난 감소를 위한 물리적 현장대응과 내·외부 대응관련 변동사항에 대처하는 규정, 정책 등 조직적 차원의 대응능력이다. 마지막으로 안전학습 능력은 조직적 재난안전학습 관리를 통해 경험치를 재난대응시스템 전반에 지식화하고 대응자원의 활용과 전문성을 최적화·최대화하기 위한 능력이다.

이와 같이 홀라젤의 레질리언스 핵심 4역량은 미국의 위기관리 보호-경감 단계 또는 한국의 재난관리대비단계에 대부분이 해당하는 사항으로 분석하였다.

④ 재난관리와 시스템 레질리언스 비교

미국 「국가대비」의 통합적 재난관리 5요소와 한국의 재난관리 4단계는 법률로서 정해진 국가정책이며, 홀라겔의 레질리언스 핵심 4역량은 학자가 주장하는 이론이나 역할과 활동 등 기능을 중심으로 상호비교할 경우 표 3-11과 같이 통합적 재난관리 보호-경감 요소와 재난관리대비단계, 그리고 레질리언스 핵심 4역량은 상호 비슷한 역할과 활동으로 이루어져 있는 것으로 분석되었다.

세 분야의 제정취지와 중점사항을 비교해 보면, 미국은 2001년 9.11테러 이후 통합적 재난관리에 중점을 두어 「국가대비」를 제정하고 재난관리 5요소를 지정하였다. 통합적 재난관리 5요소 중 보호의 8역량과 경감의 4역량 등은 테러 등 국가안전에 따른 재난관리 역량에 집중되어 있다. 한국은 2003년 대구 지하철 방화사건 이후 국가재난에 중점을 두어 「재난 및 안전관리 기본법」을 제정하고 재난관리 4단계를 지정하였다. 재난관리 4단계 중 대비단계의 10개 조항은 국가안전보다는 국가재난을 관리하기 위한 조항으로 구성되어 있어 통합적 재난관리 보호-경감의 역량 요소와는 다르다.

표 3-12 재난관리와 시스템 레질리언스 비교

통합적 재난관리 5요소 32역량	예방(4) 수사기법/원인 규명 능력 등 4역량	보호(8) 접근통제 등 8역량	경감(4) 커뮤니티 레질리언스 등 4역량	대응(11) 상황대처능력 등 11역량 ⇑ NRF, NIMS	복구(5) 경제회복 등 5역량
재난관리 4단계 49조항	예방(13) 재난예방조치 등 13조항	대비(10) 재난관리자원의 비축 등 10조항		대응(15) 재난사태 선포 등 15조항 ⇑ 위기경보	복구(11) 재난피해신고 등 11조항
레질리언스 4역량 40요소	사전예측(10) 전문지식 등 10요소	모니터링(10) 지표목록 등 10요소	사전대응(10) 사고항목 등 10요소	안전학습(10) 선택기준 등 10요소	

자료: 홍성호(2019)

홀라겔은 산업재해 발생에 따른 시스템 분야에 중점을 두어 「레질리언스 공학이론」을 주창하고 역량진단 4핵심요소를 지정하였다. 역량진단 4핵심요소 40개의 분석요소는 국가안전 또는 국가재난보다는 산업재해에 대비한 시스템 분석요소로 구성되어 있어 상호 비교되는 항목은 없다. 따라서 통합적 재난관리 역량, 재난관리 항목과 레질리언스 역량 요소를 세부적으로 비교한다는 것은 의미가 없으며 다만, 활동이나 기능면에서는 모두 대비 분야에 중점을 두고 있다.

06 상징적 레질리언스

6.1 상징적 레질리언스의 개념

1) 인간의 부흥(復興)이란?

부흥의 국어사전 의미는 '쇠잔하던 것이 다시 일어남'으로, 일본에서는 레질리언스의 개념으로 사용하고 있다. 따라서 '인간의 부흥'은 재해로부터 폐허가 된 지역사회에 다시 사람들이 돌아오게 하는 새로운 레질리언스 개념이다. 이 개념을 한국에 소개한 학자는 관서학원대학 재해부흥제도연구소 부소장인 山泰幸(Yoshiyuki YAMA) 교수가 충북대학교 국가위기관리연구소장인 이재은 교수의 초청으로 2019.5.31. 국가위기관리연구소에서 인간의 부흥을 주제로 강연하면서 소개되었다.

2) 사전 부흥이란?

① 재해가 발생했을 때를 가정하여, 피해를 가능한 한 줄이기 위해 미리 도시계획이나 마을 만들기를 진행하는 것이다. 이것은 토목공학계로 말하자면 하드웨어적인 방재 발상의 연장에서 나온 생각이다. 최근, 도시부의 목조주택 밀집지역 등에서 시행하고 있는 '사전 부흥 도시 만들기' 등은 이것에 포함된다.

② 재해 발생 후에는 가능한 한 신속히 부흥에 관한 조직을 만들거나 합의 형성을 진행하여야 하며, 그것을 위한 순서나 절차 등을 사전에 명확화하고 준비를 진행하는 것이다. 이는 즉 소프트웨어적인 방재로부터 나온 생각으로서 주로 사회과학의 연구자에게 지지를 받고 있다.

③ 이와 함께 재해를 상정해 지역주민이 방재에 한정하지 않고, 지역 전체의 약점을 스스로 발견한 다음, 그 극복책을 스스로 생각해 재해 전부터 실행하는 것을 사전 부흥(pre-revitalization and pre-disaster risk reduction)이라고 볼 수 있다. 특

히 과소지역에서는 진행되는 과소를 '또 하나의 재해'로 보고, 재해 후의 부흥을 염두에 두면서 동시에 과소로부터의 지역 부흥을 추진하는 '이중 사전 부흥'의 시도가 요구된다.

3) 상징적 부흥(symbolic revival)이란(사전 부흥의 힘을 결정하는 요인들)?

① 그래도 여기서 살아가야만 하는 사람들이 있는 것
② 사람과 사람의 관계가 있는 것, 특히 신앙, 자연, 생활환경 등을 통해 사람과 사람의 관계가 살아 있는 것
③ 때와 장소를 가리지 않고 공통의 가치와 규범이 있으며, 외부와의 적당한 교류가 있는 것
④ 전통문화와 문화유산 등 각각의 커뮤니티가 중요하다고 생각하며, 온 마음의 의지가 지켜지고 있는 것으로 '상징적 부흥'이라 정의했다(Yoshiyuki YAMA, 2006).

6.2 상징적 레질리언스의 주요 내용

1) 방재와 커뮤니티 만들기

커뮤니티 또는 방재 어느 쪽에서도 좋다. 각각의 커뮤니티의 특징을 살려서 시작하면 된다.

① 지역사회 만들기에서 방재는 예를 들어 방범 활동이 활발, 지역축제에 대한 열심, 환경보호 활동, 문화재 보존회 활동 등 시작은 뭐든지 좋다. 지역이 함께 할 과제이면 된다.
② 방재 대처에서 공동체 형성은 예를 들어 자주 방재 조직의 출범 계기가 지역의 방재 의식이 높아져 커뮤니티 만들기로 발전하거나, 유치원·초등학교와 연계하여 어린이에 대한 방재 교육을 통해 보호자(젊은 연령)도 참가하는 방안 등이 있으며, 어떤 경우에도 커뮤니티 만들기가 필요하다. 그러나 공동체 형성은 시간이 걸리므로 느긋하게 임해야 한다.
③ 상징적 부흥을 위하여 지역의 관계 단체와 제휴를 추진, 지역 유관 단체와의 연계로 통제력을 높여야 할 필요가 있다. 왜냐하면 리더의 능력, 성격, 주위와의 관계에

따라 성과가 달라지기 때문에 전문적인 기술력과 조직력을 겸비한 소방서와 제휴를 추진하여 지역 방재 기술의 지도자로서 자체적 방재 조직의 기술력 향상에 도모한다. 기술력과 조직력을 겸비한 지역단체가 방재력도 강하다.

④ 지도자는 지역에서 활동하고 있는 단체와의 네트워크를 코디네이터한다. 또, 방재 조직원의 특기를 파악하여 살린다. 예를 들어, 중장비를 보유하고 사용할 사람, 기기와 기계에 강한 사람, 구조의 지식·기술이 있는 사람 등 기존의 조건을 어떻게 효과적으로 활용할 수 있을지가 매우 중요하다.

⑤ 지역을 알고 지역사회의 구조를 파악
  ㉠ 지역의 풍토·환경·입지 등의 특징을 파악하고, 그에 따른 대책을 생각한다.
  ㉡ 회원세대의 소재와 인원수, 요구조자를 파악하고, 그에 따른 대책을 생각한다.

그러나 실제 재해 상황에 따라 임기응변으로, 언제 올지 모르는 재해에 대한 방재 의식을 유지하고 훈련 연습을 계속하기는 어려우므로 방재라고 말하지 않아도 결과적으로 방재에 연결되는 연구를 하여야 한다. 예를 들면, 축제와 행사 등의 일부에 포함하여 참가자들이 즐길 수 있고 즐거움이 되는 것 등이다.

2) 상징적 부흥

재해 커뮤니티의 복구·부흥은 자연과학계의 분야, 특히 건설공학적인 지식과 기술이 동원됨으로써 도시계획의 발본적인 재검토나 재개발이라는 방향으로 진행되어 왔다. 이와같이 부흥 개념이 건설공학적인 지식과 기술에 의존하고 있는 한, 부흥의 내용도 건설공학적으로 보다 좋은 것을 만드는 것으로 귀착한다. 그러나 재해 커뮤니티의 부흥에는 하드뿐만 아니라 소프트인 면에 대한 배려·고안이 필요하다. 소프트웨어라는 말에 애매하게 표현되어 있는 경험적 지식을 명확하게 개념화하고 이론적으로 근거를 두는 '상징적 부흥(symbolic recovery)'이라고 하는 작업이 필요하다(Yoshiyuki YAMA, 2006).

상징적 부흥이라고 하는 생각의 전제에는, 사람들이 '이것으로 부흥했군!'이라고 하는 실감을 얻을 수 없으면, 토목공학을 시작으로 하는 객관적인 기준에서는 부흥하고 있다고 간주된다고 해도 부흥은 달성되어 있지 않다는 인식이 있다. 부흥은 재해지역 커뮤니티의 사람들에게 부흥감을 양성하여 사람들이라는 상처받은 마음을 상징적으로 회복·

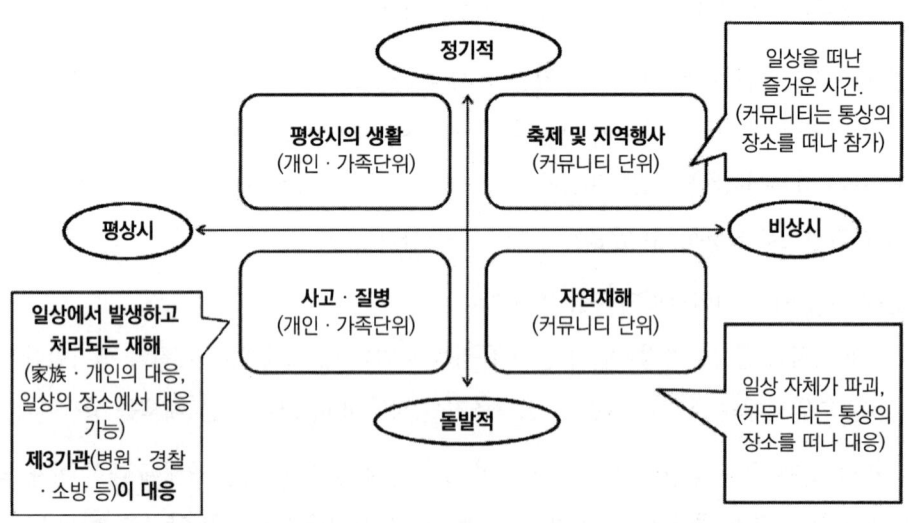

그림 3-10 사전-사후 재해 대응과 사회의 관계

자료: Yoshiyuki YAMA, 2006. 재구성

치유하는 것이어야 한다. 사람들이 부흥감을 획득하기 위해서 예를 들면, 재해 지역의 사람들과의 마음의 근거(심벌)인 축제의 재개나 문화유산의 복구 등의 대처가 중요하다고 생각하고 있다. 이러한 관점으로부터 부흥 개념을 보는 것에 의해 지원의 대상이나 방법도 변화해 올 것이라고 생각하고 있다.

3) 부흥 올림픽

일본은 2020올림픽[33]을 개최하면서, 2011년 동일본 대지진과 초대형 쓰나미로 원자력발전소 방사능이 누출되어 폐허가 된 후쿠시마 지역을 대상으로 인간의 부흥과 부흥 올림픽을 시도하였다. 일본 정부는 '부흥 올림픽'이라는 콘셉트로 도쿄올림픽과 패럴림픽 기간 동안 동일본 대지진과 핵발전소 사고 여파가 컸던 도호쿠(東北) 지역을 전 세계에 보여주겠다는 목표를 세웠다.

---

33) 2020 올림픽이었으나 코로나19의 영향으로 2021.7.23.~8.8. 개최, 일본은 '부흥 올림픽'이라는 콘셉트로 후쿠시마 야구경기장에서 6경기, 미야기 축구경기장에서 2경기를 진행하였다.

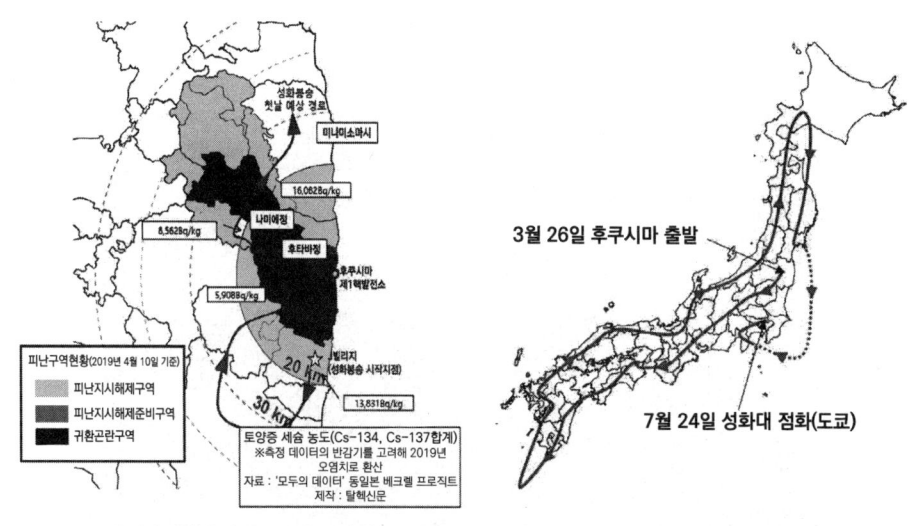

| 도쿄올림픽 성화 출발(후쿠시마 J빌리지) | 도쿄올림픽 성화봉송로 및 일정 |

자료: 탈핵신문(https://nonukesnews.kr)

그림 3-11 도쿄올림픽 성화 출발지와 봉송일정

이를 위해 후쿠시마 히로노마치(広野町)와 나라하마치(楢葉町)에 J빌리지를 건설하여 지역 부흥을 꾀하고자 했는데, J빌리지는 축구경기장, 넓은 연습장, 컨벤션 기능을 갖춘 숙박동으로 구성되어 있는 곳이다.

가장 논란이 되는 것은 성화의 출발지점이다. 도쿄올림픽 조직위원회는 성화 출발지점으로 후쿠시마 핵발전소에서 20km 정도 떨어진 축구 경기장 'J 빌리지'를 선정했다. 이곳은 후쿠시마 핵발전소 사고 당시 사고 대응의 전초 기지 역할을 했던 곳이다. 이곳에는 각종 소방차와 방사선 측정 차량 등이 항시 대기하고 있었고, 한때 1천 명의 인원이 숙박과 식사를 해결하며 후쿠시마 복구작업을 진행했다. 당시 일본 언론은 연일 후쿠시마 상황을 보도할 때마다 J빌리지의 상황을 전했다.

J빌리지를 성화 봉송지역으로 선정한 것은 과거 언론에 많이 노출되었던 재해지의 깨끗한 모습을 통해 '복구가 완료되었다'는 메시지를 전하기 위함이다.

일본은 이를 위해 야구와 소프트볼 여섯 경기를 후쿠시마시에 있는 아즈마 구장에서 진행하고, 축구 경기를 미야기현 미야기 스타디움에서 진행하였다. 그러나 후쿠시마 지역에서는 '부흥 올림픽' 반대 시위가 열리는 등 참가선수들과 여행객은 물론 자국 국민의 호응이 기대에 못 미쳤다고 알려져 있다(탈핵신문, https://nonukesnews.kr).

후쿠시마현 야구 경기장

미야기현 축구 경기장(미야기 스타디움)

그림 3-12 부흥 올림픽을 위하여 건설한 야구 경기장과 축구 경기장

자료: 탈핵신문(https://nonukesnews.kr), 나무위키

07 Chapter
분야별 레질리언스 연구 및 적용 사례

7.1 휴먼 레질리언스

1) 세월호 참사 피해자 건강 및 생활실태 조사·연구 사례

① 연구 배경

세월호 참사의 피해자들이 참사 이후 외상 경험은 정신건강 의학적 진단의 범주에 들어가지 않는 다양한 심신의 변화를 일으키고, 신체적 건강 상태, 대인과 가족관계, 삶의 질, 경제 활동 등 생활 전반에 큰 영향을 주므로 종합적인 관찰이 필요하다. 특히 장기간 코로나19 재난 상황이 겹치게 됨에 따라 기존에 겪고 있는 심리·정서적 불편함이 더욱

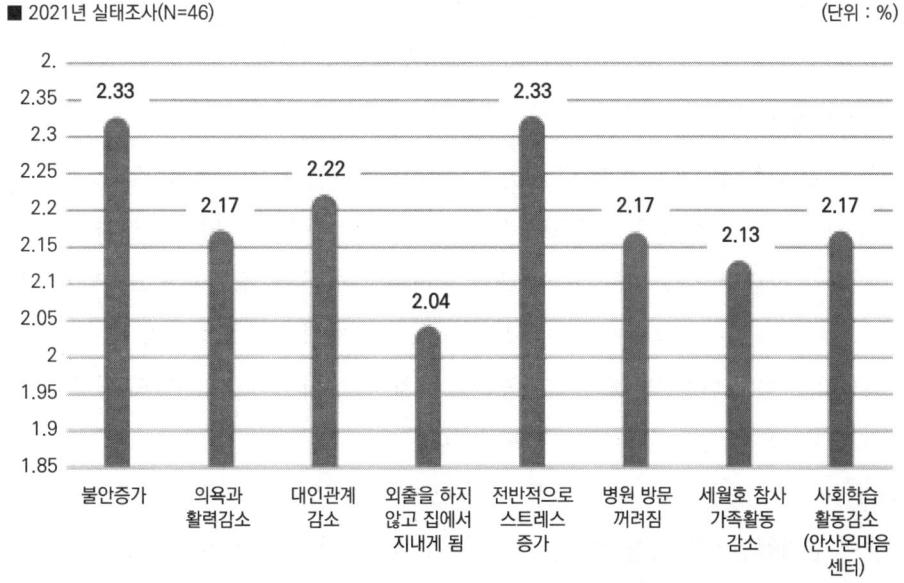

그림 3-13 생존자 가족 코로나19 이후 생활상의 변화

자료: 현진희 외(2021)

악화할 수 있다. 따라서 우울, 불안, 외상 후 성장 등 정신건강의 다차원적 측면에 대해 통합적 관점에서 정신건강과 신체 건강 상태, 의료 서비스 이용, 생활실태, 사회복지 수준 등의 다각적인 고려가 필요하고 아울러 코로나19 상황을 반영하는 조사·연구가 필요한 시점이다.

② 연구 목적

첫째, 세월호 참사 이후 7년이 된 시점에서 유가족, 생존자, 그리고 생존자 가족의 일상생활 및 생활실태, 사회적 지지, 정신건강 및 삶의 질을 피해 유형별로 파악함으로써 보다 정확한 이해에 기반한 효율적 지원방안을 마련한다.

둘째, 안산온마음센터의 심리 사회적 서비스 이용에 대한 만족도와 정책적 욕구를 조사하여 개선된 일상생활 복귀를 위한 지원대책을 제시한다.

셋째, 2017년에 진행한 1차 세월호 참사 피해자의 건강 및 생활실태조사와 비교·분석하여 피해자의 변화된 양상을 확인하고 그에 맞는 서비스 체계와 정책 수립에 근거를 제공한다.

③ 연구 방법

2021년 10월 5일~12월 13일까지 온라인 설문을 통해 자료를 수집·분석하였다. 연구 대상은 세월호 참사의 유가족, 생존자, 생존자 가족으로 하고, 연구에 참여한 유가족은 302명, 생존자 54명, 생존자 가족 46명으로 총 402명이었다.

④ 연구 결과

연구의 결과를 바탕으로 정책 및 실천 방향에 대해 다음과 같이 제시하였다.

첫째, 유가족과 생존자를 대상으로 정신건강을 포함하여, 내·외과적 질환을 아우르는 전반적인 건강관리 및 의료지원에 대한 장기적인 재원 및 정책이 필요하다. 세월호 참사와 관련된 심리적 트라우마는 마음뿐만 아니라 신체에도 영향을 미침으로써 다양한 내·외과적 질환의 발병 및 경과에도 영향을 미칠 수 있다. 따라서 이들의 건강을 평생 관리하고 지원할 수 있는 정부 정책이 필요하다.

둘째, 세월호 참사 이후 7년이 흐른 시점에도 여전히 상당수의 유가족 및 생존자들과 가족들이 심리적인 어려움을 겪고 있어 이들의 정신건강 상태를 추적하고 관리하는 것은 매우 중요하다. 또한, 극심한 심리적 고통에도 불구하고 여러 가지 이유로 전문적인 도움을 받고 있지 못하는 분들을 지원할 수 있는 세심한 배려와 전략이 필요하다. 이를 위해서 안산온마음센터나 관련 정신건강 의료기관, 지역의 다양한 사회복지 및 정신건강 기관들은 피해자의 트라우마로 인한 일상 적응의 어려움에 대해 민감하게 반응하되 병리화하지 않아야 하며, 장기적인 회복의 관점과 지원을 촉진할 수 있어야 한다.

셋째, 세월호 참사 피해자를 지원하는 안산온마음센터를 비롯한 관련기관의 전문인력들은 충격적인 트라우마 경험을 한 피해자와 가족들의 고통을 경청하고 공감하며 지원하는 과정에서, 전문가들은 대리 외상을 경험하며 이들을 3차 피해자라고도 한다. 따라서 장기적으로 안정적인 형태로 유가족 및 생존자와 가족들과 굳건한 신뢰를 구축하고 지속적으로 전문적인 업무를 수행할 수 있도록 고용을 안정화하고, 처우를 개선하며, 전문성을 위한 교육과 슈퍼비전을 제공하는 정책적 지원이 필요하다.

넷째, 세월호 참사는 피해자와 유가족에 대한 사회적 편견들을 만들어낸 사회적 트라우마의 속성을 가진 사건이기도 하다. 따라서 이들의 치유 및 회복을 위해서는 개인에 대한 상담 및 치료적 접근 이외에도 지역사회 자체의 성숙 및 공감이 필요하다. 세월호 참사의 충격과 피해로부터 치유·회복에는 장기적인 시간이 필요하며, 피해자들뿐만 아닌 지역사회 구성원들의 공감과 연대가 필요하다. 이는 지역사회의 일원들이 슬픔을 같이 감당하고 기억하는 일이기에 다양한 문화사업을 통해 시민의식을 성장시키는 것이 뒷받침되어야 할 것이다.

다섯째, 향후에도 유가족과 생존자의 정신건강 및 생활실태에 대한 지속적인 조사 및 연구를 통해 심리적·사회적 트라우마 이후 심리적 변화를 추적해나가려는 노력이 필요하다. 이는 유가족과 생존자를 위한 정책 및 서비스 향상과 개선을 위해 필수적이며, 향후 재난 및 다양한 심리적 트라우마에 대해 질 높은 치유와 회복을 지원하게 될 것이다.

2) 재난 심리지원센터 운영 사례

① 안산온마음센터

2014년 4월 16일, 단원고등학교 학생 325명을 포함하여 일반승객·승무원 등 총 476명이 세월호를 타고 제주도로 이동하던 중 침몰사고가 발생하여, 476명 중 172명만이 생존하였고, 295명의 희생자와 9명의 미수습자가 발생하는 대형 참사가 일어났다. 이로 인해 생존자와 희생자 가족을 포함한 전 국민이 아픔을 겪고 큰 충격에 빠지게 되었

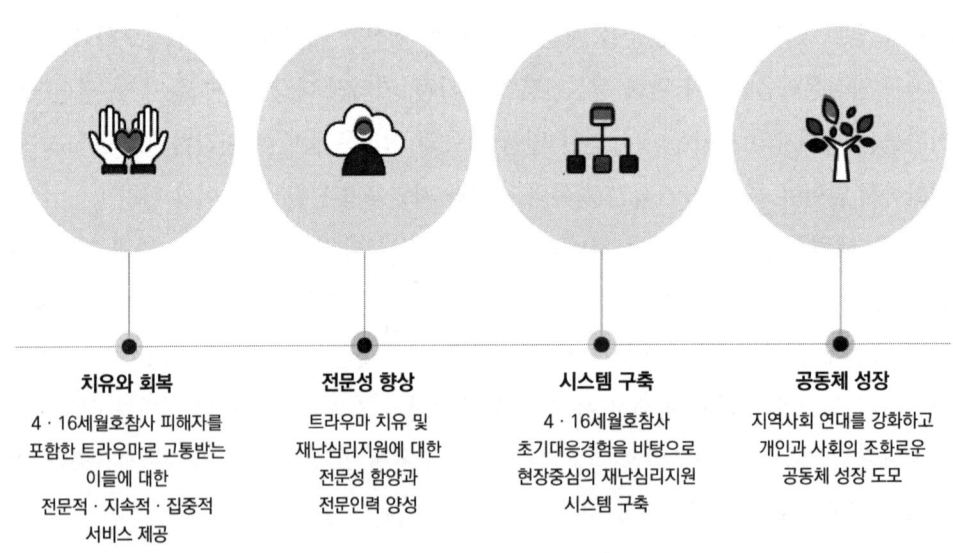

그림 3-14 트라우마 치유를 통한 개인과 사회의 동반성장

자료: 안산온마음센터

으며, 재난 심리지원을 위하여 비상체제로 운영되었던 경기-안산 통합재난심리지원단을 안산온마음센터로 전환하여 운영하고 있다.

안산온마음센터는 세월호 참사 피해자를 위한 전문적인 심리지원과 프로그램 운영 등의 통합적 서비스 체계를 갖추고 있고, 재난 발생 시 체계적인 심리지원 서비스 제공을 위한 시스템을 구축하고 재난 심리지원 전문인력을 양성하는 등 교육기관으로서 역할도 수행하고 있다.

② 재난 심리지원 필요성

재난에 대한 스트레스 반응은 다양하게 누구에게나 나타날 수 있는 정상적인 반응이며, 또 모든 사람에게서 다른 형태로 나타난다. 일반적으로 사람은 자연회복력이라는 인간 고유의 능력이 있어 재난 상황을 경험하였더라도 일정 시간이 지나면 원래의 기능을 회복할 수 있다. 그렇지만 10~15% 정도는 일정 기간(1년) 뒤에도 외상 후 스트레스 장애(이하 PTSD)와 같은 후유증을 경험하게 된다. 따라서 재난을 경험하고 난 뒤 초기 스트레스가 지난 뒤에도 2주 이상 경험했던 사건이 계속 떠오르며 예민성, 불면증, 분노, 집중력 저하, 좌절과 절망감이 지속되어 일상생활을 거의 수행할 수 없다면, 정신건강 전문가를 찾아 치료가 필요한 상태가 아닌지 확인할 필요가 있다. PTSD는 일단 발생하

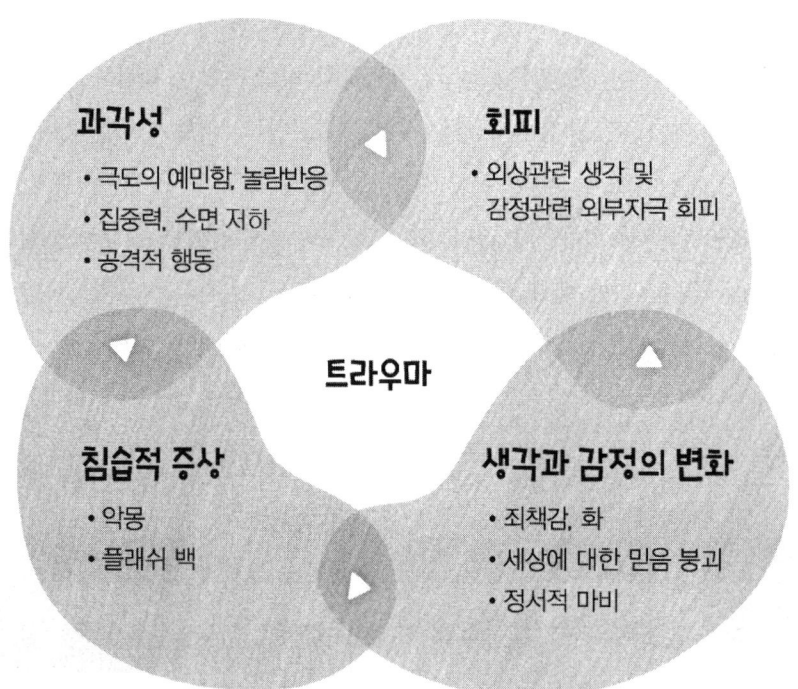

그림 3-15 트라우마에 대한 일반적인 반응

자료: 안산온마음센터

면 만성화되는 경향이 있고 주요 우울병, 자살, 알코올 중독과 같은 이차적인 문제가 동반되는 경우가 발생하기 때문에 조기에 인지하고 치료하지 않으면 어려움이 지속될 수 있다. 재난을 겪은 피해자의 상처를 치유하기 위해서는 주위 가족, 친구들의 개인적인 지지도 중요하지만, 사회적인 재난 심리 치료 또한 중요하다.

③ 재난 심리지원 대상

재난의 유형, 피해 정도에 관계없이 당사자 또는 관련기관에서 서비스 제공을 요청하는 경우 재난 심리지원 대상으로 인정하여 기본적인 심리상담을 실시하고 있으며, 재난 심리회복지원 대상은 다음과 같다.

- 이재민과 일시 대피자
- 재난현장에서 구호·봉사·복구 활동에 참여한 사람
- 재난을 직접 목격한 사람
- 그 밖에 재난으로 인해 심리지원이 필요하다고 인정한 사람

④ 재난 심리지원 사업 범위

심리적 피해 완화까지 포함하되 정신건강의학적 치료 분야는 제외하고 있으며, 최대 3회까지의 심리지원 상담을 통하여 정상 회복을 돕고 심리 치료 여부를 판단하고, 치료 대상으로 판단될 시 반드시 의료기관과 치료 연계 조치하고 있다. 재난경험자들의 다양한 수준의 욕구에 대해 전문가가 참여하여 지원하는 다층적이고 통합적인 지원체계를 바탕으로 심리회복을 위한 심리상담 및 심리적 응급처치, 심리회복 지원을 위한 교육 및 홍보를 통해 심리적 피해 완화와 치료 연계를 위한 관련기관과의 네트워크 구축을 포함하고 있다.

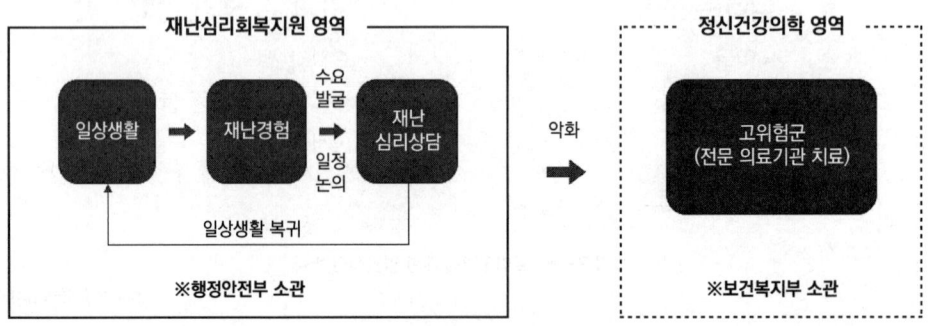

그림 3-16 재난심리지원 사업 범위

자료: 안산온마음센터

7.2 커뮤니티 레질리언스

1) 커뮤니티 레질리언스 연구 사례

① 국내 연구 동향[34]

커뮤니티 레질리언스에 관한 국내 연구 동향을 살펴보면, 강상준 외(2013)는 우리나라의 자연재난 대응정책의 방향성을 제시하고자 레질리언스 개념을 재정립하고 사회적 비용 관점에서의 정략적 평가방법을 제시하였다. 연구 결과, 재난 레질리언스(disaster resilience)를 '재난 발생 시 지역사회의 시스템 성능을 정상적 상황에서의 수준으로부터

---
34) 김정곤 · 임주호 · 이성희. 2015. 재구성

크게 떨어뜨리지 않음과 동시에 최대한 신속하게 정상화할 수 있는 지역사회의 시스템 능력'으로 재정립하였다. 또한 재정립된 개념을 바탕으로 레질리언스의 정량화를 제시하였는데, 현실적용을 위해서는 더욱 구체화될 필요가 있음을 지적하였으며, 민간 역할을 강화해야 한다고 주장한다.

하수정 외(2015)는 재난뿐만 아니라 경제위기 등의 외부변화를 포함한 위기상황에 신속하게 대응하고 지속적인 발전을 이루기 위해서 레질리언스를 고려한 지역발전 전략을 수립해야 한다고 주장하였다. 지역 레질리언스 제고를 위해서는 지자체별 레질리언스 자체평가 체크리스트를 개발하여 활용해야 하며, 지역구조 개선에 초점을 둔 인센티브 지원방안 마련, 주민교육 및 훈련 프로그램 개발, 공공·민간·시민사회 등 이해당사자간 다층적 거버넌스 체계 구축 등이 필요하다고 강조한다.

김진근(2018)은 지역사회 재난회복력 구성요소와 재난관리정책의 결정 요인을 분석한 후, 정책의 방향성을 제시하였다. 우리나라에서 지역사회의 레질리언스를 높이기 위해서 시민안전교육 및 훈련, 시민대상 실시간 재난정보 제공 및 공유, 재난경보시스템 네트워크 구축, 정부 간 협조체계 구축 등이 재난관리정책에 구체적으로 반영되어 실현되어야 함을 검증하였다.

표 3-13 커뮤니티 레질리언스 적용에 관한 국내 선행 연구

연구자	시사점	공통점
강상준 외(2013)	레질리언스 측정을 위한 정량화기법 개발, 민간의 역할강화 방안 마련, 대체제 발굴 및 시스템 마련	지역사회(민간) 역할 강화 및 협력체계 구축
하수정 외(2015)	지역 레질리언스 진단지표 및 모니터링 평가체계 구축, 지자체별 레질리언스 자체평가 체크리스트 개발 및 활용, 주민교육·훈련 프로그램의 개발 및 소통 활성화, 다층적 거버넌스 체계 구축	
김진근(2018)	시민안전교육 및 훈련, 시민대상 실시간 재난정보 제공 및 공유, 재난경보시스템 네트워크 구축, 재난분석과 위험성 및 취약성 평가, 정부 간 협조체계 구축	

자료: 김정곤·임주호·이성희(2015) 재구성

② 커뮤니티 레질리언스 관점의 적용[35]

커뮤니티 레질리언스는 재난 등의 역경(adversity)을 극복하기 위한 지속적인 능력으로 정의될 수 있다. 이는 단순히 취약성에 대한 논의뿐만 아니라 커뮤니티의 견고성에 대한 평가를 강조하는 패러다임으로의 변화를 보여준다. 대규모 재난 발생 시에는 커뮤니티 내부적으로 자급자족(self-sufficiency)할 수 있는 구조를 갖추고 있는 것이 중요하다. 커뮤니티 레질리언스는 즉각적인 정부 지원이 부재한 상황에서도 해당 지역사회가 재난 피해로부터 회복할 수 있는 역량을 강화할 수 있는 메커니즘으로서 중요하게 받아들여지고 있다. 재난 발생 시 지역사회의 개별 구성원들을 무기력하고 수동적인 개체로 인지하기보다는, 사전 훈련을 받고 정보를 제공하며 일정 권한을 부여받을 수 있으며, 재난 대응 및 복구를 위한 인적 자원으로 활용될 수 있다(Plough et al., 2013).

지역사회마다 서로 다른 독특한 역사와 문화를 가지고 있어 커뮤니티 레질리언스를 구축하는 방법 또한 다양하다. 그러나 다양한 연구 사례 속에서 회복력을 갖춘 지역사회에서 공통적으로 나타나는 특성도 있다. Longstaff et al.(2010)은 다양한 분야에서 제시한 수많은 커뮤니티 레질리언스 구성 요소를 자원의 내구성(resources robustness)과 적응력(adaptive capacity)이라는 두 가지 영역으로 단순화하였으며, 타 연구자들이 제시한 세부 요소들도 이 두 영역에 충분히 포함시킬 수 있다.

Longstaff et al.(2010)가 제시하고 있는 자원의 내구성과 적응력은, 커뮤니티를 구성하는 다양한 하위시스템에 따라 레질리언스의 속성을 추가하거나 조작할 수 있도록 제시된 요소로서 탄력적으로 운용될 수 있다는 장점이 있기 때문이다. 지역사회(community)의 다양한 하위시스템으로는 생태적 하위시스템(ecological subsystems), 경제적 하위시스템(economic subsytems), 물리적 인프라 하위시스템(physical infrastructure subsystems), 시민사회 하위시스템(civil society subsystems), 거버넌스 하위시스템(governance subsystems) 등 다섯 가지를 예로 들고 있다.

지역사회 자원의 내구성과 적응력은, 강건한 자원의 풀(pool)과 높은 수준의 적응력을 겸비하는 것이 가장 이상적이지만 현실적으로 두 요소를 모두 완벽하게 갖추고 있는

---

35) 주필주. 2019. 재구성

표 3-14 커뮤니티 레질리언스의 구성 요소

영 역	세부 요소
자원의 내구성 (resources robustness)	- 자원의 성능(performance)
	- 자원의 다양성(diversity)
	- 자원의 가외성(redundancy)
적응력 (adaptive capacity)	- 제도적 기억(institutional memory)
	- 혁신적인 학습(innovative learning)
	- 연결성(connectedness)

Longstaff et al., 2010; Arbon et al, 2013; Brown, 2013; 전은영, 2017; 주필주, 2019.

지역사회는 존재하기 어렵다. 동일한 레질리언스 수준이라고 하더라도 각 지역사회의 자원의 내구성과 적응력의 정도는 상이하게 나타날 수도 있다. 따라서 부족한 요소를 보완하려는 노력과 함께 현재 가능한 요소를 적극 활용하여 대응할 필요가 있다. 예를 들어 자원의 내구성이 낮고 적응력은 높은 지역사회(community)의 경우에는 원하는 기능을 수행하기 위한 방식, 즉 '적응력'을 충분히 이용하여 부족한 자원을 스스로 구성하는 방안을 모색할 수 있다.

2) 커뮤니티 레질리언스 적용 사례

① 레질리언스를 고려한 재난관리 정책의 전환[36]

도시가 번영하는 이유는 생산, 노동 등이 집중된 공간에서 나타난다는 데 있다. 공간적으로 집중된 활동이 경제적 효율성과 혁신을 유발하기 때문이다. 이러한 측면에서 도시는 그 자체로 역량(capacity)을 보유한다. 하지만 역설적으로 도시의 이 같은 역량은 미래의 외부적 변화에 대해 거대한 관성으로 작용할 수 있다. 오랫동안 형성되어 온 사회·경제적 체계와 방식, 각 부문의 상호의존성 등은 외부적 환경변화에 대해 기존의 패러다임을 탈피하지 못하게 하는 요인이 될 수 있는 것이다.

---

36) 김동현. 2017. 재구성

특히 우리나라의 경우 급속한 산업화로 인한 인구증가의 문제를 해결하기 위해 도시 관리의 초점이 맞추어져 왔으며, 이는 재난과 관련된 인프라를 건설하고 설치하는데, 강건성과 보충성보다는 경제적 효율성이 중심이 되어 왔다. 기후변화로 인한 영향은 기존에 경험하였던 기상현상의 범위를 넘어서는 강도와 빈도를 보여줄 것이다. 레질리언스의 체계의 전환으로서 새로운 환경변화에 적응할 수 있도록 재난관리에 있어 과감한 패러다임의 전환이 필요한 시점이다.

미래의 기후변화 영향을 보다 적극적으로 대비할 수 있기 위해 재난관리 정책은 다음과 같은 두 가지 측면을 고려한 방향으로 전환할 수 있어야 한다. 첫째, 재난관리에 있어 관성이 있는 영역을 찾아낼 수 있어야 한다. 기존의 대응 방식에 있어 당연하다고 여기고 있었던 전제조건과 불가능하다고 판단하던 요인을 찾아내고 이를 점진적으로 변화시킬 수 있어야 한다. 둘째, 타 영역과 복합화되고 있는 요인을 도출하고 협력적 구조를 마련해야 한다. 미래의 재난은 인프라와 기술적인 문제를 넘어서 사회경제적인 2차적 영향과 연계된다. 이는 복합적인 관점에서 재난을 접근해야 하며 협력적 구조가 형성되어 있어야 함을 의미한다. 정부 내 영역과 민간, 시민사회 등이 함께 복합화된 문제를 해결할 수 있는 방법을 마련해야 할 것이다.

② 방재 분야에 커뮤니티 레질리언스 개념 도입 및 정책 동향[37]

최근 기후변화 등에 의한 이상기후로 자연재해 위험은 가중되고 있는 현황이다. 기후변화 시나리오 등에 의한 먼 미래 예측이 아니라 현재에도 우리나라를 포함한 전 세계에서는 이상기후 영향으로 다양한 대형 자연재해가 빈번하게 발생하고 있다.

이상기후로 대형화되는 자연재해는 국가기반시설 등에 영향을 미쳐 피해가 연쇄적으로 확산되는 Natech(natural disaster triggered technological disaster) 재난으로 악화될 수 있다. Natech 재난은 자연재난(natural disaster)에 의해 발생하는 기술재난(technological disaster)으로 자연재난과 기술재난이 결합하여 나타나는 복합재난을 의미한다(오윤경, 2013). 실제로 Natech 재난으로 악화될 수 있었던 자연재해가 2017년 폭우에 의해 발생했다.

---

37) 한우석. 2017. 재구성

지난 7월 16일 집중호우로 인해 천안 은석산에서는 토사재해가 발생하였으며, 토사는 전력거래소 중부지사를 덮쳐 전력계통을 감시·운영하는 전산시스템(EMS, energy management system) 등의 기능이 완전 정지되었다. 다행히 나주 한국전력공사 본사에서 백업(back-up) 기능이 있어서 연쇄적인 대형피해로 이어지지는 않았다. 하지만 이상기후 영향, 사회의 복잡 및 초연결화 등으로 향후 대형 재난의 발생가능성은 점점 가중되는 것은 사실이다.

이처럼 대형화되는 자연재해에 대한 피해를 저감하기 위해 레질리언스 개념이 방재분야에 도입되고 있다. 레질리언스는 역사적으로 물질이나 조직의 유연하거나 탄력성의 정도를 기술하는 용어로 생태학, 경제학, 심리학 등 다양한 분야에서 적용되어 확산되어 왔다.

③ 미국의 레질리언스 강화 정책 동향

방재 분야의 레질리언스 개념 논의 및 정책화가 가장 활발하게 진행되고 있는 나라 중에 하나는 미국이다. 미국에서는 2001년 발생한 9.11사태를 계기로 방재 분야에 레질리언스 개념 및 정책이 도입되기 시작했다. 미국에서 레질리언스 개념이 도입된 초창기에는 9.11사태로 테러 등의 인적 재난에 초점이 맞추어져서 관련 방재정책이 발전했다. 하지만 2005년 허리케인 '카트리나'에 의한 뉴올리언스 피해로 레질리언스 개념이 자연재해 분야에 적용되는 계기가 되었으며, 2012년 미국 동부지역을 강타한 허리케인 샌디로 자연재해와 관련하여 레질리언스 개념이 방재정책에 활발하게 도입되고 있다.

미국에서는 2005년 카트리나 발생 이후 포스트 카트리나 위기관리 개혁법(post-Katrina emergency reform act of 2006)을 제정하였으며, 방재와 관련하여 기존 국가대응계획(national response plan: NRP)을 국가대응체계(national response framework: NRF)로 변경하여 자연재해 대응을 견고히 하였다. 국가대응체계에서는 복구기능을 강화하기 위해 국가재해복구체계(national disaster recovery framework: NDRF)를 수립하였다. 현재 국가재해복구체계는 복구단계에 국한되지 않고 재난관리의 전체 단계에 걸쳐 레질리언스 개념이 도입된 포괄적인 재난관리체계로 발전하고 있다. 레질리언스 개념이 재해발생을 전제로 하기 때문에 재해발생 시 가장 큰 피해를 입고 초동조치 등을 수행해야 하는 지자체 및 주민의 역할이 매우 크다. 이를 고려하여 미국 주택도시개발부

(HUD, department of house and urban development)에서는 '디자인에 의한 재건 (rebuild by design)'이라는 설계공모전과 '10억 달러 국가재해 레질리언스 경쟁대회($1 billion national disaster resilience competition)' 등을 개최하여 지자체의 참여를 유도하고 있다.

또한, 대형 재해 발생 후에는 단순 피해의 원상복구가 아닌 다음 재해를 체계적으로 대비하여 지역의 리질리언스를 강화하는 것이 필요하다. 이를 위해 미연방재난관리청(federal emergency management agency: FEMA)에서는 주정부 및 지방정부를 위한 사전복구계획(pre-disaster recovery plan: PDRP) 가이드라인을 2016년과 2017년에 수립했다. 사전복구계획은 재해발생 이전에 미리 효율적인 복구계획을 수립함으로써 복구를 통해 지역의 재해대응 레질리언스를 강화하는 계획이다. 이를 위해 사전복구계획은

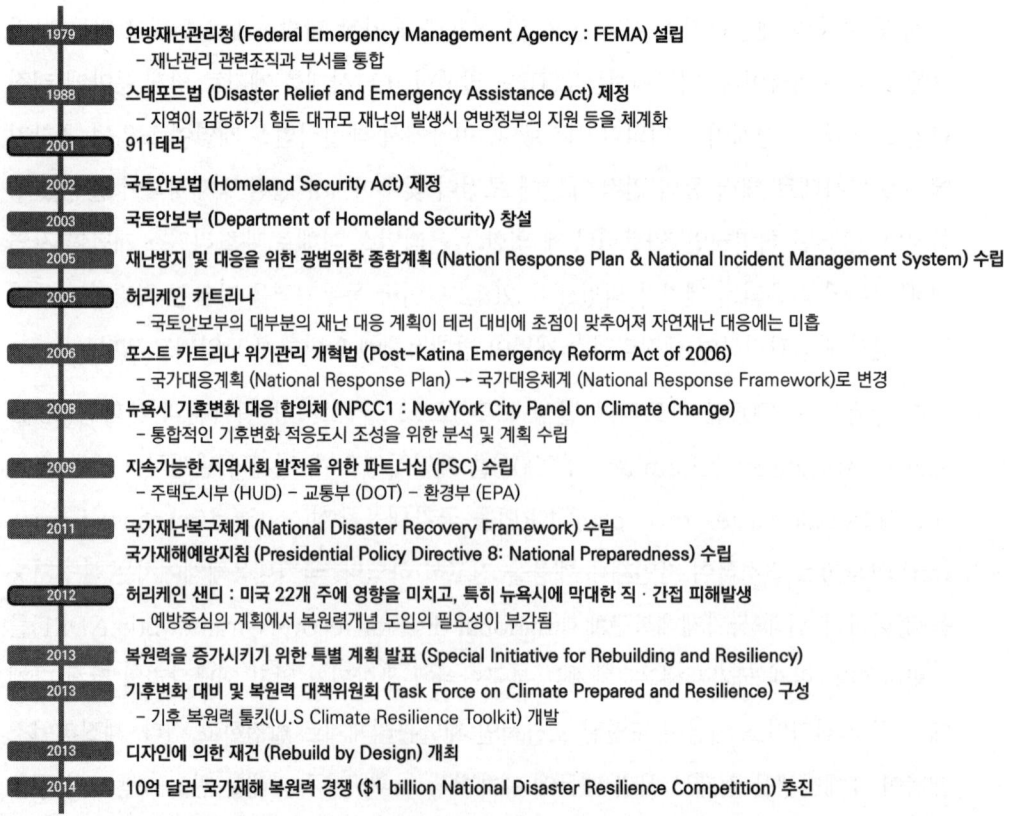

그림 3-17 미국의 주요 방재 정책 및 복원력 도입 연혁

자료: 한우석, 2015

단순 방재계획이 아닌 지역 포괄적 계획(우리나라의 도시기본 및 관리계획 등), 안전관리 기본계획, 풍수해저감종합계획 등과 연계하여 수립하도록 되어 있다. 또한, 재해가 발생하지 않았을 때는 복구 관련 예산을 예방대책에 활용함으로써 지역의 레질리언스 강화를 유도하고 있다. 아직은 초창기 단계이지만, 우리나라도 레질리언스 관련 및 정책을 수행하고 있다. 지난 2016년 12월에는 국토교통부의 도시·군관리계획 수립지침이 일부 수정되어 레질리언스(복원력) 개념이 도입되었으며, 행정안전부에서도 방재관련법에 레질리언스 개념 및 레질리언스 강화 방향을 모색하고 있다. 하지만 아직은 초창기 단계이며, 포괄적인 연구 및 구체적인 정책 마련은 미흡한 실정이다.

7.3 시스템 레질리언스

1) 레질리언스 역량이 조직효과성에 미치는 영향 연구 사례[38]

① 연구의 배경

정부수립 이후 현재까지 중앙과 지방정부 가릴 것 없이 재난관리 조직은 애물단지와 같은 존재였다. 누구도 원하지 않았고 인사발령이 나는 순간부터 어떻게 하면 벗어날 수 있을까가 관건이었다. 이런 재난관리 조직이 발전할 수 있을까?

2004년 한국 최초의 국가 재난관리 전담 조직 '소방방재청'이 탄생하였다. 전담 조직에서는 어느 부서에 가든 재난관리업무를 수행하여야 하며, 재난관리업무에 우수한 능력을 인정받아야 승진하고 성공하는 공무원이 된다. 따라서 조직 구성원들이 재난관리 업무에 직무만족과 조직몰입을 유도함으로써 그 조직은 발전지향적인 조직이 아닐까? 라는 생각으로 이 연구를 시작하였다. 2014년 세월호 침몰사고로 국가 재난관리 전담조직은 장관급 기관으로 격상된 '국민안전처'가 출범하였으나 3년도 못되어 다시 행정안전부로 통합되었다.

이에 국가 재난관리 전담 조직과 통합조직의 효과성에 대하여 최근 세계적으로 두각을 나타내고 있는 Hollnagel의 레질리언스 역량을 변수로 하여 영향 관계를 조사·분석

---

38) 홍성호. 2019. 재구성

하였다. 재난관리 담당공무원 500명을 대상으로 설문조사를 통해, 과연 어떤 조직이 재난관리에 효율적인 조직인가? 담당공무원들이 재난관리 업무에 최대의 능력을 발휘하게 하는 역량은 무엇인가? 또한 레질리언스 역량은 조직효과성에 어떠한 영향을 주고 있는가? 등을 조사·분석하였다.

② 연구의 내용

한국의 재난관리, 재난관리 조직의 변천 등을 살펴보고, 레질리언스 역량과 조직 역량을 중심으로 조직형태에 따라 조직효과성을 측정하여 국가 재난관리 조직의 역량을 알아보았다. 특히 최근 세계적으로 관심을 보이고 있는 Hollnagel의 레질리언스 공학이론에 근거한 레질리언스 공학기법을 적용하여 국가 재난관리 조직의 효과성에 대하여 연구하였다.

또한 재난단계별 재난관리, 조직역량과 더불어 레질리언스 역량을 제고할 수 있도록 재난관리시스템의 개선 방향을 제시하기 위하여 Hollnagel의 레질리언스 공학에서 제시한 4역량 72항목을 한국 실정에 맞게 4역량 24항목으로 재설계하여 조사를 실시하였다. 연구모형은 인구통계학적 요인을 선행변수로 하고, 재난관리 조직의 역량과 레질리언스

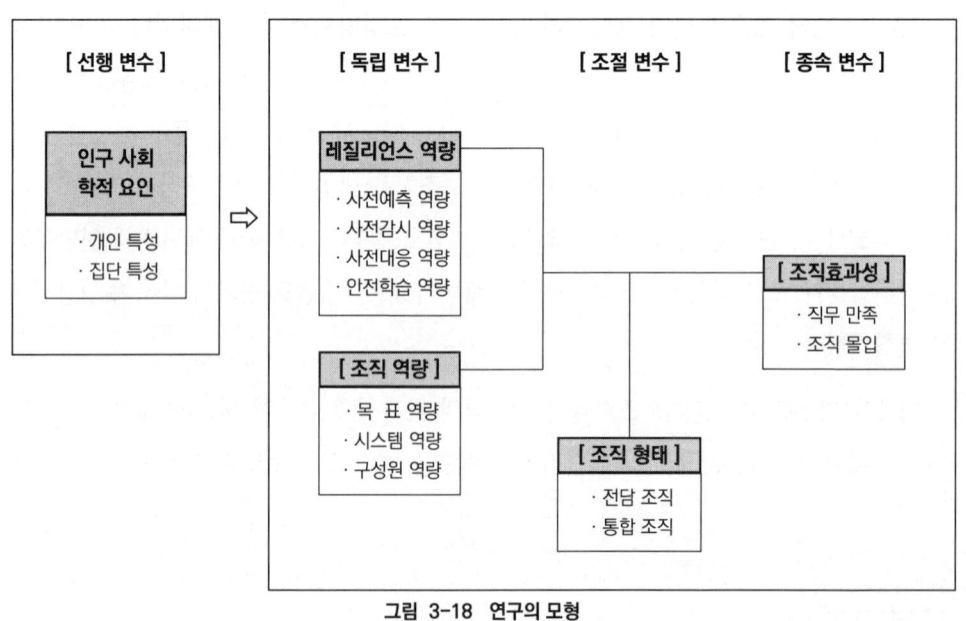

그림 3-18 연구의 모형

자료: 홍성호, 2019

역량을 독립변수로 하며, 재난관리 전담조직과 통합조직을 조절변수로 하여 종속변수인 조직효과성을 측정하였다. 측정 자료를 회귀분석하여 시대가 흐름에 따라 환경이 변화하는데 한국의 재난관리 조직은 이런 주변 환경을 잘 반영하고 있는가? 어떠한 조직이 조직 구성원들로 하여금 자신의 조직에 동일시하며 헌신·충성하고자 하는 잠재력을 이끌어 낼 수 있는가? 또한 레질리언스 역량은 조직효과성에 어떠한 영향을 주고 있는가? 등에 대해서 조사·분석하였다.

③ 연구 결과

[인과성 검증]

첫째, 국가 재난관리 조직의 효과성에 레질리언스 역량과 조직 역량이 유의미한 영향을 미쳤다는 점이다. 즉 조직 구성원들이 재난에 대한 사전 예측-감시-대응 역량이 향상되고 조직 차원에서 안전 학습을 통해 전반적인 레질리언스 역량이 향상된다면 재난관리 조직의 효과성은 향상될 것이라는 점이다. 또한 재난관리 공무원들이 재난관리 비전을 공유하는 목표역량을 가지며 조직 차원에서 재난관리 시스템 역량이 뒷받침되는 등 재난관리 담당 공무원의 역량이 향상된다면 조직효과성은 더욱 향상될 것이라는 점이다.

둘째, 조직효과성에 영향을 주는 레질리언스 역량의 핵심요소별 영향력이 다르다는 점이다. 분석 결과 사전대응 역량이 가장 강한 영향을 미쳤으며, 다음으로 안전학습 역량 순이고 사전감시 역량은 영향이 가장 낮았다.

레질리언스 역량의 사전대응 요소가 조직효과성에 가장 많은 영향을 주고 있다는 것은 재난관리 예방-대비-대응-복구단계 중 대응단계가 가장 중요하다는 결과이다. 다른 측면에서는 그동안 다양한 재난을 겪으면서 대응관련 역량이 가장 뛰어나다고 유추할 수 있다. 이는 한국에서 대형사고가 발생할 때마다 재난관리 대응역량이 효율적으로 작동되지 않았다는 여론과 일맥상통하는 결과이기도 하다.

반면에 가장 낮은 사전감시 요소는 재난관리 예방-대비-대응-복구단계 중 대비단계에 해당하는 역량으로 그동안 재난관리 대비단계가 소홀히 다루어진 결과로 해석할 수 있으며, 국가 재난관리 조직이 완만하지만 지속적으로 발전하였으나 새로운 유형이나 돌발적 재난 상황이 발생할 때마다 비슷한 실패가 반복되는 원인이라고 판단할 수 있다. 또한 레질리언스 역량 중 사전감시 요소가 재난관리 대비단계의 필수적인 역량임에도 불구하고 재난관리 공무원들이 가장 취약하다는 사실의 반증일 수도 있으므로 국가재난관리의 조직효과성을 높이기 위해서는 레질리언스 역량의 사전예측 - 사전감시 - 사전대응 요소에 대하여 전반적인 개선 및 향상시키기 위한 안전학습 시책이 필요한 것으로 분석되었다.

셋째, 조직 구성원 역량이 조직효과성에 가장 많은 영향을 주고 있다는 점이다. 재난관리 조직효과성을 높이기 위해서는 역량이 뛰어난 인재를 영입하거나 현재 구성원들의 역량을 높이기 위한 시책이 가장 중요한 것으로 해석할 수 있다. 그러나 역량이 가장 뛰어난 계층인 5급 공채(행정고시)자의 설문조사 결과 국가 재난관리 조직 희망자가 1% 미만이란 사실은 국가재난관리 조직의 현주소를 보여주고 있으며, 인식의 평균 차이 조사에서 부처 선호도를 높이기 위해서는 통합조직보다 전담 조직이 필요한 것으로 분석되었다.

국가재난관리 조직과 재난관리 공무원들의 레질리언스 역량을 향상시키기 위한 정책대안으로「재난 및 안전관리 기본법」의 제5장 대비단계에 '레질리언스 역량 핵심 4요소를 신설'하여 제도적으로 레질리언스 역량이 뒷받침되어야 하며, 이를 실행하기 위한 조직으로 현행 행정안전부 재난안전관리본부 재난대응훈련과에 사전대비 훈련 기능으로 '사전 예측과 사전 감시기능이 추가'되어야 하고, 사전 대비기능의 교육훈련을 통한 안전학습역량을 높이기 위하여 국가민방위재난안전교육원 '재난대비교육과 신설'을 정책대안으로 제시하였다.

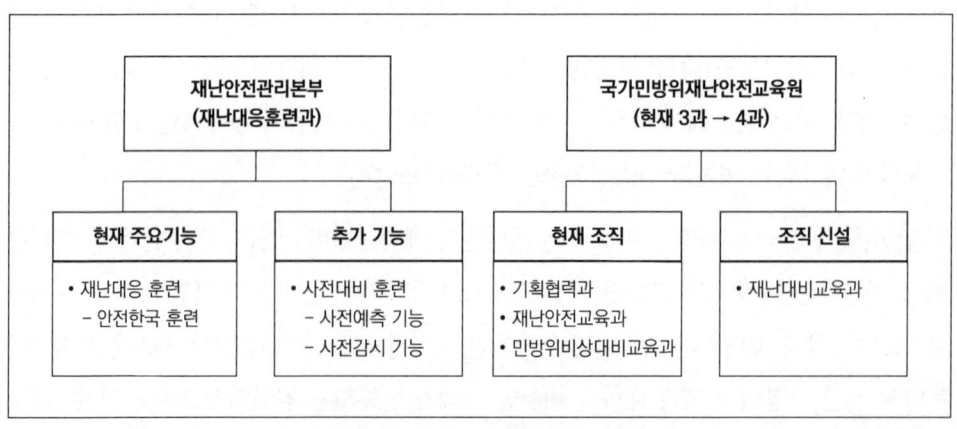

그림 3-19 레질리언스 역량의 조직화 방안

자료: 홍성호, 2019

[조절효과 검증]

조직 형태 요인은 레질리언스 역량이 조직효과성에 영향을 미칠 때 조절 효과가 있는 것으로 나타났고, 조직 역량은 조절 효과 검증이 되지 않았다. 조직 형태(전담_소방청/통합_행안부) 요인이 '레질리언스 역량이 조직효과성에 미치는 영향에서' 조절 효과 작용을 하는 이유는 레질리언스 역량은 전담 조직의 전문성 강화제도, 조직통합 후 변화 등으로 인해 강화되지만 통합 조직에서는 조직통합, 조직관리 등이 약화되기 때문이다. 조직효과성은 레질리언스 역량이 높을수록 증가하며, 조직 형태가 조직효과성이 증가하는 조절 효과를 보이고 있으며, 레질리언스 역량과 전담 조직과의 상호작용 효과로 조직효과성은 점점 더 증가하는 것으로 확인되었다. 이는 조직 구성원 개개인의 역량이 높아야 레질리언스 역량이 향상되며, 레질리언스 역량이 높아야 조직효과성이 높아지고 있고, 조직효과성의 향상은 조직 형태가 전담 조직이어야 된다는 것으로 분석되었다.

인식의 평균 차이 분석과 조절 효과검증을 종합하면, 국가재난관리를 총괄 조정하고 지방자치단체를 지도·감독해야 하는 행정안전부가 전 분야에서 최하위를 기록하고 있으며, 특히 '통합조직' 분야의 평균 이하 점수는 재난관리를 담당하는 공무원들이 통합조직에 부정적으로 반응하고 있다는 것을 의미하며, 반면에 전담 조직으로 독립한 소방청은 '조직통합 후 변화'에서 높은 점수를 기록하고 있어 '국가재난관리 조직은 전담 조직

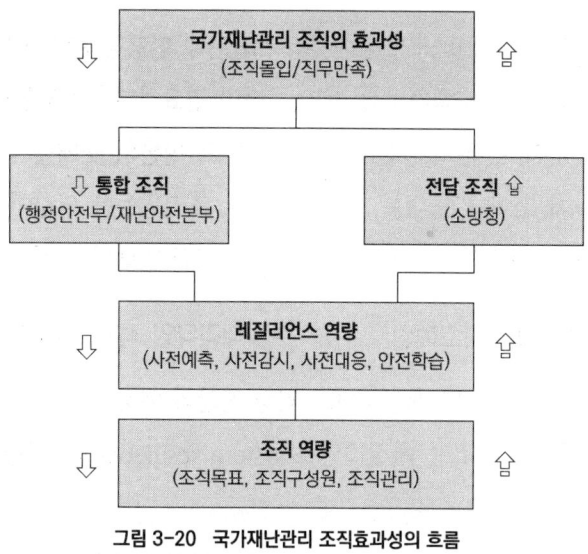

그림 3-20 국가재난관리 조직효과성의 흐름

자료: 홍성호, 2019

이어야 한다'는 것을 확인하였다. 따라서 향후 정부 조직 개편 시 반드시 고려하여야 할 것으로 판단된다.

[인식의 평균 차이 분석]

조사대상자의 인구 통계학적 특성에 따라 레질리언스 역량, 조직 역량, 조직형태 및 조직효과성에 대한 인식에서 차이가 있었다. 특히 조직효과성에 대하여 위계적 회귀분석을 한 결과 개인별 특성(성별-연령-경력)과 집단별 특성(공무원 구분-직렬-계급-입문-소속)에서 모두 유의한 차이를 보였으며, 레질리언스 역량에 대해서는 연령-공직입문-재직기간을 제외한 모든 분야에서, 조직 역량에 대해서는 성별-재직기간을 제외한 모든 분야에서 조직형태에 대해서는 경력 분야를 제외한 모든 분야에서 유의미한 차이를 보였다. 이러한 결과는 개인 또는 집단별 불만 요소와 부족한 요소를 분석하여 적절한 대책이 요구된다고 할 것이다.

특히, 직렬에서는 전담조직으로 독립한 소방공무원이 최상위인 반면, 통합조직으로 재편된 행정-기술직 공무원은 최하위를 기록하고 있어 국가 재난관리 조직의 전담조직과 통합조직 간 인식의 평균 차이가 극과 극으로 대립되어 있는 것으로 조사되었다. 또한, 조직 관리와 조직 통합 분야가 최하위 점수는 재난관리 조직의 통합 조직과 조직관리에 대해 재난관리 담당공무원들이 부정적 견해가 많은 것이 입증되었으며, 향후 정부조직 개편 시 고려하여야 할 것으로 분석되었다.

효율적인 재난관리 조직이 되기 위해서는 재난관리 담당공무원 개개인이 재난관리 업무에 열정을 갖도록 하는 시책개발과 제도 개선이 필요하다. 현재 통합조직으로써 비재난부서의 외면과 무시, 잦은 비상근무에도 불구하고 여론의 뭇매를 맞는 상황에서 재난관리 조직에 역량이 뛰어난 인재를 영입한다거나, 조직원들을 역량이 뛰어난 인재로 양성하는 것도 또한 역량이 뛰어난 재난관리 조직을 이끌어 낸다는 것은 소원한 일이다.

2) 한국서부발전(주)의 사고예방을 위한 안전 패러다임 적용 사례[39]

① 안전관리를 위한 시스템 레질리언스 역량 진단의 배경

새로운 안전 이론인 시스템 레질리언스(system resilience)의 역량평가를 통해 기존

---

39) 윤완철 외. 2020. 레질리언스 및 안전하부문화 진단 및 개선방안. (주)한국서부발전

표 3-15 갖추어야 할 레질리언스 4대 역량

모니터링(monitoring)	대응(response)
• 현장·작업장 위험성 확인, 지표개발 운영 • 일용직 근로자의 능력수준, 작업상황 점검	• 안전작업/안전관리 수준 향상을 위한 역량 • 명확한 감독, 지시, 규정 및 의사소통
학습(learn)	예측(anticipation)
• 아차사고의 수집과 분석 • 작업안전 행동에 대한 관찰과 분석	• 작업내용 및 상황변화에 대한 예측·대비 • 사내외 안전관련 트렌드 분석 예측

자료: 한국서부발전, 2021

안전시스템을 진단(monitoring)하고 문제점에 대한 대응(response) 방안을 수립·시행함으로써 조직의 안전 역량을 학습(learn)하고, 향후 위험 상황까지 예측(anticipation) 분석하는 한단계 업그레이드된 안전시스템을 구축하고, 사고의 주원인인 휴먼에러를 방지하기 위해 기존 설비중심에서 사람중심으로 안전 패러다임의 전환이 필요한 시점이고, 또한, 발전 현장의 다양한 고용형태와 많은 작업에 따른 근본적 사고 예방에 한계가 있었으며, 지속적인 설비개선과 안전관리 강화에도 불구하고 안전사고가 계속하여 발생하고 있어 직원 스스로 안전을 지키는 제도보완과 조직의 안전 체질의 변화가 필요하다.

안전이란 '끊임없이 변하는 상황에서 시스템이 지속적으로 성공할 수 있는 능력'이라 보며, 조직의 안전 수준을 적응적으로 유지하고 취약성의 발현을 억제하는 유연한 능력에 초점을 두는 관점이다. 이와 같이 기업의 레질리언스 역량을 평가하는 것은 시스템적인 사고 억지 능력을 갖추어 나가기 위한 필수적인 선행 진단 단계이다. 조직의 총체적 레질리언스는 모니터링 - 대응 - 학습 - 예측의 4대 역량이 시스템적으로 결합되어야 제대로 발현될 수 있다. 즉 기존의 단편적이고 개별 항목 위주의 점검으로는 그 기능을 평가하고 약점을 포착할 수 없으며 개선도 불가하다. 각각을 충실히 하여도 시스템에는 능력이 없을 수 있는 것이다.

② 안전 탄력성 진단 결과

서부발전의 안전 탄력성 평가는 본사와 태안발전본부를 종합하여 평가하였으며, 또한 작업 안전, 시설 안전, 공정 안전, 인적자원관리, 협력업체 관리의 다섯 분야를 대상으로 하였고, 각 분야에 대하여 대응, 모니터링, 학습 역량을 평가하되, 변화예측 역량에 대하여는 분야별로 하지 않고 전체 시스템을 종합하여 평가하였다.

평점은 0~5로 진단되었으며 각 기능이 설계된 대로의 역할을 충실히 발휘할 수 있는 상황의 기준점을 3점으로 하였으므로 5점을 만점으로 하는 평가와 평점 숫자의 의미가 다르다. 미흡한 점이 발견되면 2점, 추가적으로 레질리언스에 기여하는 유연성과 대비성이 발견될 때에 4점이 된다. 따라서 전통적인 안전시스템에 레질리언스 개념을 적용했을 때에는 2~3점 사이의 평점이 나올 가능성이 가장 크다. 종합 평점의 결과를 보았을 때, 대응과 모

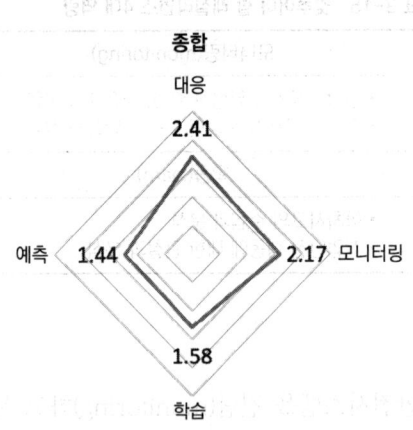

그림 3-21 시스템 4대 역량 평가 결과

니터링은 상대적으로 평가가 높았고 학습과 예측이 낮았다. 이는 전통적으로 안전 직무에서 환류적 기능이 명시적으로 설계되기 보다 임의적으로 수행되는 경향이 있으며, 눈에 먼저 보이는 모니터링-대응으로 이어지는 하위 사이클에 조직의 주의력이 집중되었음을 시사한다.

학습과 예측은 전문성에 가장 크게 의존하는 분야로서 상황과 경험의 데이터로부터 객관적인 결론을 도출하여 공유할만한 지식으로 바꾸는 기능을 한다. 사고에 대한 이해, 인적 작업, 특히 인지적 작업과 작업 실행의 한계 등에 대한 이해, 팀워크와 의사소통, 안전 수준의 측정과 향상 방법 등에 대한 전문적인 지식을 보유하고 있어야 한다. 따라서 학습과 예측이 상대적으로 취약함은 조직이 고도의 전문성을 발휘하고 있지 않다는 것을 암시한다.

③ 진단 결과에 따른 주요 개선 방향

시스템 레질리언스의 4대 핵심역량을 기준으로 모니터링 역량은 협력사 안전등급제 도입, 대응 역량은 안전 전문역량 확보, 학습 역량은 안전지식 측정시스템 개발, 예측역량은 안전문화 통합 플랫폼 구축 등 다음의 표, 그림과 같은 주요 개선 방향을 설정하였다.

④ 레질리언스 안전문화 추진전략

4대 전략 방향별 세부 프로그램 실행으로 안전 패러다임 전환의 체계적 전략 방향은 모니터링-변화 대응-조직학습-장기 예측의 실행으로 안전 몰입도를 증진시키고 비전

표 3-16 진단결과에 따른 주요 개선 방향

구분	내용
모니터링	정량적 안전문화 평가체계 정립 → 협력사 WP안전등급제 도입 • 안전수준평가 제도화로 협력사의 자발적 안전활동 유도
대응	감독부서와 안전조직의 R&R 정립 → 안전전문역량 확보 • PDCA 관점에서 라인조직(현장부서)의 안전역량 강화
학습	조직경험(아차사고) 분석, 개선 사이클 수립 → 안전지식 측정시스템 개발 • 사고발생 전 아차사고 등을 통해 안전경험/안전활동 분석시스템 구축
예측	안전조직의 관찰분석, 기획능력 강화 → 안전문화 통합플랫폼 구축 • 본사와 사업소간 유기적 업무협조를 통한 사고분석, 예측 등 조직기능 개선

자료: 한국서부발전, 2021

비전	함께하는 안전경영으로 서부발전의 미래를 창출한다. Safety Together, Create Future
CEO방침	인간 존중을 기반으로 생명·안전 최우선 일터 조성
목표	안전패러다임 전환을 위한 KOWEPO型 안전문화증진시스템 운영 (지속가능한 모니터링-변화대응-조직학습-장기예측시스템 구축)
KPI	2021~2023년: WP 안전문화지수: 89.0, 국내 최고 안전기업 / 2024~2026년: WP 안전문화지수: 91.5, 아시아 최고 안전기업 / 2027~2030년: WP 안전문화지수: 93.0, 세계 최고 안전기업

전략방향	모니터링툴 개발 [Monitoring]	변화대응 강화 [Response]	조직학습 확립 [Learn]	장기예측 구축 [Anticipation]
실천과제	① 정량적 안전문화 평가체계 정립	④ 안전조직 R&R 재정립	⑦ 안전지식측정 시스템 개발	⑩ 안전문화통합 플랫폼 구축
	② WP레질리언스 진단체계 확립	⑤ 사내 안전전문가 양성	⑧ 안전학습콘텐츠 확대개발	⑪ 장기 예측프로세스 정립
	③ 협력사 WP안전 등급제 도입	⑥ 안전보건매뉴얼 전면개정	⑨ 안전학습조직 활성화	⑫ WP안전보건가이드라인 제정

그림 3-22 레질리언스 안전문화 추진 체계도

자료: 한국서부발전, 2021

과 목표를 설정하였으며, 레질리언스 개선사항 및 지향점을 반영하여 新 안전문화 실천과제를 도출하고, 추진과제별 핵심 가치 연계성 확보로 비전을 달성할 실행력을 강화하기 위하여 다음과 같이 역량별 세부실천과제를 추진하기로 하였다.

7.4 상징적 레질리언스

1) 일본 재해부흥연구소의 법시 마을 조사 · 연구 사례[40]

① 연구 배경

山泰幸(Yoshiyuki YAMA) 교수(관서학원대학 재해부흥제도연구소 부소장)는 2009년 7월부터 학생들과 함께 법시 마을을 방문하여 마을 내 산간지역에 있는 마을의 민속 조사를 한 후, 재해 및 과소의 지역 부흥은 〈주민 주체의 마을 만들기 대처에서부터〉라는 보고서를 작성하였다.

법시 마을은 농촌 무대가 현존하고 이를 보수 · 복원 · 전통 · 예능 · 공연 · 부활 이외에 관련 취미로 음악 · 춤 등 동아리 활동도 활성화되어 있고, 매년 10월 첫째 일요일에는 예술 축제를 개최하고 있었다. 한편, 재해에 고립 우려가 있기 때문에 자치회장이 비상용 저수탱크를 설치 및 자력으로 자신의 땅을 개척해 헬리포트를 만들고 있었다.

법시 농촌 무대공연   법시 헬리포트 (H27年完工)

그림 3-23 법시마을 조사 · 연구사례

---

40) 山泰幸. 2009. 재구성

② 연구보고서 작성

담당자 시선으로 종합적인 지역 부흥 및 마을 만들기라는 시점에서 예술제의 표면적인 목적은 집락을 돋우는 것이다.

- 담당자의 본래 의도는 외부로부터의 출연자·관광객과 인연을 만들어 재해에 대비하여 취락의 외부 지원자를 만든다.
- 예술제와 방재, 담당하는 관청의 부서도 다르며, 이것을 취급하는 학문 분야도 다르지만, 담당자 시선으로 볼 때는 어느 쪽도 취락을 지킨다는 점에서는 같은 목적을 가진 활동이다.
- 연구 분야 및 관공서 부서의 분리 방법으로 생각하는 것보다는 지역 부흥을 담당자의 입장에서 종합적으로 살펴볼 필요가 있다.

③ 자치 회장 H씨(리더)의 특성

1948년 두 남매의 막내로 태어났다. 1967년에 고교 졸업 후 대기업 제철 회사에 취직하고 오랫동안, 간토 지방에서 보내게 된다. 1989년 친정이 무인화된 것을 계기로 고향과의 연결을 생각하고 우선 1992년에 주소를 친정으로 되돌리는 형식적으로는 '이주'의 형태를 취하다 당시 다케시타 내각의 고향 동창생 등 고향에 대한 공헌을 요구하는 시대 배경에 있어 납세라는 형태로 우선은 고향과의 접점을 되찾아간다. 그리고 2002년 이전부터 희망하던 전근이 이루어져, 이웃 현의 카가와에 부임하게 되어 집에서 출퇴근함으로써 35년만에 고향에서의 생활을 재개하는 것이다. 이후 자치회 활동에 적극적으로 참여한다. 노인들만 모인 가운데 젊은이로 자치회장을 맡아 농촌 무대 부활 공연을 하고 헬리포트 설치를 시도하는 등 고향 마을의 재생을 위해 힘쓴다.

④ 매개적 지식인

H씨의 경우 이 지역 출신이지만 도시에 나와 대기업에 오랫동안 근무한 경험이 눈길을 끈다. 고향을 떠난 출신이기 때문에 비교적 지역에 수용되기 쉽다는 점을 들 수 있다. 또 대기업 근무 경험상 관공서와 절충해 지역에 유익한 사업을 찾아내 서류를 작성해 신청하는 등 기술적인 작업을 비교적 수월하게 하는 것도 크다. 또, 대기업에서 관리직의 경험은 주민 조직의 운영에 활용되고 있다고 생각할 수 있다. H씨는 현지 지역의 내부와 외부를 매개해 나가는 한편 유익한 정보나 지식, 자금이나 인재 등을 외부로부터 조달할

수 있는, 어떤 종류의 지식이나 기술을 가진 인재 '매개적 지식인'이라고 할 수 있다.

⑤ 마을 만들기와 상징

보존회 청소 등 자원봉사와 오쿠스 축제를 실행하는 젊은 위원회에서 국가 지정의 천연기념물 '카모의 큰 키스'를 심볼로 하는 지역 커뮤니티의 형성·유지와 구조에 대하여 조사하였다. 결과적으로 오쿠스를 지키는 활동을 통해 지역을 보호할 수 있게 되었다. 특히 약 30년 전부터 유지에서 시작한 축제를 실행하는 젊은 위원회는 이 활동을 통해 담당자의 재생산이 잘 돌아가고 있다.

결과적으로 법시 마을은 지역축제에 대한 열심, 문화재보존회의 환경보호 활동과 천연기념물 보존활동을 통한 커뮤니티력과 방재력의 강화, 그리고 문화유산을 지키는 것이 스스로를 지키는 일이며, 공동체를 형성·유지할 수 있는 원동력이 되고 있으며, 성공적이고 상징적 레질리언스의 사례가 되고 있다.

2) 안산시 공동체 회복 프로그램 적용 사례[41]

① 공동체 회복 프로그램

한국의 대표적 여객선 침몰사고로 2014년 세월호 침몰사고가 있다. 안산시는 세월호 참사 수습과정에서 국내에서는 최초로 공동체 회복 프로그램을 통한 지역사회 복원을 시도하였다.

오쿠스 축제

국가 지정 천연기념물

그림 3-24 마을 축제와 상징물

---

41) 행정안전부 행정자료(2021), 재구성

공동체 회복프로그램은 중앙정부와 안산시가 지원체계를 구성하고, 안산시에서 프로그램 개발 및 사업을 실행하며, 기관·사업지원기관 등이 운영을 수행하는 역할 분담을 하였다. 안산시는 5대 핵심사업으로 '이해와 포용(관계망 확충)', '대외적 가치 확산(재난 극복 모델 구축)', '미래세대(성장 기반 마련)', '사회갈등 치유(치유활동가 양성)', '지속 자립(역량 강화)'을 추진하였다.

공동체 회복프로그램 운영 성과는 안산시 내 공동체 사업 수행 단체는 총 30개인 것으로 알려졌으며, 약 110개의 공동체 사업 프로그램을 운영하였다. 프로그램 내용은 주로 '이웃 관계 증진', '4·16 이해', '피해자 일상생활 지원', '정서적 지원' 등으로 구성하였다. 이런 공동체 회복프로그램 운영에 대하여, 전문가들은 공동체 회복프로그램이 몇몇 지역이나 특정 집단에 집중되면서 도리어 주민들 사이의 갈등이 발생할 소지도 나타났다고 지적하였다. 또한 공동체 사업 프로그램의 활동 유형이 몇몇 분야에 집중되고 구성 내용의 다양성이 충실하게 수행되지 못한 한계를 보인다는 의견을 제시하였다.

이런 전문가들의 개선 의견에도 불구하고 아직 성과를 논하기는 이르지만, 일각에서는 재난, 사회적 참사에 대응하여 단기적으로 협소하게 피해자에 국한되는 지원을 하는 것이 아니라 지역사회의 통합과 복원이라는 의제를 도출한 점에서 큰 전환의 계기를 마련한 것으로 평가되고 있다.

② 정책적 시사점

전문가들은 재난 이후 공동체 정책을 통한 지역사회의 온전한 복원을 위해서는 재난을 바라보는 우리 사회, 그리고 공공 부문의 관점은 장기적으로 전환될 필요가 있다고 제언하였다. 재난을 언급하고 인식하는 과정에서 재난 발생 시점의 단기적 전후 상황만을 재난으로 받아들이는 경향이 존재하는데, 재난의 복잡성, 재난으로 인한 사회갈등의 발생, 재난수습의 장기화 등을 고려할 때 '장기적인 공동체 정책'이 필요하다고 설명하였다.

또한 재난 대응의 공간적 범위를 피해자 혹은 피해자 집중 지역 중심에서 지역사회 전반으로 확장해야 한다고 주장하였다. 최근 발생하는 재난의 피해 범위는 매우 광범위하고 모호하다는 특성이 있고, 재난의 피해가 지역사회로 전가되면서 사회적 갈등을 유발시키는 경우가 다수 발견되므로 재난 대응의 범위를 지역사회 전반에 걸쳐 확장할 필요가 있다는 의견이다. 여기서 공간적 범위 확장은 전체 지역에 무분별하게 지원한다는 의미는 아니며 지역사회 복원이 장기화되는 시점에 지역 활력을 위해 부수적인 피해를 입은 지역사회 전반에 걸친 통합적인 지원이 필요하다는 의견이다.

아울러 지역사회 복원을 촉진하기 위해서는 공동체 정책 도구의 다양화를 모색할 필요가 있다고 지적하였다. 대부분의 공동체 회복프로그램들은 지역사회의 특수성을 반영하지 못하고 획일화[42]되어 정책의 효과성을 저해하는 실정이므로 지역사회의 문제해결을 위한 공적모임 지원, 재난 이후 발생한 지역자산에 대한 기록사업, 사회적 가치 창출을 위한 자산화 사업, 지속적으로 공동체 활동을 이끌어가기 위한 사회적 경제기업으로의 전환 등을 지원해야 할 것으로 제언하였다.

---

42) 일회성 체험활동, 지역적 맥락을 고려하지 못한 문화행사 사업 등

[한국의 위상 – 경제 분야]

◇ 전세계에서 '이것'을 이루어낸 나라는 한국이 유일하다.
- 1932~1910 (27대 519년) 조선시대
- 1897 대한제국(고종 황제즉위, 조선 국호 변경선포)
- 1910~1945 (36년) 일제강점기
- 1919 대한민국 임시정부(중국 상하이)
- 1948 제헌 헌법에 '대한민국은 민주공화국이다.' 국호 선포
- 1950 한국전쟁으로 쑥대밭이 된 한국
- 1970-80년대 '한강의 기적'이라 불리우는 경제발전으로 성장
  * 4-H(1902, 미국), 두뇌(head)·마음(heart)·손(hand)·건강(health)의 청소년 단체. 한국은 1947, 지(智)-덕(德)-노(勞)-체(體)로 시작, 1970년대 새마을운동으로 발전
- 1996 선진국 클럽 OECD 가입 (38국 중 29번째)
- 1997 IMF 외한 위기 - 샴페인을 너무 일찍 터뜨린 나라
- 2009 OECD DAC (Development Assistance Committee) 가입
  * 개발원조위원회(28국 중 24번째): 선진국의 개발도상국 원조 기구
☞ 세계 220여 국가 중, 도움을 받는 개발도상국에서 → 도움을 주는 나라, DAC(개발원조위원회) 회원국은 한국이 유일

◇ 2023년 기준, 한국의 경제는
- 국내총생산(GDP) 1조6,650억 달러 (세계 13위)
- 1인당 GDP 3만1,637달러 (세계 23위)
- 경제성장률 2.6%
- 군사력(GFP) (세계 6위)

| 참고문헌 |

- 강상준 외. 2013. 자연재해로부터의 지역사회 회복탄력성 도입방안, 경기연구원
- 강상준. 2017. 레질리언스 체계확립은 재난안전사회의 전제조건. 한국방재학회
- 강휘진. 2019. 재난대비론(초고)
- 국립정신건강센터. 2021. 재난 정신건강 실무자를 위한 표준 매뉴얼
- 김동현 외. 2017. 특수 재난 분야 역량 진단 용역보고서. 행정안전부
- 김동현. 2017. 기후변화 적응과 재난, 도시의 레질리언스. 한국방재학회
- 김용균 외. 2021. 방재안전학, 비앤엠북스
- 김용균. 2018. 한국 재난의 특성과 재난관리. 푸른길
- 김은남. 2014. 선장은 3년형 해경은 무죄… 남영호 판결. 시사IN
- 김정곤·임주호·이성희. 2015. 레질리언스 도시재생 모델에 관한 연구. LH연구원
- 김종우. 2020. PDCA 모델을 통한 민관협력 거버넌스 재난관리 요소 중요도 평가. 광운대학교 박사학위 논문
- 김진원 외. 2014. 재난관리론, 동화기술
- 네이버 뉴스; 지식백과; 나무위키; 위키백과; 향토문화전자사전 등 인터넷 자료
- 대구광역시. 2003. 대구지하철 방화사고 백서
- 박정현. 2017. 제4차 산업혁명과 유통산업의 미래. 코스모닝
- 박준우. 2017. 월간 HR insight(2017. 3월호)
- 배계완. 2016. 안전문화 그리고 증진방안. 한국산업안전보건공단
- 서동현·한우섭·최이락. 2020. 화학공장 화재·폭발사고 사례의 시스템적 원인분석에 대한 연구. 산업안전보건연구원
- 서지영 외. 2014. 미래 위험과 회복력, 과학기술정책연구원
- 소방방재청. 2009. 재난관리 60년사, 학천에듀넷
- 송진원. 2021. 특수단 '세월호 수사 외압 없었다.'연합뉴스
- 신상민·박희경. 2015. 지역사회 재난 탄력적 대응 위한 통합 재난안전 관리체계 개선방안. 한국방재안전학회
- 안산온마음센터(재난심리지원종합플랫폼) 홈페이지
- 안재현·김태웅·강두선. 2017. 재해복원력의 개념과 도입필요성. 한국방재학회
- 양정열. 2019. 레질리언스 엔지니어링에 대한 고찰. 안전보건리포트(2019-1호)
- 유병태. 2014. 재난분야 국제표준(ISO/TC223) 현황분석 및 효율적 대응방안. 국립방재연구소
- 윤명오 외, 2009, 효율적 예산집행을 위한 국가재난관리체계 구축방안 연구, 국회예산정책처
- 윤완철. 2017. resilience assessment. 국민안전처강연(2017. 6. 9.)
- 윤완철·양정열. 2019. 산업안전 패러다임의 전환을 위한 연구. 안전보건공단
- 윤완철 외. 2020. 레질리언스(안전탄력성) 및 안전하부문화 진단 및 개선 방안. 한국서부발전(주)
- 윤지나. 2018. 원인과 결과의 경제학. 리더스북
- 윤향미. 2008. 장애아동 가족의 스트레스와 양육효능감에 관한 연구: 가족탄력성(family resilience)의 효과를 중심으로. 침례신학대학교 석사학위논문
- 이재열, 2021, 위험관리 역량과 정부의 역할, 서울대 지식교양 강연(생각의 열쇠)
- 이종열·이종영·최진식·정지범. 2014. 재난관리론. 대영문화사
- 이종현·김미라·고재철. 2021. 선진 재난안전의식의 활성화 방안 연구. KOSDI

- 임현우. 2019. 재난관리론(이론과 실제), 박영사 290
- 장시성. 2008. 한국의 재난관리체계 구축 방향에 관한 연구: 명지대학교 박사학위 논문
- 정병도. 2015.「재난관리론」, 동화기술
- 정주철·배경완. 2017. 기후변화와 레질리언스 평가. 한국방재학회
- 정지범·이재열. 2009. 재난에 강한 사회시스템 구축: 복원력과 사회적 자본. 한국행정연구원
- 제주역사와 마을. 2020. 남영호 조난자 기념탑. 블로그 사랑해
- 조성. 2017. 한국의 지방정부 재난대비 활동과 재난관리 조직 레질리언스 관계분석. 충북대학교 박사학위논문
- 조원철. 2004.방재안전관리분야의 지역주민 참여제도, 현대사회문화연구소
- 조창근. 2012. 재난대응시 기관간 협력체계의 개선에 관한 연구. 서울시립대학교 석사학위논문
- 주필주. 2019. 커뮤니티 레질리언스 관점에서 본 한·일 재난대응체계 비교 연구: 경주지진과 구마모토지진 사례 중심. 서울시립대학교 박사학위논문
- 최희천. 2010. 재난관리 단계의 기존인식에 대한 비판적 고찰, 한국위기관리논집
- 쿨재팬리포터. 2022. 동일본 대지진 피해복구 및 부흥 노력. 블로그 챈챈
- 탈핵신문. 2020.3월(75호). 후쿠시마에서 출발하는 '부흥의 불' 올림픽 성화. https://nonukesnews.kr
- 하수정 외. 2014. 지속가능한 발전을 위한 지역 회복력 진단과 활용 방안 연구. 국토연구원
- 한국서부발전(주). 2021. 안전패러다임 전환으로 사고예방을 위한 레질리언스 중장기 전략체계 정립
- 한우석. 2017. 방재분야에 레질리언스 개념 도입 및 정책 동향. 한국방재학회
- 한우석. 2017. 방재분야의 레질리언스 개념 및 미국의 적용 동향. 물과 미래
- 행정안전부. 연도별 재해연보; 폭염종합대책 등 내부행정자료
- 행정안전부. 재난연감 등 내부행정자료
- 행정안전부. 연도별. 재난심리 매뉴얼 등 내부 행정자료
- 현진희 외. 2021. 2021년 세월호 참사 피해자 실태조사 연구. 안산온마음센터
- 홍성현. 2016. 안전 패러다임의 전환(안전시스템의 과거와 미래). 세진사
- 홍성호. 2019. 레질리언스 역량이 조직효과성에 미치는 영향. 광운대학교 박사학위논문
- 홍성호·서승현·이원호. 2019. 재난관리조직의 레질리언스 역량이 조직효과성에 미치는 영향. 한국방재학회
- 홍성호·서승현·이원호. 2020. 레질리언스 역량과 조직효과성 간의 재난관리 조직 유형의 조절효과 분석. 한국방재학회
- 홍성호·이원호. 2018. 재난 및 안전관리분야 정부조직개편 추세. 한국방재학회
- 홍종현. 2022. 처벌 vs 예방… 중대재해 근절 답은 어디에. 뉴스핌
- 山泰幸(Yoshiyuki YAMA). 2019. 충북대학교 초청 강연(2019.5.31)
- history1988.tistory.com. 테네리페 여객기 충돌사고
- RE 안전환경. 2021. 재해방지 및 원인분석 방법. sec-9070tistory.com
- Bainbridge, Lisanne. 1983. Ironies of automation, Automatica, 19, 775-79.
- Baird, M.E. 2010. The Phases of Emergency Management, Paper presented for the International Freight Transportation Institute(IFTI), University of Memphis.
- Bird, F.E. and Germain, G.L. 1992. Loss Control Leadership. Loganville, GA: International Loss Control Institute.

- Chung, Jibum and Yun, Giwoong. 2013. Media and social amplification of risk: BSE and HINI cases in South Korea, Disaster Prevention and Management, vol.22 no.2, pp.148-159.
- Cook, R.I. and Woods, D.D. 1996. Adapting to new technology in the operating room, Human Factors, 38(4), 593-613.
- Davoudi, S. 2012. Resilience: a bridging concept or a dead end?, Planning Theory and Practice, Vol. 13, No. 2, pp.299-307.
- FEMA. 1984. Objectives for Local Emergency Management, CPG1-5. Washington, DC.
- Folke, Carl et al. 2010. Resilience thinking: Integrating Resilience, Adaptability and Transformability.
- Folke, Carl. 2006. Resilience: The emergence of a perspective for social-ecological systems analysis.
- Fritz, C. E. 1961. Disaster. Washington: Institute for Defense Analyses, Weapons Systems Evaluation Division.
- Guldenmund, F. and Bellamy, L. 2000. Focussed Auditing of Major Hazard Management Systems.
- Haddow, G.D., Bullok, J.A. and Coppola, D.P. 2011. Introduction to emergency management(4th ed), Burlington, MA: Elsevier.
- Hawley, D. R. and DeHaan, L. 1996. Toward a definition of Family resilience: Integrating lifespan and family perspectives, Family Process, vol. 35: 283-298.
- Hollnagel, E. 1998. Cognitive Reliability and Error Analysis Method, Oxford: Elsevier Science Ltd.
- Hollnagel, E. 2004. FRAM – a handbook for the practical use of the method.
- Hollnagel, E. 2012. The Functional Resonance Analysis Method for Modelling Complex Socio-technical Systems, Farnham: Ashgate.
- Hollnagel, E. 2014. Safety I and Safety II, Ashgate.
- Kasperson, R. E. and Pijawka, K. D. 1985. Societal Response to hazards and Major Hazard Events.
- Kasperson, R., Renn, O., Slovic, P., Brown, H. and Emel, J. 1988. Social Amplification of Risk: a Conceptual Framework, Risk Analysis, vol.8 no.2, pp.177-187.
- Kreps, G. A. 1984. Sociological Inquiry and Disaster Research. Annual Review of Sociology, 10(1): 309-330.
- McCubbin. H. I., et al. 1996. Family assessment: Resiliency, coping and adaptation, University of Wisconsin Publishers.
- Merton, R.K. 1938. The unanticipated consequences of purposive social action, American Sociological Review, 1(6), 894-904.
- Patterson, J. M. 2002. Integrating family resilience and family stress theory, Journal of marriage and Family, vol. 64 no. 2: 349-360.
- Petak, W. 1985. Emergency Management: A Challenge for Public Administration, Public Administration Review, vol.45, pp.3-7.
- Real Fukusima. (https://real-fukushima.com/j_village/)
- Reason, J. 1931. Human Error, Cambridge: Cambridge University Press.
- THERP. 1983. Technique for Human Error Rate Prediction.(Swain,A.D. and Guttmann, H.E., Hand-

book of Human Reliability Analysis with Emphasis on Nuclear Power Plant Applications, NUREG/CR-1278, USNRC)
- White, I. and O' Hare, P. 2014. From rhetoric to reality: which resilience, why resilience, and whose resilience in spatial planning?, Environment and Planning C: Government and Policy, Vol. 32, pp.934-950.
- William J. Petak의 1985년 미국 행정학보에 기고한 논문(원문)

Emergency Management: A Challenge for Public Administration
William J. Petak, University of Southern California

Throughout history public policy makers have sought to anticipate the unexpected in order to reduce the risk to human life and safety posed by intermittently occurring natural and man-made hazardous events. Their efforts have provided the foundation for the current focus on emergency management as an important function of federal, state, and local governments. Within the context of the various statutes, regulations, and ordinances, emergency management can be defined as the process of developing and implementing policies that are concerned with:

- Mitigation-Deciding what to do where a risk to the health, safety, and welfare of society has been determined to exist; and implementing a risk reduction program;
- Preparedness-Developing a response plan and training first responders to save lives and reduce disaster damage, including the identification of critical resources and the development of necessary agreements among responding agencies, both within the jurisdiction and with other jurisdictions;
- Response-Providing emergency aid and assistance, reducing the probability of secondary damage, and minimizing problems for recovery operations; and
- Recovery-Providing immediate support during the early recovery period necessary to return vital life support systems to minimum operation levels, and continuing to provide support until the community returns to normal.1

Public administration, as a discipline, has generally neglected to consider emergency management within the mainstream of its activities. Historically, emergency management was considered only a function of law enforcement and fire departments, with support in the event of a major catastrophe from public health and civil defense organizations.

Specifically, both public policy and public institutions have been slow to respond and meet the challenges posed by a complex technological society, and society has in many respects become a victim of our technological genius. We have allowed immediate economic return to govern the decision-making process while ignoring potential long-range consequences. The result has been an increase in the exposure of people and property to extremely risky situations as exemplified in the increased land development in coastal storm areas, inflood plains, in areas adjacent to hazardous waste landfills, airports, and nuclear power plants, and on unstable hillsides.

There has been a consistent institutional and political lag in identifying and mitigating increasingly hazardous situations. Public administration has generally been limited to a crisis-reactive management approach, whereas the seriousness of the situation demands a more proactive stance, specifically in the areas of mitigation and preparedness.

It should also be noted that the primary focus of research in the emergency management area has been in the general area of human response and the application of technological fixes. Little has been accomplished in the development of a better understanding of public problems and finding solutions from a public policy/public management perspective.

Emergency management must become a central activity of public administration, whether at the federal, state, or local level or as an intergovernmental activity. The field is complex and many approaches can be taken to identify our problems and needs. One approach is to list the basic elements of hazard management under generic headings (e.g., disaster phases, managerial functions, organizational relationships, or the technical/physical aspects of each hazard), and then identify combinations of elements that correspond to the specific problems and needs. However from a systems perspective, an integrated and comprehensive approach to defining problems and needs is more appropriate. The following figure illustrates the various interrelationships which affect the field of emergency management.

Hazard Losses

Losses due to various calamitous events are continuing to rise because more people are living in hazard zone areas and because property values have been rising at a rate greater than inflation. In the area of natural hazards there have been several studies which estimated and/or forecasted annual losses. In 1969, one team of analysts2 esti-

---

William J. Petak is associate professor and chairman of The SystemsManagement Department at the University of Southern California.He is also director of The Risk and Emergency Management Labora-tory. He is co-author of *Natural Hazard Risk Assessment and PublicPolicy* with A. A. Atkisson. He is currently a principal investigator ontwo National Science Foundation Earthquake Hazard Reductiongrants.

			Intergovernmental/Organizational/Stakeholders				
			Federal	State	Local	Regional	Other Stakeholders
Disaster Phases	Pre-Disaster	Mitigation					
		Preparedness Planning and Warning		Roles and responsibilities in managing man-made and natural hazard occurrences			
	Post-Disaster	Response					
		Recovery					

mated that the 40-year costs (1925-1965) of hurricanes, floods, tornadoes, and earthquakes had reached $21,467,000,000 (in constant 1970 dollars) and 15,768 deaths. In 1975, another team of researchers3 estimated that direct property losses from 15 natural hazards equaled $23 per capita, or 0.05 percent of per capita income.

Petak and Atkisson4 utilized computer model data to estimate the annual expected losses produced in the United States as the result of exposure of people and property to nine natural hazards. Expressed in 1980 constant dollars, this particular study indicates that the national aggregate annual expected value of selected dollar losses induced by the exposure of people and property to only nine types of hazardous natural events currently exceeds $22.3 billion per year and that these annual expected losses will rise to a level of approximately $37.7 billion in the year 2000. The annual expected life loss from such exposures will rise from 1,183 to 1,790 over the same period.

These loss estimates do not include the dollar value of damage to vehicles, other similar types of equipment, and community infrastructure. Also, these estimates do not include the dollar value of the losses which may be expected from the secondary effects induced by the primary hazards. Among these secondary effects are dam failures, fires, and other similar phenomena. Conservative estimates suggest that annual expected losses could as much as double when these additional losses are taken into account.

Dilemmas for Policy Makers

It is understood that policy makers face other difficult questions in addition to determining the appropriate roles of federal, state, and local governments in limiting future losses from hazard exposures and defining the scope of government-sponsored programs designed to ameliorate the economic and human burdens created by such events.5 Public projects intended to provide an engineered reduction in the future magnitudes of hazardous events (such as riverine or coastal floods) may involve greater economic costs than monetarily calculable benefits. They may extend benefits to one group but impose costs on still other groups.

Regulatory policies targeted on reducing the vulnerability of buildings and community infrastructure to the forces exerted by hazardous events may similarly result in amortized costs which exceed the economically calculable future stream of benefits resulting from the regulations.

Decisions concerning whether, when and whom to protect from hazardous natural or technologic events are increasingly difficult to deal with and may produce chains of related questions concerning the circumstances under which public intervention is or is not warranted. The role of public and private insurance systems has yet to be fully explored and the use of hazard area avoidance policies by state and local governments has yet to be fully exploited. As the problems are getting more complex, the public solution mechanism is not developing at a rate sufficient to manage the problems. As time goes on public response seems to be less capable of meeting the demands of disasters.

Large losses of life and property will occur in the future as a result of our failure to identify adequately and avoid high-risk areas and, further, because of our continued inability-whether justified or not-to adopt appropriate loss-prevention mitigation strategies, such as improved building codes, land-use practices and other hazard avoidance activities. The policy issues and questions raised by these subjects have yet to be fully addressed and will probably remain as lively entrants on our public policy agendas for years to come. If we do not make significant progress, the problems of today will seem minor comp d to future realities.

Challenges to Public Administration

Clearly, the challenges to public administration in the management of disasters and emergencies are many. Rational approaches to hazard management must take into account the social, technical, administrative, political, legal, and economic factors that influence the outcomes of such activities. Indeed, understanding politics and the intergovernmental complexities may be of greater importance to the success of mitigation and preparedness activities than scientific knowledge, technologic remedies, or their associated economic costs and benefits.

A number of conditions continue to work against efforts to solve the ever-present problems. They can be generally summarized as follows:6

1. Policy makers view other current problems as more pressing and important. There are insufficient advocates within the internal workings of legislative bodies, which results in a lack of political support and necessary resources.
2. Constituencies and advocacy groups supporting hazard management policy do not represent a powerful political force, except perhaps after a disaster occurs. Thus, legislation tends to be enacted in the immediate wake of a disaster, often under urgent circumstances and on the basis of incomplete information.
3. Political and/or economic costs are seen as disproportionate to the benefits of solving problems, thus deterring legislators from taking action.
4. Hazard problems are rife with complexity and uncertainty and are not necessarily responsive to conventional economic rationality.
5. Technical and administrative capacities of local governments are limited in dealing with the complexity of the problems.
6. Intergovernmental and intraorganizational complexity often leads to lack of a coordinated response, distrust, and conflict.
7. Factual issues are not easily reconciled with social values and there is an inability in the regulatory process to integrate facts, values, and judgment due to the lack of critical information, the bias in factual judgments, and the liability of value judgments.
8. Increasing prospect of public liability resulting from a disaster is of increasing concern.

In summary, emergency managers today find themselves involved in systems controlled by increasingly complex forces that simultaneously stimulate and constrain their actions and, thus, have a direct effect on the successful integration and implementation of any comprehensive emergency program. These forces include technical concerns, such as attempts to quantify factors we know little about; sociopolitical pressures; conflicting and interdependent programs; and management strategies that have not been verified or proven because of insufficient field testing.

In view of this multiplicity of forces, it is easy to understand why the level of conflict between approaches and institutions has risen and why it is difficult to arrive at effective integration and implementation of emergency policies and plans. It is safe to state that:

1. Although many hazard problems have been caused by the application or misuse of technology, solutions require the integration of both technological and political alternatives.
2. Problem-solving decisions always involve risks.
3. To achieve a safer environment, plans and programs must be developed, integrated, and implemented on the basis of ability both to understand existing conditions and to predict future consequences.

The emergency manager must be the organizational leader who manages the conflicts that inevitably arise from differing philosophies and territorial imperatives, and facilitates the integration and implementation of emergency management policies, plans, and programs. Furthermore, traditional managers must engage in serious personal developmental activities and support organization development programs if the challenges of comprehensive emergency management are to be met. This will be necessary in order to overcome the problems created by the traditional functionally oriented organizations which tend to impose significant limits on meeting complex system demands.

It is important to note that current decision-making approaches tend to put a great deal of power in the hands of technical experts and professional administrators who are not directly accountable to the public. Elected officials must, therefore, assert their responsibility as representatives of the public and actively engage in the process of exercising value judgments which will lead to agenda setting, resource allocations, staffing, training, and, ultimately, the effective implementation of a program designed to mitigate against, prepare for, respond to, and recover from disasters when and if they should occur.\

Decision Rules

Even though policy makers and emergency managers

are able to meet the challenges, citizens will generally demand that government insure that they live, work and play in a safe environment. Thus, many rules, regulations, and ordinances are adopted with the intent of meeting this demand. However, there should be a general understanding that "zero risk" is not a possibility, and that "safe" is not the equivalent of "risk free." This was clearly stated in a U.S. Supreme Court opinion which required several justices to address the question "How safe is safe enough?" when considering an Occupational Safety and Health Administration (OSHA) regulation on benzene exposures in the work place.7

In his dissenting opinion, Justice Marshall stated that: "When the question involves determination of the acceptable level of risk, the ultimate decision must necessarily be based on considerations of policy as well as empirically verifiable facts. Factual determinations can at most define the risk in some statistical way; the judgment whether that risk is tolerable cannot be based solely on a resolution of the facts."8

Noting that "the factual finger points, it does not conclude," the dissenting minority drew attention to the numerous scientific uncertainties which confronted OSHA when the original regulation was drafted. Although disagreeing with the majority opinion which rejected OSHA's regulations, the minority noted the possible importance of potential public problems to which OSHA's contested regulation was addressed. Confessing an inability "to know whether the actions taken by Congress and its delegates to ensure safety represents sound or unsound regulatory policy,"9 the minority took pains to note that the administrative regulators were not "prohibited from examining relative costs and benefits in the process of setting priorities...," and underlined the fact that their opinion was not to suggest that: "systematic consideration of costs and benefits is not to be attempted in the standard setting process. Efforts to quantify costs and benefits, like statements of reasons generally, may help to promote informed consideration of decisional factors and facilitate judicial review."10

This opinion illustrates the difficulty of resolving such issues as well as their importance to the emergency manager. Specifically, the court, in emphasizing the linkage between issues of fact and value, appears to have established the framework within which hazard problems will be considered in the future.

Although this specific case does not directly apply to disaster policy and falls short of resolving the question of the extent to which formal risk analysis, benefit-cost, and other decision-aiding methodologies are required for use by decision makers in the public policy-making system, the case does suggest the extent to which the formal methods of risk analysis are deemed of potential importance by the courts in terms of the central mission of assisting managers in the discharge of their duties.

It is clear that risk-benefit-cost analysis will eventually enter the realm of emergency management and politics. That is, choices between risks and benefits determining which risks are worth taking by society to attain which benefits-are political and are most appropriately made by officials who are politically accountable. However, political officials will require that analysis be supported by procedures that permit public participation. Emergency managers responsible for preforming analyses will therefore be required to expose the assumptions and methods to public scrutiny. This will require that the manager and analyst develop the knowledge and skills required to communicate effectively with a public that has not adequately developed the sophistication necessary to deal with complex and probabilistic conditions.

Conclusion

The concept of an integrated emergency management system is based on the belief that the efforts of many disciplines are necessary if we are to reduce the consequences of natural and man-made disasters. No one professional field involved need necessarily "do it all," nor does any one professional need necessarily possess expertise in handling all of the professional areas. However, the public administrator, as emergency manager, must have the conceptual skill to understand (1) the total system, (2) the uses to which the products of the efforts of various professionals will be put, (3) the potential linkages between the activities of various professional specialists, and (4) the specifications for output formats and language which are compatible with the needs and understanding of others within the total system. As with any other problem-focused management system, the emergency management system must give full consideration to the problems associated with authority relationships, conflict management (i.e., who is responsible, who is accountable, who pays, who controls), and legal authority versus perceived responsibility.

Only when public administration fully accepts and prepares to meet the challenge of achieving efficient and effective emergency management will we see a significant reduction in human suffering and economic loss due to unnecessary exposure of people and property to the risks associated with a complex, technologic, urban society.

Notes

1. Some of the best information found in the public sector literature with emphasis on disaster policy, including discussion of the four phases of comprehensive emergency management was prepared by the Center for Policy Research for the National Governors' Association. Results of the NGA Disaster Assistance Project can be found in National Governors' Association, *1978 Emergency Preparedness Project Final Report* (Washington, D.C.; U.S. Government Printing Office).
2. D. C. Dacy and H. Kunreuther, *The Economics of Natural Disasters, Implications for Federal Policy* (New York: Free Press, 1969).
3. G. F. White and E. J. Haas, *Assessment of Research on Natural Hazards* (Cambridge, Mass.; MIT Press, 1975). The hazards inventoried were avalanche, coastal erosion, drought, earthquake, flood, frost, hail, hurricane, landslide, lightning, tsunami, urban snow, volcano, and windstorm.
4. W. J. Petak and A. A. Atkisson, *Natural Hazard Risk Assessment and Public Policy* (New York: Springer-Verlag, Inc., 1982). The hazards examined were earthquakes, landslide, expansive soil, riverine flooding, coastal storm surge, tsunami, hurricane wind, tornado winds, and severe local winds. Seven of these hazards may be viewed as having catastrophe-producing potential.
5. A survey conducted by the Social and Demographic Research Institute at the University of Massachusetts of 2,300 politically influential individuals in a sample of 20 hazard-prone states and 100 hazard-prone local communities revealed that national hazards were not perceived as a very serious or high priority policy; and when the need for mitigation is recognized, preference is expressed for distributive rather than regulatory policies. See P. H. Rossi, J. Wright, and E. Webber-Burden, *Natural Hazards and Public Choice* (New York: Academic Press, 1982).
6. For further discussion of the conditions that mitigate against increased effectiveness of the emergency management system see *ibid.*; A. A. Atkisson and W. J. Petak, *Seismic Safety Policies and Practices in U.S. Metropolitan Areas: A Three City Case Study* (Washington, D.C.; Federal Emergency Management Agency, 1981); Petak and Atkisson, *National Hazard Risk Assessment and Public Policy, op. cit.*; and T. E. Drabek, A. H. Mushkatel, and T. S. Kilijanek, *Earthquake Mitigation Policy: The Experience of Two States* (Boulder, Colo.: Institute of Behavioral Sciences, University of Colorado, 1983).
7. Industrial Union Department, AFL-CIO vs. American Petroleum Institute et al., U.S. Supreme Court 78-91, 2 July 1980, U.S. Government Printing Office, Washington, D.C.
8. *Ibid.*
9. *Ibid.*
10. *Ibid.*

찾아보기

[ㄱ]

가외성(redundancy)	267, 299
가외성(robustness)	248
가치와 믿음(values and beliefs)	250
강건성(robustness)	267
강두선	243, 271
강상준	251, 252, 270, 296, 297
거버넌스 하위시스템(governance subsystems)	298
경제자본	167
경제적 다양화(economic diversification)	251
경제적 하위시스템(economic subsystems)	298
경주 지진	120
고 능력조직(high resilient organization)	273
고 신뢰성 이론(high reliability theory)	164
고 신뢰성 조직	179
고 위험기술(high-risk technology)	164
공동체 회복프로그램	315
공명현상	152
공학적 레질리언스(engineering resilience)	246, 248, 261
국가대비(PPD-8)	280
국가대응계획(national response plan: NRP)	301
국가대응체계(national response framework: NRF)	301
국가재난관리 조직	181
국가재해복구체계 (national disaster recovery framework: NDRF)	301
국가트라우마센터	249
국립정신건강센터	249, 260
국민안전처	185, 303
국민안전포털	260
국제표준화기구 (international organization for standardization: ISO)	168
국토강인화 기본법	269
국토강인화(national resilience)	269
권태정	267, 268
권혁면	271
균형상태(equilibrium or steady state)	246
근로기준법	157
근원 분석(root cause analysis: RCA)	150
급진적 재난	265
긍정적인 스트레스(eustress)	257
기능(function)	253
기능공명분석 (functional resonance analysis method: FRAM)	154, 253
기능유지(maintain function)	248
기술재난(technological disaster)	300
기업재난관리표준	171
긴밀한 결합(tight coupling)	164
김동현	152, 271, 274, 275, 276, 277, 278
김병석	162
김용균	161
김정곤	248, 296, 297
김진근	297
김태웅	243, 271
김현주	261

[ㄴ]

뉴 노멀(new normal)	262

[ㄷ]

다변성(transformability)	248
다시 회복하는(bounce back)	264
다양성(diversity)	299
다차원적인 위험(multiple risk)	243
대구 지하철공사장 폭발	181, 182
대응(response)	309
더 나은 상태로 회복하는(building back better)	262
도미노 모델	148
도미노 이론	143, 152, 161
도시방재력	243
디자인에 의한 재건(rebuild by design)	302

[ㄹ]

라 메트리	179
레질리언스(resilience)	154, 241, 243, 305
레질리언스 공학(resilience engineering)	155, 245
레질리언스 공학의 4핵심 능력	273
레질리언스 공학의 핵심 4역량	281
레질리언스 안전연구회	270
레질리언스 역량	303, 304, 307, 308, 309

레질리언스 핵심 4역량	279, 280, 281, 282
레질리언스의 핵심 4요소	279
류상일	43
리더십'(leadership)	251
리스크 식별 및 판정	50
(identifying and assessing risk: THIRA)	
리즌(J. Reason)	163

[ㅁ]

물리적 인프라 하위시스템	298
(physical infrastructure subsystems)	
물리적 자본	167
물적 자본	167
미국항공우주국(NASA)	165
미연방재난관리청	302
(federal emergency management agency: FEMA)	
민관협력 거버넌스	40, 43
민관협력체계(public-private-partnership: PPP)	30
민방위본부	182
민방위재난통제본부	182

[ㅂ]

박영오	43
박준우	149
박희경	267, 268
방재안전 직렬	41
배경완	242, 271
변동성(variability)	144
변화성(variability)	247
보호(protection)	27, 49
복구(recovery)	27, 49, 248
복구기간(return time)	248
복수 평형(multiple equilibria)	248
복원력	243, 270
복잡한 상호작용(complex interaction)	164
복지(well-being)	166
부(wealth)	20
부정적인 스트레스(distress)	257
분산화(decentralization)	267
불변(constancy)	248

불안전한 감독(unsafe supervision)	163
불안전한 행동(specific acts)	163
브룬트란트 보고서	267
비예측성(non-predictability)	247

[ㅅ]

사고분석	245
사전 부흥	285
(pre-revitalization and pre-disaster risk reduction)	
사전 조건(precondition)	163
사전감시	245, 273, 274, 275
사전대응	245, 273, 276, 277
사전복구계획(pre-disaster recovery plan: PDRP)	302
사전예측	245, 273, 274
사회-생태학적 레질리언스	241, 247, 248
(social-ecological resilience)	
사회기반시설'(infrastructure)	251
사회자본	167
사회적 네트워크(social networks)	250
사회적 레질리언스(social resilience)	247, 248
산업재해 예방: 과학적 접근	176
(industrial accident prevention: a scientific approach)	
삼풍백화점 붕괴	181, 182
상징적 레질리언스(symbolic resilience)	5, 253, 314
상징적 부흥(symbolic recovery)	286, 287
상호작용(cross-scale dynamic interactions)	248
상호작용(interplaydisturbance and reorganization)	248
생산된 위험(manufactured risk)	20
생태적 레질리언스(ecological resilience)	246, 248
생태적 하위시스템(ecological subsystems)	298
생태학적 레질리언스	241
서동현	252
서지영	246, 247, 251
선행조건(precondition)	253
선형적 사고모형(sequential model	143
성기환	43
성능(performance)	299
성수대교 붕괴	181, 182
성장의 한계(the limits to growth)	166
소방방재청	185, 258, 303

수용력(capacity)	166
스위스 치즈 모델(Swiss cheese model)	148, 161, 163
시간(time)	253
시민사회 하위시스템(civil society subsystems)	298
시스템 레질리언스(system resilience)	5, 161, 269, 308, 310
시스템 분야 레질리언스	271
시스템적 사고모형(systemic model)	144
신상민	267, 268
신속성(rapidity)	267
심리학적 레질리언스	241
심우배	166

[ㅇ]

안산온마음센터	292, 293, 294, 295, 296
안재현	243, 271
안전 분야 레질리언스(safety resilience)	269, 271
안전 패러다임	309
안전-I(safety-I)	143, 146
안전-II(safety-II)	143, 152
안전관리	140
안전관리 조직	182
안전관리(safety management)	4, 157
안전관리기본계획	303
안전구역(safety boundary)	151, 152
안전문화의 5단계	153
안전탄력성	270
안전학습	245, 273, 278
안전한국훈련	47
안정상태(stable states)	247
안정적 균형(vicinity of a stable equilibrium)	248
안정적 영역(stability landscapes)	248
양기근	43
양양·고성 산불	117
양정열	252
업무연속성 관리시스템 (business continuity management systems)	171
업무연속성계획(business continuity plan: BCP)	172
역경(adversity)	298
역량(capacity)	264
역량기본계획(capability based planning)	23

역량을 계획 속에 반영하는 능력 (planning to deliver capabilities: NRF)	50
역량진단 4핵심요소	283
역병적 사고모형(epidemiological model)	144
역학적 모델	148
연결성(connectedness)	299
연방재난관리청 (federal emergency management agency: FEMA)	26
예방(prevention)	27, 49
예측(anticipation)	309
예측성(predictability)	247
오윤경	300
와익(Weick)	165
완충능력(buffer capacity)	248
외부교란(disturbances)	246
외상 후 스트레스	294
외상 후 스트레스 장애	250
요구 또는 목표 역량 산정 (estimating capability requirements)	50
우리 공동의 미래(our common future)	166
울리히 벡(Ulrich Beck)	20
원래의 기존 상태로 되돌아오는(bounce back)	262
원소연	43
원인론	152
위키백과	178
위해(danger)	20
위험(risk)	20, 23
위험사회(risk society)	20
위험성 평가	245
위험요인(hazard)	23
위험의 사회적 증폭(social amplification of risk)	44
위협과 위험의 분석 및 평가	49
유병태	169
유순덕	43
유엔개발계획(UNDP)	14
윤완철	252, 270, 271, 273
윤지나	147
이석환	262
이성희	248, 296, 297
이재열	46, 165, 271
이재은	43, 281, 285

이종열	44	재난심리회복지원센터	258
이후 센다이 프레임워크	263	재난심리회복지원제도	258
(Sendai framework for disaster risk reduction)		재난안전관리본부	141, 186
인간-장소 연계(people-place connections)	250	재난피해자	258, 259
인간의 부흥	253, 285	재조직 유지와 발전(sustaining and developing)	248
인과관계	146	재해구조볼런티어네트워크	41
인적 레질리언스(human resilience)	269	(nippon volunteer netwrot active in disaster : NVNAD)	
인적 오류	146, 148, 149	재해구호법	258
인적 자본	167	재해부흥기본법	253
임상규	43	재해부흥제도연구소	253
임주호	248, 296, 297	적응능력(adaptive capacity)	248
임현진	281	적응력(adaptive capacity)	298
입력(input)	253	전국 주지사협의회(national governors' association: NGA) 26	
		전국재난지원단체협의회	41
[ㅈ]		(national voluntary organization active in disaster : NVOAD)	
자급자족(self-sufficiency)	298	전망(outlook)	251
자연자본	167	전은영	299
자연재난(natural disaster)	140, 300	점진적 재난	264
자원(resource)	253	정병도	39
자원의 내구성(resources robustness)	298	정상사고	145, 164
작용 원인(efficient cause)	154	정상사고 이론(normal accident theory)	161, 164
장시성	31	정주철	242, 271
재난 레질리언스(disaster resilence) 262, 263, 264, 266, 296		정준금	281
재난 및 안전관리 기본법	14, 140, 280, 282	정지범	165, 271
재난경감(mitigation)	21	제도적 기억(institutional memory)	299
재난관리 4단계	51	조성	263, 265, 267
재난관리 60년사	183	조직 역량	304, 305, 308
재난관리 책임기관	42	조직 영향(organizational influences)	163
재난관리(disaster management)	4, 19, 27	조직형태	308
재난관리국	182	조직효과성	5, 304, 305, 306, 307, 308
재난관리법	140, 181	존재론	152
재난관리자의 역할	46	종합평가시스템	51
재난대비 요구역량	49	(comprehensive assessment system: CAS)	
재난대비(preparedness)	21	주택도시개발부	302
재난대비의 핵심역량	49	(HUD, department of house and urban development)	
재난대비훈련	49	주필주	33, 299
재난대응(response)	21	중앙재난심리회복지원단	258
재난복구(recovery)	21	지방행정연구원	40, 43
재난심리	258	지속가능 개발(sustainable development)	166
재난심리 회복지원	250	지속가능성	267
		지속가능한 발전	267

지속성(persistence)	247, 248
지식과 학습(knowledge and learning)	250
지역사회(community)	298, 299
진단(monitoring)	309

[ㅊ]

찰스 페로(Charles Perrow)	164
채경석	281
최충호	247
충격 저항(withstand shock)	248
충분히 준비(resourcefulness)	267
취약성(vulnerability)	166

[ㅋ]

커뮤니티 레질리언스 (community resilience)	5, 245, 269, 270, 271, 296, 298
쿨재팬리포터	254
쿼런텔리(Quarantelli, 1993)	23

[ㅌ]

탄력성(resilience)	241, 243, 249, 301
탈핵신문(https://nonukesnews.kr)	289, 290
태풍 매미	113
태풍 사라	85
통제(control)	253
통합시스템 피드백(integrated systemfeedback)	248
통합적 재난관리 5요소	51
통합적 재난관리(integrated emergency management)	23

[ㅍ]

페탁(Willian J. Petak)	21
평가 및 업데이트(reviewing and updating)	51
평가훈련(national exercise program: NEP)	51
평형상태(equilibrium)	246
포괄적이고 통합된 재난관리 (integrated and comprehensive emergency management)	24
포스트 카트리나 위기관리 개혁법 (post-Katrina emergency reform act of 2006)	301
풍수해저감종합계획	303

프랭크 버드 주니어(Frank Bird Junior)	162

[ㅎ]

하나의 공동체(whole community)	23
하수정	263, 297
하인리히 법칙(Heinrich's law)	161
하인리히(Herbert William Heinrich)	161
하현상	262, 267
학습(learning)	248
한계점(threshold)	174
한국산업안전보건공단	176
한국서부발전	309, 311
한국행정연구원	40, 43
한우석	242, 302
항상성(constancy)	246
혁신(innovation)	248
혁신적인 학습(innovative learning)	299
현상학	152
현진희	291
협력적 거버넌스(collaborative governance)	250
홀라겔	51, 52, 271, 281, 282, 283
홍성 지진	88
홍성현	159, 160, 249, 269, 271, 272
홍성호	28, 52, 56, 57, 58, 60, 61, 182, 271, 275, 276, 277, 278, 279, 282, 306, 307
환경과 개발에 관한 세계위원회 (world commission on environment and development: WCED)	166
회복력	241, 243, 270
회복탄력성	270
효고 프레임워크(Hyogo framework for action)	263
효고 행동 강령(Hyogo framework for action	263
효율성(efficiency)	246, 248
효율성과 완전성의 선택 (efficiency-thoroughness trade-off: ETTO)	146
훈련결과보고서 (remedial action management program: RAMP)	51
휴먼 레질리언스(human resilience)	5, 245, 248, 271

[기타]

1:29:300의 법칙	161
10억 달러 국가재해 레질리언스 경쟁대회	302
($1 billion national disaster resilience competition)	
1984년 대홍수	91
1990년 대홍수 99	
2004년 폭설	116
2018년 폭염	127
山泰幸(Yoshiyuki YAMA)	285, 312

[A]

Accimap	245
AcciMap(accident mapping)	252
adaptive capacity	248, 298
Adger	247
Aldunce	265
Andrew Hale과 Jan Hovdend	175
anticipation	309
ational exercise program: NEP	51
Australian Government	251

[B]

Berke	251
Berke & Campanella	266
Blaikie	264
bounce back	243, 261, 264
Bruneau	264, 266
buffer capacity	248
building and sustaining capabilities: NIMS	50
Burton	166
business continuity management systems	171
business continuity plan: BCP	172

[C]

Cannon & Muller-Mahn	244
capability based planning	23
capacity	166, 264, 299
Carlson	267
Carpenter	247
Charles Perrow	149, 164
Christmann	247
civil society subsystems	298
collaborative governance	250
Comfort	264
community	250, 298, 299
community resilience	5, 245, 269
complex interaction	164
comprehensive assessment system: CAS	51
connectedness	299

Conocophillips	268	FRAM(functional resonance analysis method)	252
constancy	246, 248	Frank Bird Junior	162
control	253	Fritz	14
cross-scale dynamic interactions	248	function	253
Cutter	166, 167, 262, 263, 267	functional resonance analysis method; FRAM	154, 253

[D]

danger	20, 139
Davoudi	241
decentralization	267
department of homeland security	27
disaster management	4, 19, 27
disaster resilience	262
distress	257
disturbances	246
diversity	299
Dovers	267
Drexhage	267

[G]

governance subsystems	298

[H]

Haddow	44
Han	264, 265
Hawley	249
hazard	23
Heinrich	149, 176
Heinrich's law	161
Herbert William Heinrich 1	61
high reliability theory	164
high resilient organization	273
high-risk technology	164
Holling	241, 245, 246, 247
Hollnagel	143, 159, 160, 245, 248, 252, 269, 271, 272, 273, 274, 276, 277, 278, 279, 303, 304
Horne & Orr	264
HRO	179
https://nonukesnews.kr	289
HUD, department of house and urban development	301
human resilience	5, 245, 248, 269
Hyogo framework for action	263

[E]

ecological resilience	246, 248
ecological subsystems	298
economic diversification	250
economic subsytems	298
efficiency	246, 248
efficiency-thoroughness trade-off: ETTO	146, 153
efficient cause	154
emergency situation	22
engineering resilience	246, 248, 261
epidemiological model	144
equilibrium	246
estimating capability requirements	50
eustress	257

[I]

IC(integrated circuit)	177
identifying and assessing risk: THIRA	50
industrial accident prevention: a scientific approach	176
infrastructure	251
innovation	248
innovative learning	299
input	253

[F]

federal emergency management agency: FEMA	26, 302
FEMA	14
Folke	246, 247, 248
FRAM	245, 252

institutional memory	299
integrated and comprehensive emergency management	24
integrated emergency management	23
integrated systemfeedback	248
international organization for standardization: ISO	168
interplaydisturbance and reorganization	248
IPCC	265
ISO 22301 171	

[J]

J. Reason	163
Julien Offray de la Mettrie	179

[K]

Kasperson	44
knowledge and learning	250
Kreps	14
Kusumastuti	265

[L]

Leach	244
leadership	251
learn	309
learning	248
Lei	265
Lisanne Bainbridge	153
Longstaff	298

[M]

maintain function	248
manufactured risk	20
Manyena	263, 266
Mayunga	167, 264
McCubbin	249
mitigation	21, 27, 29, 49
monitoring	309
multiple equilibria	248
multiple risk	243
Murphy	267

[N]

NASA	165
Natech (natural disaster triggered technological disaster)	300
national disaster recovery framework: NDRF	301
national governors' association: NGA	26
national incident management system: NIMS	50
national preparedness	27, 49
national preparedness goal: NPG	27
national preparedness system: NPS	27
national resilience	269
national response framework: NRF	51
national response plan: NRP	301
national voluntary organization active in disaster : NVOAD	41
natural disaster	300
new normal	262
nippon volunteer networt active in disaster : NVNAD	41
non-predictability	247
nonukesnews	289
normal accident theory	164

[O]

organizational influences	163
our common future	166, 267
outlook	251
output	253

[P]

Patterson	249
people-place connections	250
performance	299
persistence	247, 248
Petak	22, 40
physical infrastructure subsystems	298
Pimm	261
planning to deliver capabilities: NRF	50
Plough	298
post-Katrina emergency reform act	301

PPD-8	280
pre-disaster recovery plan: PDRP	302
pre-revitalization and pre-disaster risk reduction	285
precondition	163, 253
predictability	246
preparedness	21, 40
presidential policy directive 8: PPD-8	27
prevention	27, 29, 40, 49
protection	27, 49
public-private-partnership: PPP	30

[R]

rapidity	267
RE 안전환경	151
real Fukusima	254
rebuild by design	302
recovery	21, 27, 40, 49, 248
redundancy	267, 299
remedial action management program: RAMP	51
resilience	4, 5, 30, 154, 155, 165, 166, 241, 249
resilience engineering	155, 245
resource	253
resourcefulness	267
resources robustness	298
response	21, 27, 40, 49, 309
return time	248
reviewing and updating	51
risk	20, 23
risk society	20
robustness	248, 267
root cause analysis: RCA	150
Ross	251

[S]

safety boundary	151, 152
safety management	4, 140, 157
safety resilience	269
safety-I	143, 146
safety-II	143, 152
Satterthwaite	261
self-sufficiency	298
Sendai framework for disaster risk reduction	263
sequential model	143
social amplification of risk	44
social networks	250
social resilience	247, 248
social-ecological resilience	247, 248
specific acts	163
stability landscapes	248
stable states	247
STAMP	245
STAMP (systems theoretic accident nodel and process)	252
steady state	246
stewardship	45
Sun	265
sustainable development	166
sustaining and developing	248
Swiss cheese model	163
symbolic recovery	287
symbolic resilience	5, 253
system resilience	5, 269, 308
systemic model	144

[T]

TC: technical committee	170
technological disaster	300
The Bell	188
the limits to growth	166
THIRA (the threat and hazard identification and risk assessment)	49
threshold	174
Tierney	266
tight coupling	164
time	253
Timmerman	250, 271
TMI(Three Mile Island)	177
transformability	248

[U]

Ulrich Beck	20
UNDP	14
UNEP	267
UNISDR	264, 265
unsafe supervision	163

[V]

validating capabilities	51
values and beliefs	250
variability	144, 247
Vaughan	165
vicinity of a stable equilibrium	248
vulnerability	166

[W]

Walker	247
wealth	20
Weick	165
well-being	166
Werner	241
White and O'Hare	241
whole community	23
Wildavsky	264
Willian J. Petak	21
withstand shock	248
world commission on environment and development: WCED	166
www.safekorea.go.kr	260
Zhou	265

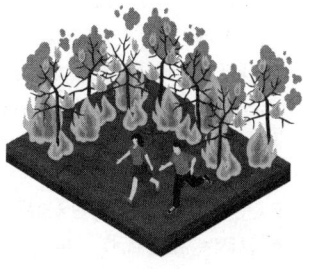

저자약력

홍 성 호 (洪聖好 Seong-Ho Hong)
hsh7311@naver.com

현직
- 충북대학교 대학원 방재공학협동과정 외래교수
- 명지대학교 대학원 재난안전학과 객원교수
- 광운대학교 환경대학원 방재전공 겸임교수
- 주)위험지성 연구개발팀 연구위원

전공
- 재난안전 (통신공학, 재난심리, 방재행정)

학력
- 제주대학교 통신공학과, 공학사
- 중앙대학교 심리학과, 문학사
- 연세대학교 행정대학원(일반행정), 행정학석사
- 광운대학교 대학원(재난안전), 공학박사

공직경력
- 행정안전부 상황총괄담당관, 기후재난대응과장, 상황담당관
- 국민안전처 특수재난기획담당관, 역량진단담당관
- 국가민방위재난안전교육원 민방위비상대비교육과장
- 소방방재청 인사팀장, 예산회계팀장, 시설안전기획팀장
- 국립방재연구소 관리팀장, 대외협력팀장
- 행정자치부 국가재난관리시스템기획단, 소방방재청개청준비단
- 국무총리직속 지방이양추진위원회 지방이양2팀
- 국무총리직속 제주4·3사건명예회복및진상규명특별위원회 사무국
- 제주도 자치행정과, 정책기획관실, 축정과, 지역경제과
- 북제주군 산업과, 애월읍, 하귀출장소
- 남제주군 표선면

강의경력(재난안전종사자교육)
- 중앙부처(행정안전부, 국토교통부, 해양수산부, 환경부, 해양경찰청, 경찰청, 소방청)
- 지자체(인천광역시, 강원도, 충청남도, 전라북도, 전라남도, 경상북도, 제주도, 양구군)
- 육군(육군종합군수학교, 제32보병사단, 제2군견지대), 공군교육사령부
- 공공기관(지방공기업평가원, 한국공항공사, 한국특허전략개발연구원, 국가과학기술인력개발원, 한국케이블TV방송협회, 제주사회서비스원)
- 민간단체(한국BCP협회, 한국방재협회, 한국심리학회, 한국재난관리학회, 안전생활시민실천연합, 재해극복범시민연합, 성남시지역자율방재단)

기타 경력
- 주)한국IOT기술원 부사장
- 충북대학교 산학협력단 내풍방재연구센터 연구위원
- 한국환경연구원(KEI) 국가기후위기 적응대책 세부시행계획 이행 점검위원
- 건축공간연구원(AURI) 자연재해·재난 대응을 위한 탄력적 도시설계 연구 심의위원
- 한국교통안전공단 제안·평가전문위원단 위원
- 한국농어촌공사 기후변화 전문가 위원
- 세종특별자치시 바람길 숲 조성 기본 및 실시설계 VE 위원
- 충청남도 안전감찰전담기구협의회 전문가 위원

상훈
- 근정녹조훈장
- 대통령 표창
- 행정자치부장관 표창
- 제주도지사 표창
- 중앙공무원교육원장 상

자격
- 한국어교원2급 (문화체육관광부)
- 공인중개사 (세종특별자치시)
- 일반행정사 (행정자치부)
- 에너지관리사 (한국산업인력공단)
- 전기기능사 (한국산업인력공단)
- 미세먼지관리사 (한국비시피협회)

현재
- 행정안전부 재난안전교육 전문인력 등록 강사
- 한국청소년활동진흥원 청소년활동 안전교육 등록 강사
- 한국강사신문, 한국강사협회 등록 강사
- 행정안전부 재난대비 안전한국훈련중앙평가단 위원
- 행정안전부 재난분야 위기관리매뉴얼협의회 위원
- 국립재난안전연구원 자문·평가 전문가 위원
- 세종특별자치시 시정모니터단 위원
- 하남시 지역축제시민안전계획 자문위원
- 고양시 민방위강사평가 위원
- 사)국민안전역량협회 대전세종지회장/이사
- 사)안전생활실천시민연대 ESG전문위원, 안전정책연구소 재난교육분과위원장

| 저자약력 |

이 원 호 (李元虎 Tiger Waon-Ho Yi)

현직
- 광운대학교 건축공학과 명예교수
- 아이맥스트럭처 고문
- 아리수엔지니어링 고문
- 대한방재기술연구원 고문

전공
- 건축구조 (내진공학, 복합구조, 방재공학)

학력
- 한양대학교 공과대학 건축공학과, 공학사
- 한양대학교 대학원 건축공학과, 공학석사
- 미시간대학교 대학원 토목공학과, 공학박사

경력
- 광운대학교 건축공학과 교수(1991.9~2021.8)
- 광운대학교 공대학장, 환경대학원장, 동해문화예술관장, 대학원장, 광운한림원장 역임
- 광운학원 정책실장 역임

- 국립방재연구소 소장 역임
- 대통령직속 규제개혁위원 역임
- 대통령직속 중앙환경분쟁조정위원 역임

- 서울시 건축심의위원, 구조안전진단위원, 건설기술심의위원, 건설안전관리본부 설계자문위원, 도시계획심의위원 역임
- 건설교통부 서울지방항공청 설계자문위원, 신공항건설 심의위원, 중앙설계심의위원, 서울지방항공청 설계자문위원, 중앙건축위원 역임
- 국민안전처 정책자문위원 (안전정책분과 위원장), 지진방재대책 개선추진단 단장 역임
- 행정안전부 정부청사관리소 기술자문위원 역임

- 국방부 특별건설기술 심의위원 역임
- 경기도 재난위험시설 심의위원 역임
- 조달청 기술평가위원 역임
- 민주평화통일자문회의 자문위원 역임

- 한국전산구조공학회 이사, 부회장, CODE2012 위원장, 회장 역임
- 한국면진제진협회 면진기술위원회 위원장, 회장 역임
- 한국복합화건축기술협회 회장 역임
- 한국화산방재학회 회장 역임
- 대한건축학회 총무담당 이사, 부회장 역임, 현 참여이사
- 한국건축구조기술사회 부회장 역임

- ㈜롯데물산 사외이사 역임
- 삼표피앤씨 고문 역임
- 한국안전이엔지 고문 역임

현재
- 행정안전부 정책자문위원, 정책연구심의위원
- 행정안전부 위기관리 매뉴얼협의회 위원
- 국가기술표준원 재난안전보안서비스 전문위원
- 서울특별시 안전관리자문단원
- 이천시 지진피해시설물 위험도평가단원
- 국토안전관리원 기술자문위원, 지진안전시설물 인증심의위원
- 한국복합화PC기술협회 회장
- 콘크리트산업발전포럼 공동대표
- 안전생활실천시민연합 이사, 부대표, 안전정책연구소 소장
- 한국 공학한림원 명예회원

재난 및 안전관리와 레질리언스

1판 1쇄 발행 | 2022년 8월 30일
2판 1쇄 발행 | 2025년 9월 1일

지은이 | 홍성호 이원호
펴낸이 | 최성준
펴낸곳 | 나비소리
등록일 | 2021년 12월 20일
등록번호 | 715-72-00389
주소 | 경기도 수원시 팔달구 효원로249번길 46-15
전화 | 070-4025-8193
팩스 | 02-6003-0268
ISBN | 979-11-92624-25-9 (93530)
원고투고 | nabi_sori@daum.net
상점 | www.nabisori.shop
살롱 | blog.naver.com/nabisorisalon

이 책에 실린 글과 이미지의 무단전재 및 복제를 금합니다.
이 책 내용의 전부 또는 일부를 재사용하려면
반드시 저자와 출판사의 동의를 받아야 합니다.

책 값은 뒤표지에 있습니다.
파본은 구입처에서 교환해 드립니다.

검인생략